Gerhard Leder

Hochbaukonstruktionen

Band II: Allgemeine
Konstruktionsprinzipien

Springer-Verlag
Berlin Heidelberg New York
London Paris Tokyo 1987

Dipl.-Ing. Dr. techn. Gerhard Leder, Architekt
Professor an der Fachhochschule Rosenheim
Fachbereich Innenarchitektur

ISBN 978-3-540-18060-9   ISBN 978-3-642-87006-4 (eBook)
DOI 10.1007/978-3-642-87006-4

CIP-Kurztitelaufnahme der Deutschen Bibliothek
Leder, Gerhard:
Hochbaukonstruktionen/Gerhard Leder.
Berlin; Heidelberg; NewYork; London; Paris; Tokyo: Springer
Teilw. mit d. Erscheinungsorten Berlin, Heidelberg NewYork, Tokyo
Bd. 2 Allgemeine Konstruktionsprinzipien. – 1987.
ISBN 978-3-540-18060-9

Dieses Werk ist urheberrechtlich geschützt. Die dadurch begründeten Rechte, insbesondere die der Übersetzung, des Nachdrucks, des Vortrags, der Entnahme von Abbildungen und Tabellen, der Funksendung, der Mikroverfilmung oder der Vervielfältigung auf anderen Wegen und der Speicherung in Datenverarbeitungsanlagen, bleiben, auch bei nur auszugsweiser Verwertung, vorbehalten. Eine Vervielfältigung dieses Werkes oder von Teilen dieses Werkes ist auch im Einzelfall nur in den Grenzen der gesetzlichen Bestimmungen des Urheberrechtsgesetzes der Bundesrepublik Deutschland vom 9. September 1965 in der Fassung vom 24. Juni 1985 zulässig. Sie ist grundsätzlich vergütungspflichtig. Zuwiderhandlungen unterliegen den Strafbestimmungen des Urheberrechtsgesetzes.

© Springer-Verlag Berlin, Heidelberg 1987

Die Wiedergabe von Gebrauchsnamen, Handelsnamen, Warenbezeichnungen usw. in diesem Werk berechtigt auch ohne besondere Kennzeichnung nicht zu der Annahme, daß solche Namen im Sinne der Warenzeichen- und Markenschutz-Gesetzgebunng als frei zu betrachten wären und daher von jedermann benutzt werden dürften.

Sollte in diesem Werk direkt oder indirekt auf Gesetze, Vorschriften oder Richtlinien (z.B. DIN, VDI, VDE) Bezug genommen oder aus ihnen zitiert worden sein, so kann der Verlag keine Gewähr für Richtigkeit, Vollständigkeit oder Aktualität übernehmen. Es empfiehlt sich, gegebenenfalls für die eigenen Arbeiten die vollständigen Vorschriften oder Richtlinien in der jeweils gültigen Fassung hinzuzuziehen.

2362/3020-543210

Vorwort

Hier wird ein vielleicht weniger übliches Buch über die Baukonstruktion vorgelegt. Lange war ich im Zweifel, wann diese Zusammenstellung in der Gesamtausgabe erscheinen soll. Sicher wäre auch eine Herausgabe am Schlusse aller Bände möglich gewesen; aber dann wäre daraus ein Resümee geworden, und das scheint mir nicht sehr sinnvoll zu sein. Eine Aufspaltung und Zergliederung – sozusagen immer die wenigen Seiten vor jedem Kapitel in den einzelnen Bänden – hätte den eigentlichen Gedanken und vor allem den Zusammenhang zerstört.

Dieses kleine Kompendium ist aus einem Vorlesungsmanuskript entstanden, das ich den Studenten unterer Semester in dem Fach Grundlagen der Baukonstruktion in die Hand gab, als sie erstmals mit dem Fach Entwerfen konfrontiert wurden. Es ist wohl überall das zwar bedauerliche, aber auch nicht zu beseitigende Dilemma des Architekturstudiums, daß Studenten Entwürfe bearbeiten sollen, ohne ausreichende konstruktive Kenntnisse zu haben, oder auch konstruieren müssen, ohne hinreichende Fähigkeiten im Entwerfen zu besitzen.

Dies scheint auch der Grund dafür zu sein, daß man meint in dem Projektstudium dieser Klemme entrinnen zu können. Im speziellen Einzelfall mag dies auch seine Gültigkeit haben. Dieser induktiven Herleitung eines Wissens mangelt aber in der Regel die Vollständigkeit einer deduktiv aufgebauten Syntax; der Gewinn auf der einen Seite muß mit dem Verlust auf der anderen bezahlt werden.

Diese Zusammenstellung konstruktiver Ordnungsgedanken unter dem Aspekt der räumlichen Erscheinung – also die Form der Konstruktion, oder auch die Konstruktion der Form – kann nur beispielhaft erfolgen. Man gerät sonst zu leicht in eine konstruktive Formenlehre, der, wie sie auch immer aussehen mag, der Mangel der Unvollständigkeit anhaften muß. Aus diesem Grunde ist die Einschränkung auf die Würfelform vorgenommen worden. Der Würfel ist unter den platonischen Körpern (Kugel, Zylinder, Kegel, Würfel, Quader, Pyramide) der einfachste, wenn es darum geht, die Form mit der Konstruktion zu verknüpfen. Wer jedoch das einfache Element begriffen hat, der ist auch in der Lage komplexe Räume konstruktiv-gestalterisch zu erfassen.

Dieses Buch steht zwischen den Reihen; es läßt sich nicht eindeutig dem „ROHBAU" und ebensowenig dem „AUSBAU" zuordnen, da es von allen Elementen getragen wird. In der sonst so schematischen Ordnung der Gesamtausgabe gehört es überall hin und muß daher ohne einen Kennbuchstaben auskommen. Auch die üblichen Überschriften in den Kopfzeilen jeder Seite werden vereinfacht ausfallen, da sich Gedanken zwar in einer Ordnung fassen lassen, aber einer strengen Nummerierung widersetzen. Ich hoffe, daß der Leser sich trotzdem und ohne den üblichen Leitfaden durch dieses Buch finden wird.

Dem Verlag sei an dieser Stelle ganz besonders dafür gedankt, daß er in einer technischen Reihe solchen Gedanken auch einen Platz einräumt. Für die Sorgfalt und sachkundige Betreuung möchte ich herzlich danken.

Rosenheim, Oktober 1987   Gerhard Leder

Inhaltsverzeichnis

0.1 Einleitung 1

0.2 Konstruktion – Form – Aufgabe 4

1.0 **Raum**
    1.1 Masse – Volumen – Zwischenraum 6

2.0 **Konstruktive Grundelemente**
    Masse/Scheibe/Stab 23
    2.11 Masse – Massenzwischenraum, Höhle, Gewölbe 28
    2.12 Masse – Wand/Mauer 37
    Massenteil Ziegel
    2.13 Kombinationen mit Masse 41
    Masse – Stab und Masse – Scheibe
    Masse und Gravitation – Auskragungen 44
    2.21 Scheibe 49
    2.22 Horizontale Flächen (Scheiben) 50
    2.23 Kombinationen mit Scheiben 54
    2.31 Stab 56
    2.32 Stützen 59
    2.33 Kombinationen mit Stäben 62
    Stab – Masse, Stab – Scheibe, Stab – Stab
    2.4 Kombinationen dritter Ordnung 75
    aus Masse – Scheibe – Stab

3.0 Achsen im Raum – Axialebenen 81

4.0 **Der Würfel**
    4.1 Modulare Teilung, Aussteifung 90
    4.21 Räumliche Bildung des Würfels
    aus konstruktiven Elementen 93
    4.22 Räumliche Bildung des Würfels
    durch den oberen Abschluß (Dach) 99

5.0 **Geneigte Flächen** 104
    5.11 Innentreppen 105
    5.12 Treppe – Eingang (Außentreppen) 111
    5.21 Dächer 117
    5.22 Dachstuhl 124
    5.23 Würfel und Dach 127

6.0 **Wandöffnungen** 135
    6.1 Türen und Fenster 137

Literaturverzeichnis 146

Sachverzeichnis 147

Einleitung

Zur Handhabung des Buches

Dieses Buch wendet sich also wieder an alle, die mit dem Bauen zu tun haben - in erster Linie wohl an Architekten und auch an Bauingenieure, die sich auch für die angesprochenen Themen, den Entwurf, ja letztlich für das "Unmessbare" des Raumes und der Konstruktion interessieren. Wie die anderen Bände ist auch dieses Buch ein Mittelding zwischen einem Handbuch - das sich an den praktizierenden Architekten und Bauingenieur wendet - und einem Lehrbuch, das werden Baufachmann anspricht, also den Studenten.

Es ist eine lose Folge von Gedanken über das Bauen, die ohne zwingenden Zusammenhang von einem Bauenden für seinesgleichen verfasst wurde; ja man kann getrost auch behaupten, dass der interessierte Laie und hier vor allem der, der der Baugeschichte seine Aufmerksamkeit schenkt, in diesem Buche eine Reihe von Zusammenhängen erkennen wird, die in der einschlägigen Fachliteratur nicht angesprochen werden.

Die Gedanken betreffen natürlich das Bauen, und sie versuchen Zusammenhänge deutlich zu machen. Diese Zusammenhänge bestehen schon immer, nur wurden sie entweder nicht angesprochen (latentes Wissen) oder nicht immer erkannt. Im Zentrum steht die Form des Innenraumes bzw einer logischen Folge von Innenräumen, dem Raumkontinuum und der sich aus der Notwendigkeit ergebenden Konstruktion.

Man wird diesem Gedanken im vorliegenden Buche immer wieder begegnen; R a u m in seiner vielfältigen Erscheinung - und der Frage : " Was ist eigentlich Raum ?" Ist er eine Erscheinung der Geometrie, ein sehr komplexes Gebilde unserer Wahrnehmung und Erkenntnis, oder gar nur ein irreales Bild, das unsere schweifende Phantasie von einer hypothetisch bestehenden Umwelt entwirft? Wer kann denn das wirklich sagen ? Wir müssen uns mit Vermutungen und Deutungen zufrieden geben, ja wir müssen sogar zufrieden sein, dass es derartige Vermutungen überhaupt gibt. Wer definitive Wahrheiten über den Raum sucht, der sei auf die Euklid´sche Geometrie verwiesen, er wird jedoch zu seinem Unbehagen sehr bald die beengenden Grenzen erkennen.

Will man alle die aufgeworfenen Fragen zu beantworten versuchen, so könnte man damit Bände füllen und einzelne Thesen daraus sind auch schon bis in Detail beschrieben worden - aber dieses Buch will Zusammenhänge und Verknüpfungen herstellen und da tut Anschaulichkeit gut. Wie bei allen anderen Bänden steht auch hier die Zeichnung im Vordergrunde. Die Zeichnungen sagen eigentlich schon alles aus, was zu sagen ist, allerdings für den, der sie zu lesen und zu deuten versteht. Daher war es notwendig zu den Zeichnungen noch etwas aufzuschreiben.

Die Zeichnung sollte lesbar sein und man muss wissen was mit ihr anzufangen ist. Um dies für den Lernenden zu erleichtern, sind die Zeichnungen in einen knappen Text eingebettet, der sich wegen der notwendigen Kürze oft nur mit Stichworten begnügt. Die Zeichnungen gehören thematisch zusammen und wem es gegeben ist, der kann aus den Zeichnungen und aus ihrer Folge mehr herauslesen, als der Text beschreibt.

Aus diesem Grunde sind die wenigen Zeilen mit der Hand geschrieben, und ich hoffe, dass diese nicht alltägliche Methode, die das Manuskripthafte unterstreichen soll, nicht Missfallen erregt und lesbar ist.

Für den, der noch ein bisschen mehr wissen will, sind am Schlusse einzelner Kapitel noch wenige Seiten zusammenhängenden Textes angefügt. Wem das noch immer nicht genügend Auskunft gibt, der sei auf das Literaturverzeichnis am Ende des Buches verwiesen, das zu den einzelnen Fragen eine reichhaltige Quellenangabe anfügt, sodass dem weiteren Studium keine Grenzen gesetzt sind.

Da sich das vorliegende Buch nicht vollkommen in das Erscheinungsbild der übrigen Bände einfügt, ist es im Querformat angelegt und in den Kopfzeilen wurde der Versuch unternommen neben den Überschriften der Kapitel auch noch Untertitel aufzuführen - die sonst übliche, starre Klassifizierung war jedoch nicht möglich, da sich Gedanken wohl zu hartnäckig einer nummerischen Ordnung widersetzen.

Einleitung

Zum Inhalt des Buches

Es war lange Zeit üblich die Konstruktion als dienendes Element zu sehen. In der zeitlichen Abfolge wurde zuerst "Entworfen" und dann "Konstruiert" und der Konstrukteur also in jene Rolle gedrängt, in der sich der Bauingenieur auch noch heute befindet. (Siehe dazu auch " HOCHBAUKONSTRUKTIONEN BAND I TRAGWERKE " Einleitung Architekt-Bauingenieur.)

Der Dominanz des Entwerfens soll nicht widersprochen werden. Es ist und bleibt nun einmal die hervorragende geistig-sinnliche und innovative Leistung, die den künstlerischen Wert der Architektur bestimmt. Die Form der Aufgabe wird nicht und kann auch nicht alleine durch die formale Lösung bestimmt werden. Die Kohärenz zur gewählten Konstruktion ermöglicht erst die reale Lösung der Entwurfsaufgabe. Diese gegenseitige Abhängigkeit gilt es herauszustellen.

Konstruktionen wurden früher als Elemente gelehrt und auch erlernt, ohne die Zusammenhänge, die vorher angedeutet wurden, aufzuspüren und zu klären. Leider ist diese Unsitte auch heute noch weit verbreitet. Man lernt z.B. alle Dachdeckungsarten, dann alle Gesimsausbildungen der Traufe, darauf alle Giebeldetails und vielleicht zu guter Letzt alle Firstdetails. Und wenn dann ein Dach herzustellen ist, dann wird mit mehr oder weniger glücklicher Hand aus den einzelnen Details zusammengesucht - und ob diese zusammenpassen offenbart nur allzuoft und dann zuspät das Bauwerk selbst. Ob all dies bunt Zusammengewürfelte dem Gedanken des Entwurfes dienlich ist oder nicht, wird manchmal überhaupt nicht wahrgenommen.

Worin mag dieser unbefriedigende Umstand liegen? Es liegt ganz einfach an der Unzulänglichkeit unseres Verstandes gegenüber der Realität der Welt, oder anders ausgedrückt es ist das Missverhältnis zwischen der Kompliziertheit des Planens eines Baues und der begrenzten Kapazität des menschlichen Gehirnes. Es lässt uns keine andere Wahl als die, uns einzelne Details und spezielle Aspekte aus der Fülle herauszugreifen und isoliert zu betrachten.

Der Mensch ist von seiner Veranlagung her nur in der Lage geradlinig zu denken, zu denken in der Form einer Baumstruktur. Vernetzte Systeme, mathematische Halbverbände und Rückkoppelungsschleifen sind in dem normal ablaufenden Denkvorgang nicht möglich. Die einzige Möglichkeit diesem Mangel zu begegnen scheint darin zu liegen, die komplexen Vorgänge in möglichst viele kleine Schritte zu zerlegen, die begreifbar und letztlich überschaubar bleiben. Aber auch dieses Vortasten Schritt um Schritt kann nur in einer verästelten Denkstruktur erfolgen, sodass Optimierungen und Konsequenzen in Nachbarbereichen unterbleiben müssen.

Es ist jedoch ein höchst fataler Trugschluss aus der Aufsplitterung des Wissens auch eine entsprechende Aufsplitterung in der Natur aller Dinge und damit auch des Bauens anzunehmen. Strukturelle Netze, die wir zu unserer Orientierung heranziehen (das numerische System, das alle anderen Bände der BAUKONSTRUKTIONEN gliedert ist dafür typisch) werden allzu leichtfertig mit der realen Wirklichkeit verwechselt; die Landkarte kann nur ein unzureichendes Abbild der Landschaft sein, nie jedoch die Landschaft selbst.

Höchst einfache und immer wiederkehrende Rückkoppelungen werden in unserem Gehirn als Erfahrungen abgespeichert und eben jene Erfahrung lässt sich bekanntlich nicht lehren.

Die eingangs geforderte gleichzeitige Bewertung formaler und konstruktiver Strukturen und vor allem ihrer gegenseitigen Abhängigkeiten und Beeinflussungen scheint wohl in der Vollendung ein Traum zu bleiben, es sei denn, dass das gesamte Problem dem biologisch ablaufenden Denkprozess entzogen wird und kybernetische Systeme damit betraut werden. Es mag sein, dass Computer zukünftiger Generationen mit diesen Problemstellungen wesentlich besser zurecht kommen, als wir mit unserem (logischen) Verstand. Das Unbehagen, das damit verbunden ist, betrifft die Tatsache, dass "blinde" Mathematik über unser scheinbar untrügliches "Gefühl" entscheidet. Mag dabei das Gefühl noch so falsch sein, die vom Computer vorgeschlagene Lösung erscheint nicht akzeptabel.

Einleitung

In der derzeitigen Entwicklung ist das auch nur ein unbefriedigender Ausblick auf eine mögliche Entwicklung. Die Situation wird durch die Diskrepanz zwischen Lehrbuch und Nachschlagewerk weiter erschwert. Grundsätzlich soll Wissen vermittelt werden, jedoch mit unterschiedlicher Erwartung. Im Nachschlagewerk ist eine möglichst lückenlose Aufzählung aller Fakten erforderlich; Verknüpfungen untereinander, oder gar zu angrenzenden und noch weniger zu entfernteren schon gegebenen bzw. noch zu planenden Ereignissen treten nicht in Erscheinung.

Das Lehrbuch müsste allen gestellten Forderungen genügen; also Fakten aufzählen und gleichzeitig auf die möglichen Vernetzungen hinweisen. In beiden Fällen handelt es sich um einen Erkenntnisgewinn, jedoch mit unterschiedlicher Zielrichtung.

Eine einmal getroffene konstruktive Entscheidung - und mag sie noch so unwesentlich erscheinen - hat weitreichende Auswirkungen auf die weitere Wahl der konstruktiven Mittel in anschliessenden Bereichen bis hin zu weit entfernten. Was nützt da dann ein prächtiges Vokabular an Konstruktionselementen wie im Nachschlagewerk, wenn die dazugehörige Grammatik fehlt, wenn der Semantik keine Syntax folgt.

Konstruieren ist zudem ein integraler Bestandteil des Entwerfens, ohne das eine ist das andere nicht möglich. Aus diesem Grunde liegt auch im Konstruieren, in der Auswahl der konstruktiven Mittel, ein sinnlicher Entwurfsvorgang. Welche Folgen die Wahl der Form und die Wahl der Konstruktion miteinander verbinden und wie sie auf das weitere Planungsgeschehen wirken, gilt es aufzuzeigen. Denn konstruieren ist Gestalten und Gestalten ist unmittelbarer Einfluss auf unsere erfahrbare Umwelt.

Die auf den wenigen folgenden Seiten geäusserten Gedanken sind Hinweise und Anstösse sich nicht nur ängstlich an Normen, technische Regeln und Verarbeitungsrichtlinien zu halten, sondern der eigenen kreativen Kraft die Möglichkeit zur Entfaltung zu geben. Gewiss die Erfüllung einzelner Vorschriften ist unumgänglich und notwendig, aber damit ist in der Regel noch nie eine gute Architektur entstanden.

Die Tatsache, dass manchmal (und dies war schon viel zu viel) Entwürfe alleine auf der Basis der Erfüllung technischer Vorschriften und konstruktiver Funktionen realisiert wurden, mag letztlich zu dem " konstruktionsfreien Entwerfen " geführt haben, das dazu eine Gegenbewegung darstellt und leider auch heute noch eine Zufluchtsstätte für konstruktiv Unbegabte ist.

Doch was ist dieses " konstruktionsfreie Entwerfen " denn überhaupt, kann es das tatsächlich geben ? Entwerfen ist die formale Ordnung einer Aufgabe, die einer Reihe von Eigengesetzlichkeiten zu genügen hat. Diese Ordnung ist ohne die Berücksichtigung konstruktiver Forderungen prinzipiell möglich. Eine Reihe von Architekturtheoretikern haben sich von der Vergangenheit bis heute mit derartigen idealisierten Entwürfen befasst.

In dem Worte Idealentwurf ist jedoch auch schon seine Einschränkung festgelegt - nur im Gedanken mögliche Vollkommenheit, die in der Realität nicht möglich ist. Die Realität ist jedoch die Realisierung, die an materielle Unzulänglichkeiten gebunden ist. Fast scheint es so, als sei nun die materielle Konstruktion der Hemmschuh einer freien, gedanklichen Äusserung der Planungsaufgabe. Sie ist es nicht, denn mit gleichem Selbstverständnis kann die Konstruktion für sich ein Ideal in Anspruch nehmen und den Entwurf als hemmende Bindung ansehen. Konstruieren um seiner selbst Willen ist ebenso möglich, wie Entwerfen um des Entwerfens Willen. Es sind Übungen ohne realem Hintergrund.

Es sind dies zwei Extreme, beide möglich um zu üben, beide unmöglich, wenn es um das reale Bauen geht. Die Möglichkeit an einer Hochschule derartige gedankliche Experimente durchzuführen, sie als abstrakten Lernprozess zu fördern, muss erhalten bleiben. Diesen beiden Extremen sei jedoch die Existenzberechtigung verwehrt, wenn es sich um realisierbare Entwürfe handelt. Konstruktionen ohne Dimension sind eine Täuschung des Bauherrn und ein Selbstbetrug des Architekten. Denn Konstruieren ist Entwerfen und Entwerfen ist Konstruieren, dies ist auch der Hintergrund für diesen Band.

Konstruktion – Form – Aufgabe

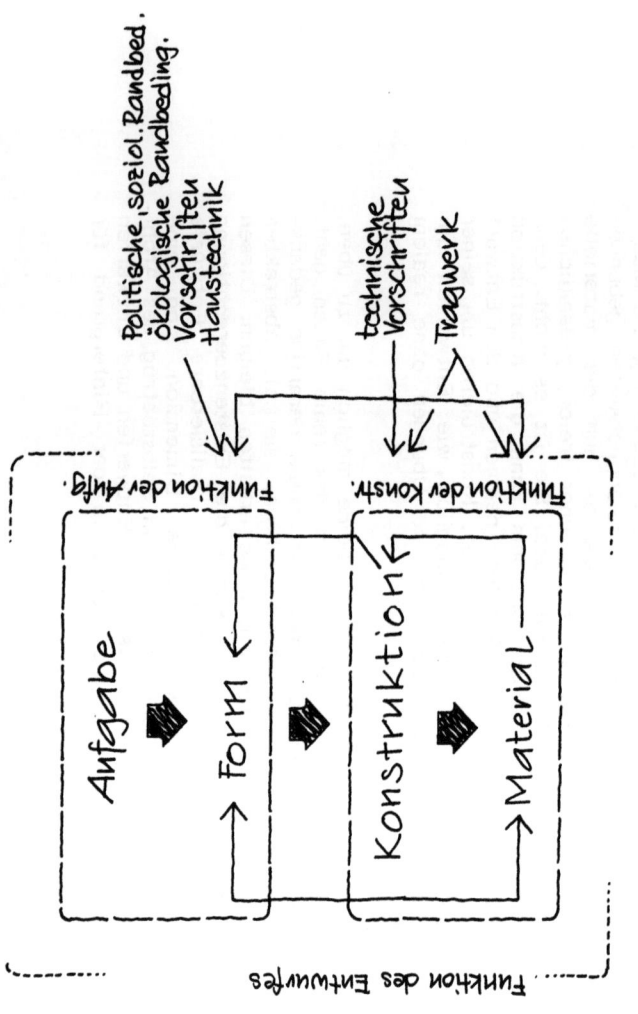

Es besteht ein linearer Zusammenhang zwischen
Aufgabe → Form → Konstruktion (Material)
(Formale Struktur der Aufgabe.)

- Die Aufgabe bestimmt die Form
- Die Form bestimmt die Konstruktion.
- Die Konstruktion bedingt ein bestimmtes Material.
(Materialabhängigkeit der Konstruktion.)

Man kann aber auch folgende Abhängigkeit geltend machen:

Es besteht ein linearer Zusammenhang zwischen
Aufgabe → Material → Konstruktion → Form.
(Konstruktive Struktur der Aufgabe.)

- Die Aufgabe bestimmt einen Einsatz eines Materials.
- Das bestimmte Material bedingt eine ihm angemessene Konstruktion.
- Die Konstruktion bestimmt die Form.

Der oft zitierte Begriff Funktion ist unspezifisch, daher auch die Forderung, dass die Form der Funktion folge. (Sullivan) Dies hiesse eine Festschreibung der Zweckbestimmung der Form.

Es gibt eine Funktion der Aufgabe (wirksame Ordnung der Zusammenhänge,) und es gibt eine Funktion der Form (Zweckbestimmung der Form bezüglich der Aufgabe und der Formensprache), sowie eine Funktion der Konstruktion (Zweckbestimmung der Konstruktion im Hinblick auf Beständigkeit gegen mögliche, einwirkende Kräfte und sonstige physikalische Beanspruchungen).

Im Alltag des Architekten ist die vorhin getroffene Vereinfachung meist nicht anwendbar, da vielfältige Rückkoppelungen stattfinden, die eine durch beide Prinzipien getragene Lösung erfordern. Grundsätzlich lässt erst eine bewusste Beherrschung der Konstruktionen ein freies Entwerfen zu.

Sullivans Forderung hatte zu einer Zeit Gewicht, da Bahnhöfe, Theater, Rathäuser, Kirchen u.a.m aussahen wie griechische Tempelanlagen oder wie Schlösser aus der Renaissance, die zur Barockzeit entstanden sind.

Diese Attitüden scheinen heute überwunden. Stil ist die formale Übereinstimmung von Aufgabe und Konstruktion. Diese Forderung wird zu oft nur von wenigen Epochen erfüllt – nur zu oft werden Stile nur an der Oberfläche ausgetragen.
(Formale Probleme stehen in ... Grund, der Zusammenhang ...ergrund)
Konstruktion tritt in d...

Neben den schon genannten Faktoren treten je nach Aufgabe, Form und Konstruktion noch viele Randbedingungen auf, die für die Auswahl der geeigneten Mittel der Architektursprache ausschlaggebend sein können.

Baustil

In der Folge wird versucht die Zusammenhänge von Form und Konstruktion bzw Konstruktions-Material aufzuzeigen.

Baustil ist viel mehr als das... sehr viel mehr! Möge all das Folgende dazu dienen dies zu erkennen und... sich zu bescheiden.

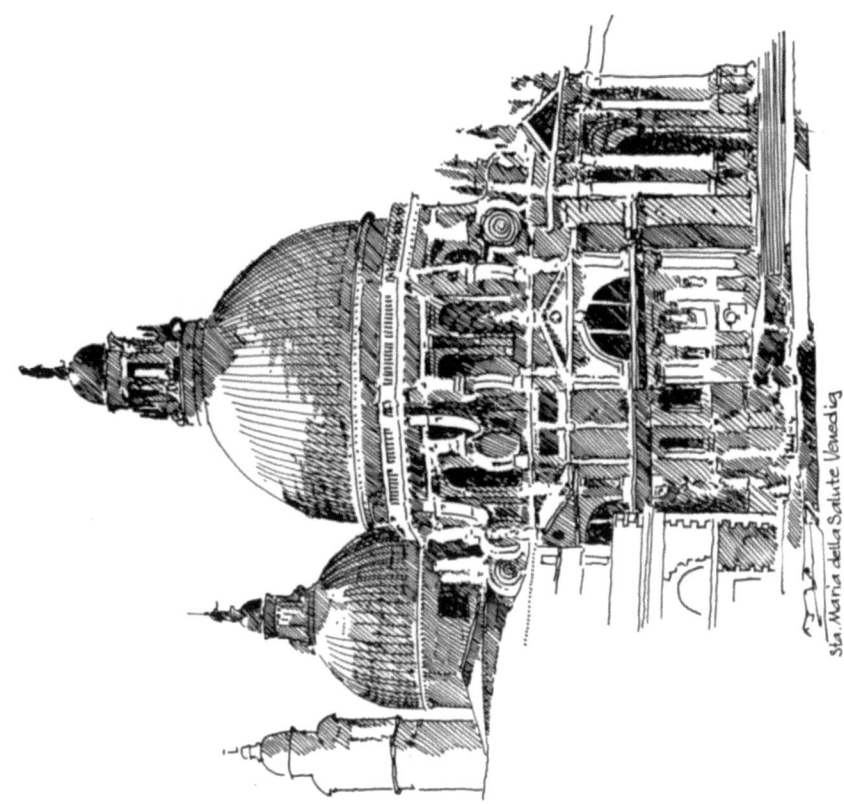

Sta. Maria della Salute Venedig

Aufgabe - Form - Konstruktion - Material

sie sind die Hauptbestimmungsstücke für die Entwicklung und Ausdrucksform der Baustile in der Vergangenheit und werden es auch zukünftig sein. Hinter diesen Begriffen verbirgt sich die letztlich logische Entwicklung der Baukunst. Betrachten wir diese vier Kernbegriffe unter diesem Gesichtspunkt:

Aufgabe -

darin sind alle sozialen, soziologischen und gesellschaftlich-wirtschaftlichen Gegebenheiten enthalten. Jede Gesellschaft stellt nur jene Bau-Aufgaben, die sie benötigt, oder zu benötigen scheint. In ihr spiegelt sich die gesamte stammesgeschichtliche Entwicklung der Menschheit - die Evolution - wider.

Form -

die Aufgabe und die Konstruktion bestimmen die Form, aber auch das Material bestimmt die Form über die Konstruktion. Form alleine ist nicht möglich, da sie in der Baukunst, um sich auszudrücken, die Materie (Material) braucht.

Konstruktion -

sie ist die Antwort auf die Form- und Materialwahl. Die Evolution wird hier besonders deutlich sichtbar, denn die technischen Fähigkeiten ändern sich mit der fortschreitenden Erkenntnis aus Wissenschaft und Technik.

Material -

es verkörpert die ewige >Erdgebundenheit< und wird oft als Einengung empfunden. Diese Einengung durch die Materialeigenschaften führt notwendigerweise zur Evolution der Konstruktion.

Eine Änderung des Baustils tritt nur dann ein, wenn sich mindestens einer der vier Kernbegriffe ändert.

(Siehe dazu auch >Der Evolutionsgedanke in der Baukunst< vom selben Autor in Ro - Rosenheimer Hochschulhefte)

O.1101 Raum Masse

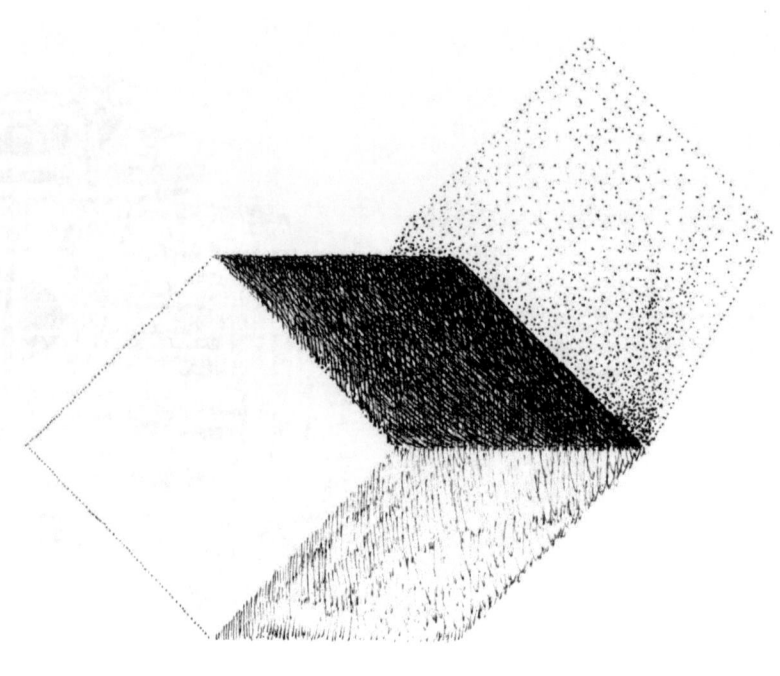

Masse

Jeder Körper setzt einer Änderung seiner Geschwindigkeit einen Widerstand (Trägheit) entgegen, dessen Ursache seine träge Masse ist. Ferner besitzt er die Eigenschaft der Schwere; Schwere und träge Masse eines Körpers sind stets einander gleich.

Nur die Masse ist aufgrund ihrer innewohnenden Eigenschaften in der Lage, Lasten (eigene Schwere oder fremde Schwere) zu tragen.

In der Architektursprache bedeutet das Wort „Masse" jeden dreidimensionalen Körper und das Wort „Volumen" einen Raum. Als Massenelement wird ein Körper bezeichnet, der sich von seiner Umgebung dergestalt abhebt, dass sich seine Ausdehnung (Länge, Breite, Höhe) mittels eines euklidischen Koordinatensystems beschreiben lässt. Das erste Charakteristikum einer Masse ist ihre topologische Geschlossenheit. Das Kriterium ihrer Geschlossenheit ist die Fähigkeit sich an andere Massen anzuschliessen.

Die Kugel ist demnach die geschlossenste Massenform, aber im Hinblick auf die Anschlussfähigkeit die abstossenste. Von den stereometrischen Grundkörpern (siehe auch Tragwerkslehre T-2 ff) ist der Parallelflächner der anziehendste. Aus dieser Erkenntnis ist das Massenelement „Ziegel" geformt, der unter der Einhaltung der Verbandsregeln eine optimale Vielfalt von Anschlussmöglichkeiten bietet.

Für die Geschlossenheit von Massenelementen, die durch abgrenzende Flächen definiert sind, ist die Unversehrtheit der Kante von entscheidender Bedeutung; die Behandlung der Kante entscheidet oft über die Deutung der Massenform.

Werden zwei „Angrenzende Flächen" in gleicher Weise dargestellt, betont dies die Kontinuität und Geschlossenheit der Masse trotz der Kante in der Massengrenze. Werden die Flächen jedoch verschiedenartig behandelt, so verschwindet die Kontinuität, und die Geschlossenheit nimmt ab, dies gilt auch für die durchbrochene oder undeutlich gemachte Kante. Eine abgerundete Kante betont die Geschlossenheit.

| Masse | Raum | **O.1102** |

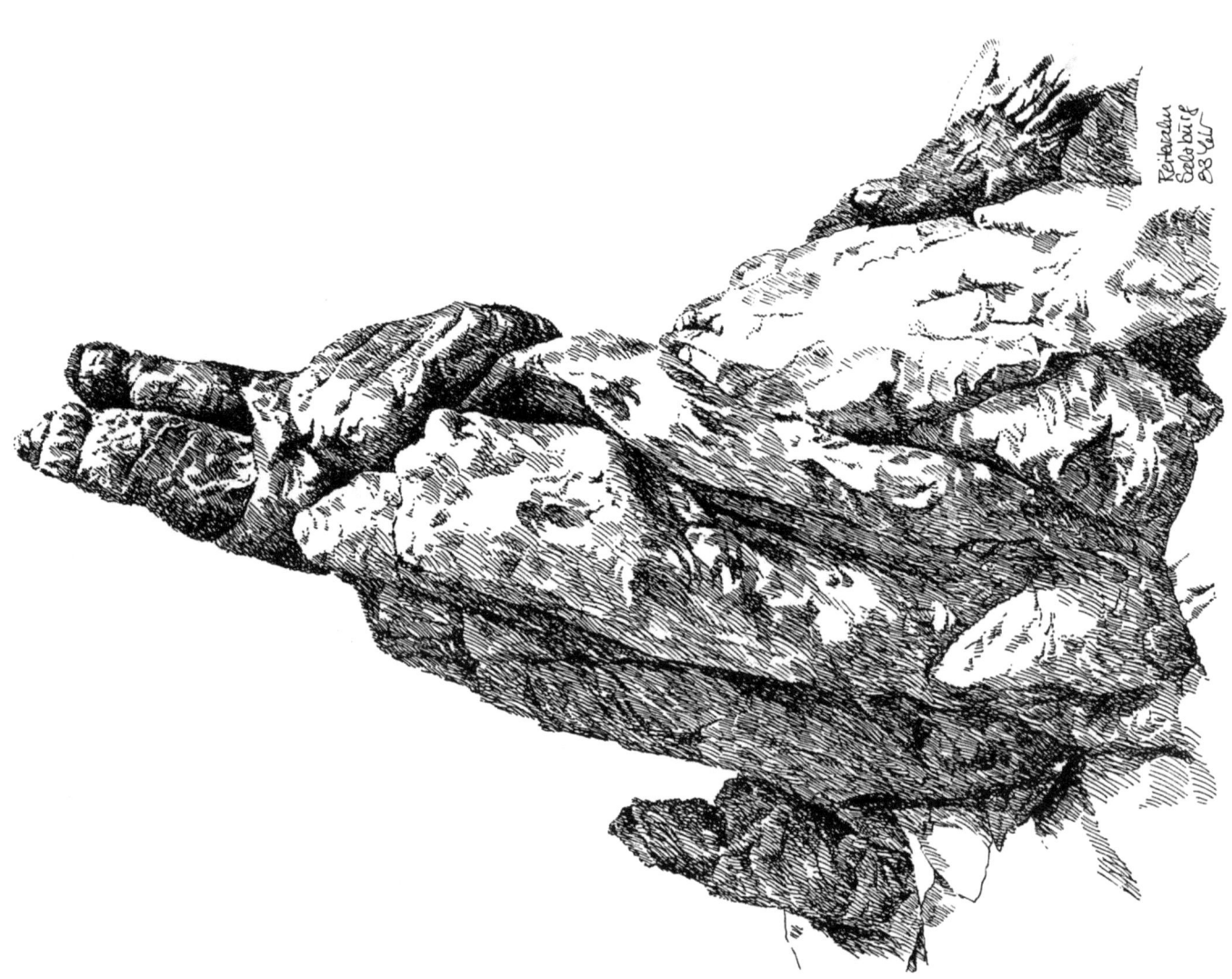

Die natürlichen Felsgebilde machen den Ausdruck Masse besonders deutlich. Es herrscht kein Zweifel, der Fels besteht durch und durch aus Stein, er ist also keine Hülle eines in seinem Inneren befindlichen Hohlraumes, der sich uns hinter einer zufälligen Oberfläche verbirgt. Ausserdem trägt er deutlich sicht- und spürbar die Eigenschaft der Masse, die Schwere zur Schau.

Derartige natürliche Gebilde werden oft zu Unrecht als "ungeformt" bezeichnet, da der Mensch nur die durch seinen Willen und seine Hand entstandenen Formen anerkennt.

O.1103   Raum   Masse, Massebauten   8

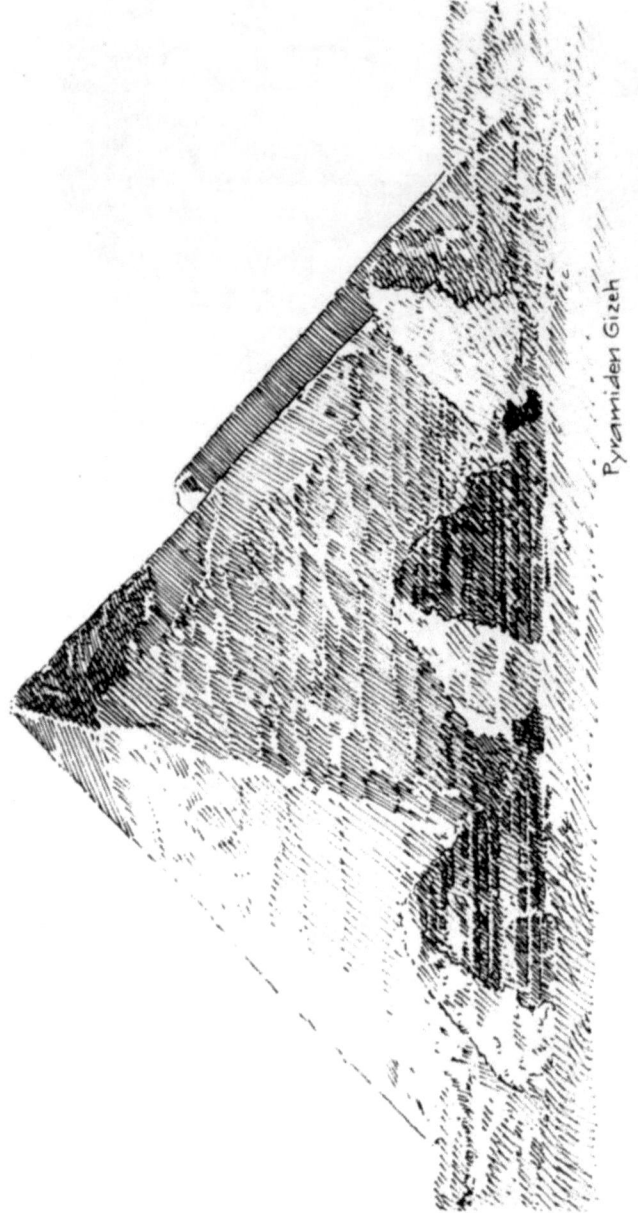

Pyramiden Gizeh

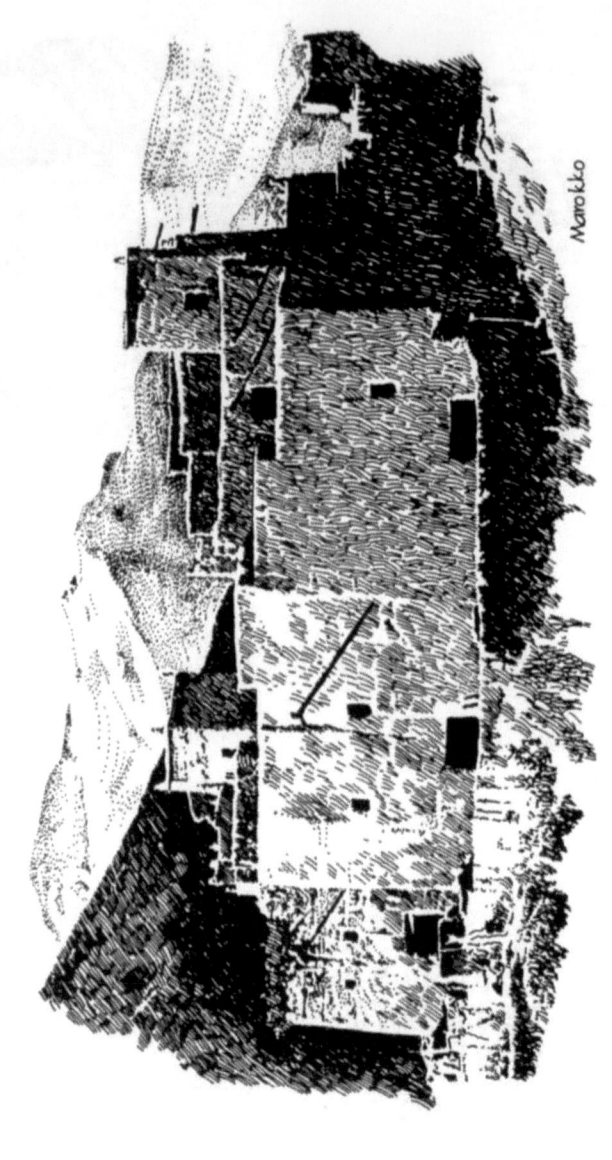

Marokko

Baukonstruktion | formaler Ausdruck der Masse | Masse-Baustoff Stein und Lehm.

Volumen Raum **O.1104**

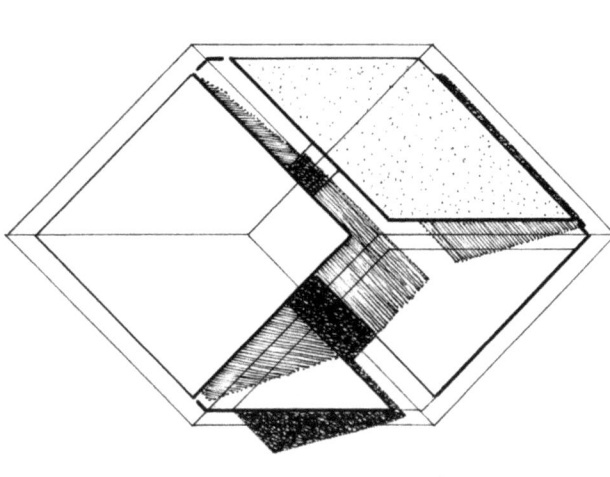

Das Volumen (Rauminhalt) ist physikalisch lediglich die Massangabe, die Anzahl von Raumeinheiten also, die in einem Körper Platz finden.

Für den Architekten bedeutet das Wort Volumen in erster Linie Innenraum und ein Raumelement entsteht dann, wenn Zwischenräume figuralen Charakter annehmen. Grundsätzlich mag gelten, dass Raum mehr oder weniger fest umschlossen ist, es parallel zu den Massengrenzen Raumgrenzen gibt. Wird der Zwischenraum voll Massen begrenzt, so ist die jeweilige Raumgrenze gleichzeitig Massengrenze.

Vieles des vorhin Gesagten ist auch auf den Raum zu übertragen, wobei den Grenzflächen (Raumgrenze, Massengrenze) eine übergeordnete Bedeutung zufällt, da in ihnen in der Regel die Öffnungen enthalten sind, die die Masse "Wand" durchbrechen. Das Raumelement wird daher wie das Masseelement durch seine topologische und geometrische Form, durch die Disposition der Öffnungen und die Behandlung der Grenzen bestimmt. Bilden die untergeordneten Grenzelemente eine zentralisierte Ordnung, so betonen sie die Selbständigkeit des Raumelements.

Das Masseelement ist in erster Linie durch die seitlichen Grenzen bestimmt während die obere Begrenzung formal oft wirkungslos bleibt. Das Raumelement wird meist sowohl von Wänden als auch von Decke und Fussboden begrenzt; in der Gestaltung des Raumelements haben diese Flächen verschiedene Funktionen. Angesichts seiner wenig ausgeprägten Variationsfähigkeit hat der Fussboden häufig den Charakter eines vereinheitlichenden Elements, das die Raumform mitprägt und als Basis für die Masseelemente dient. Weit grösser ist der Spielraum bei der Behandlung von Wänden und Decke, der oft durch technisch-konstruktive Erfordernisse geprägt ist.

O.1105 Raum — Volumen – Hohlraum

Bei keiner Baumassnahme kommt der Hohlraum, das Volumen deutlicher zum Ausdruck, als beim Zelt. Die Masse der Raumbegrenzung ist im Verhältnis zum Volumen verschwindend klein und trotzdem ist die Begrenztheit des Raumes sehr deutlich zu erkennen - und sei es, wie im vorliegenden Falle unter Mitwirkung des Lichtes, das einen scharf abgegrenzten Schatten auf den hellen Sand wirft.

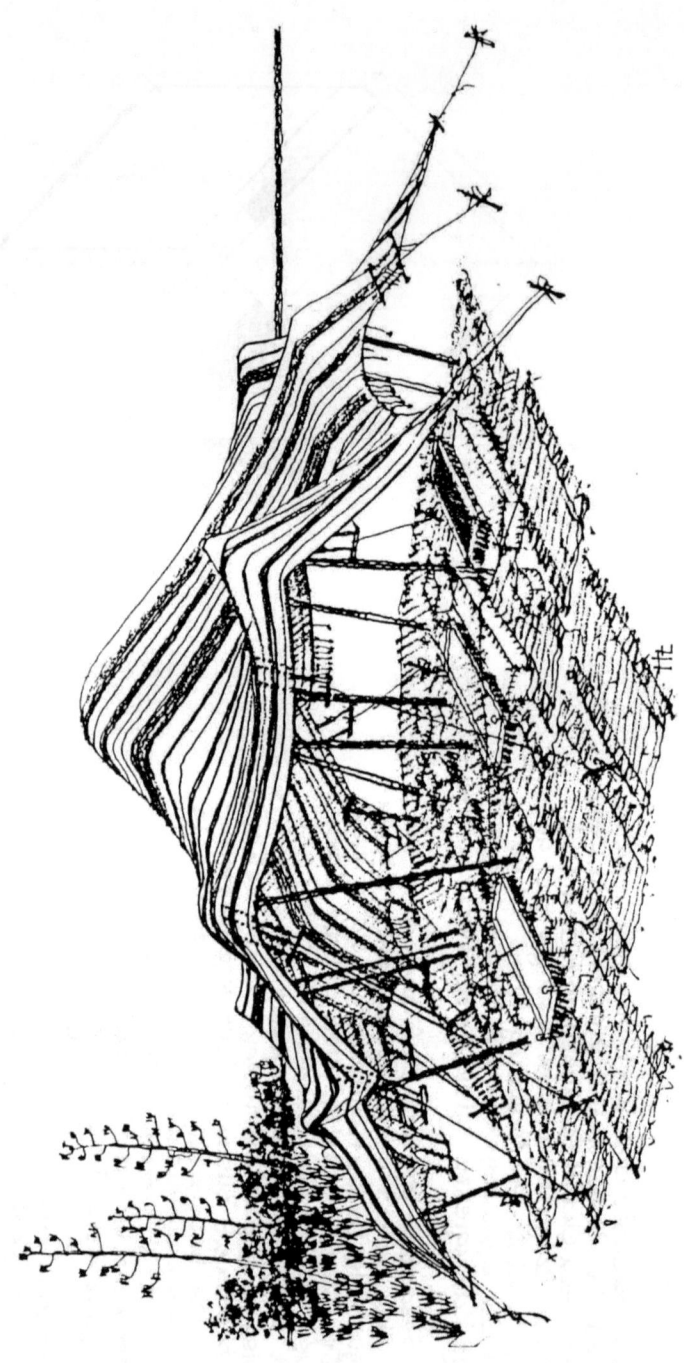

Zeichnung Dr. Hartisch

Volumen – Zwischenraum Raum **O.1106**

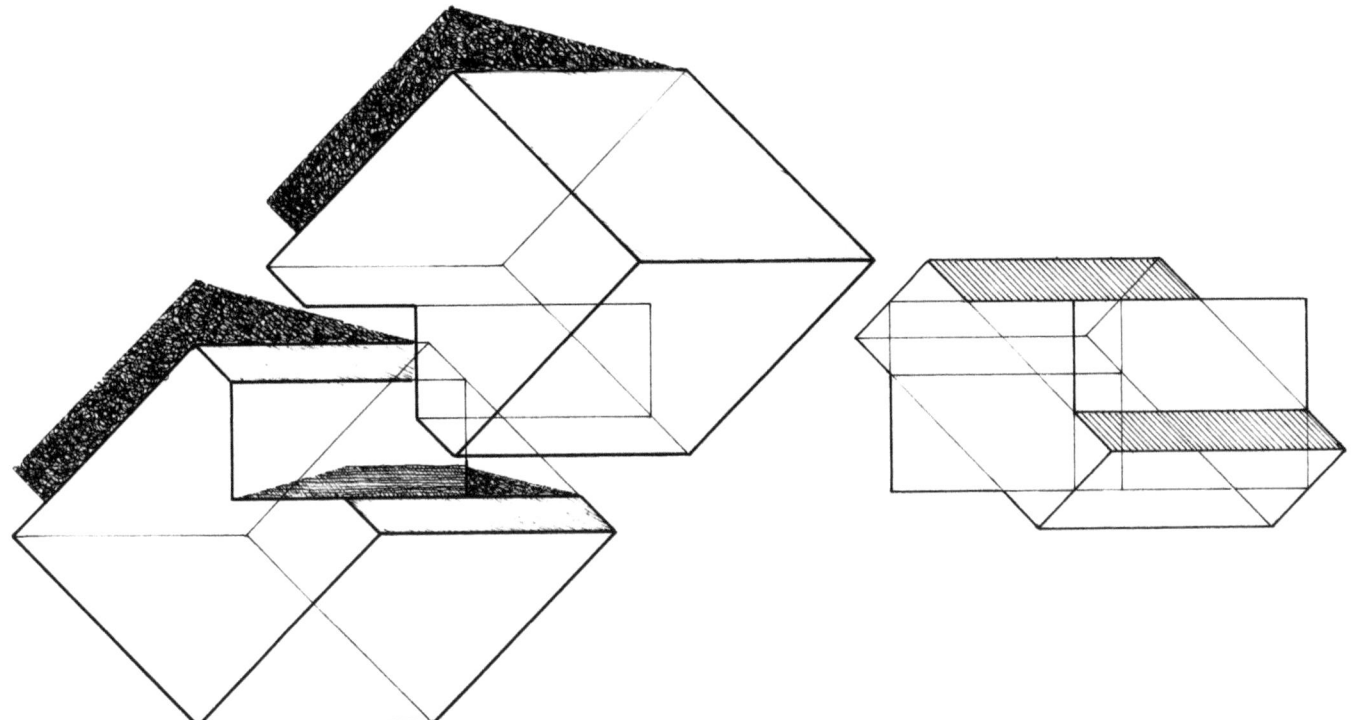

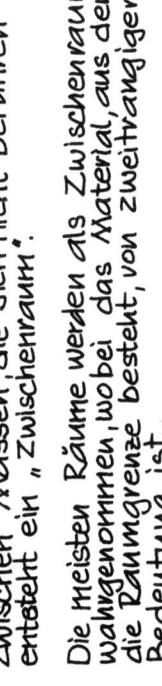

Zwischen Massen, die sich nicht berühren entsteht ein „Zwischenraum".

Die meisten Räume werden als Zwischenraum wahrgenommen, wobei das Material, aus dem die Raumgrenze besteht, von zweitrangiger Bedeutung ist.

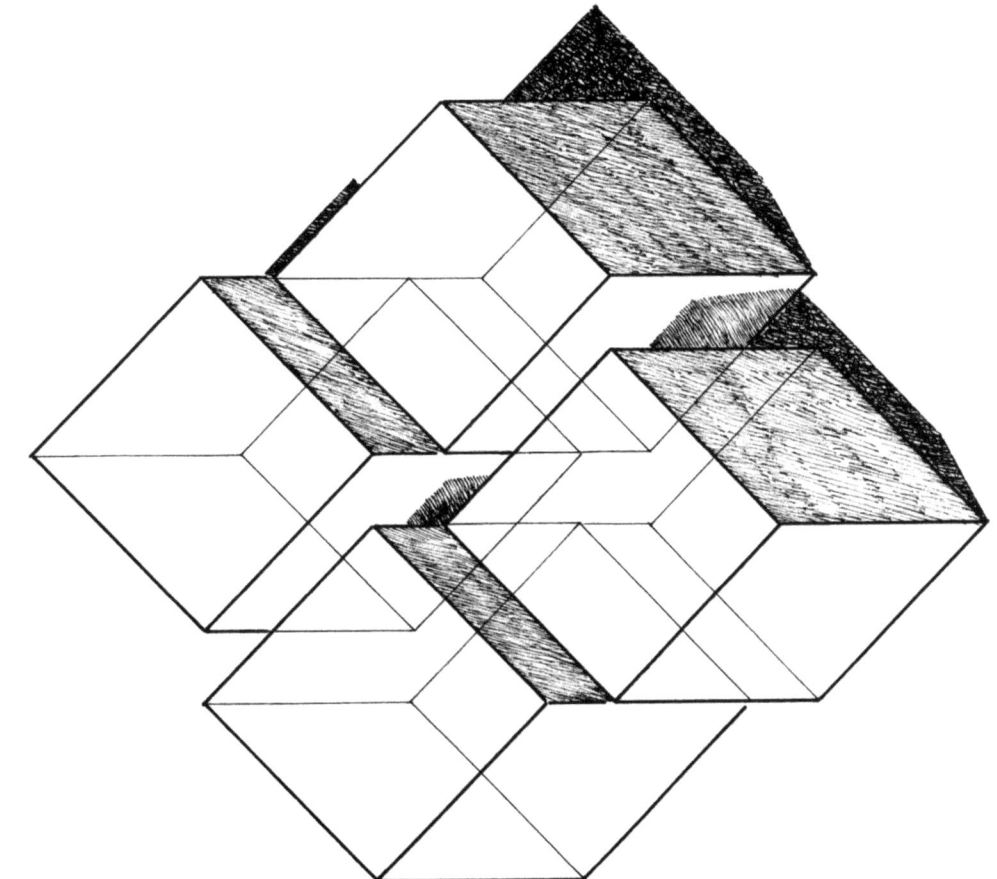

O.1107 Raum — Volumen – Zwischenraum

Gasse in Volterra

Raum im architektonischen Sinne wird durch räumliche Ereignisse begrenzt.

Die Raumbegrenzungen sind Massenräume – geschlossene massive Bauteile ohne Hohlräume.

Der lichte, einsichtige und erlebbare Raum befindet sich zwischen diesen Masseräumen und nimmt daher den Charakter eines „Zwischenraumes" an. Diese Wirkung hängt von der Geschlossenheit (Vollkommenheit der begrenzenden Teile), der „Enge" oder „Weite" und der räumlichen Tiefe ab; wobei die Raumhöhe gleichbedeutend wie die Tiefe zu sein scheint.

Die Erfahrung über die Massigkeit der Begrenzungen verstärkt diesen Eindruck, oder schwächt ihn ab.

Das optische Signal der Oberflächigkeit (James J. Gibson), die Struktur der Begrenzung trägt zu der Wahrnehmung entscheidend bei. Je gleichförmiger die Struktur, desto grösser ist der Eindruck der Enge.

Volumen – Raumerscheinung — Raum — O.1108

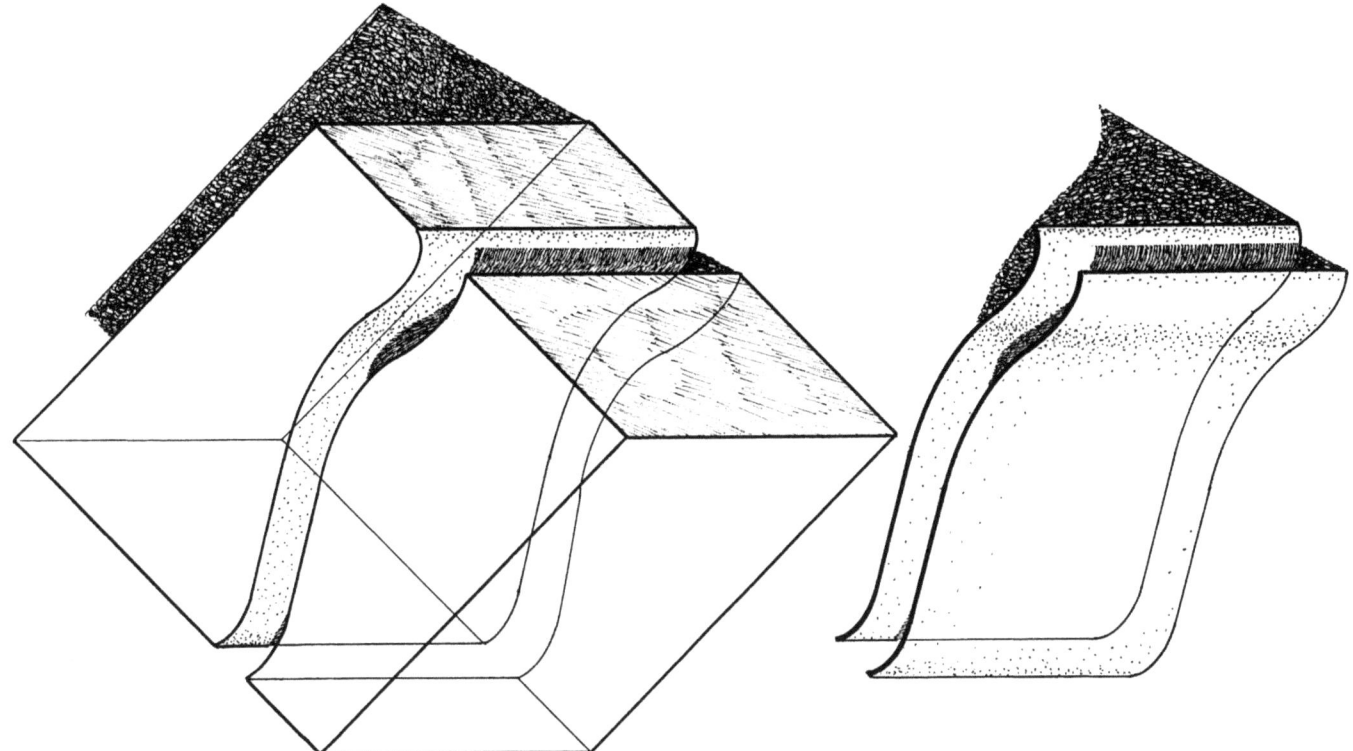

Raumerscheinung ist visuell alleine von der Form der Raumgrenzen abhängig, die Dicke der Raumgrenzen ist nicht unbedingt erkennbar.
Erst weitere Sinneseindrücke können eventuell Rückschlüsse auf die Dicke der Raumgrenze geben. (Schall, Wärme, Tasten)

Für die Konstruktion ist jedoch die Dicke im Verhältnis zur Höhe von ausschlaggebender Bedeutung. (Standfestigkeit – Standsicherheit.)

Die Schall- und Wärmedämmung ist ebenfalls an die Materialdicke und Dichte gebunden.
Schall: schwere, dichte Baustoffe können durch den Luftschall nicht erregt werden, leiten aber Körperschall leicht.
sehr leichte, poröse Baustoffe, Dämmstoffe verwandeln den in sie eindringenden Luftschall in Wärmeenergie
dünne, membranartige Baustoffe (z.B. Glas) geben den Luftschall an den Raum jenseits der Raumgrenze nahezu ungehindert weiter.
Wärme: schwere, dichte Baustoffe leiten die Wärme leicht weiter – sie fühlen sich deswegen kalt an; gute Wärmespeicher
sehr leichte, poröse Baustoffe leiten die Wärme kaum weiter – Dämmstoff, sie fühlen sich warm an und sind schlechte Wärmespeicher

Nur alle Sinne vermögen einen richtigen Eindruck zu vermitteln, wobei dem Augenschein absolute Priorität zukommt. Der Augenschein kann auch bewusst verfälscht werden.

O.1109 Raum — Volumen – Raum im Raum

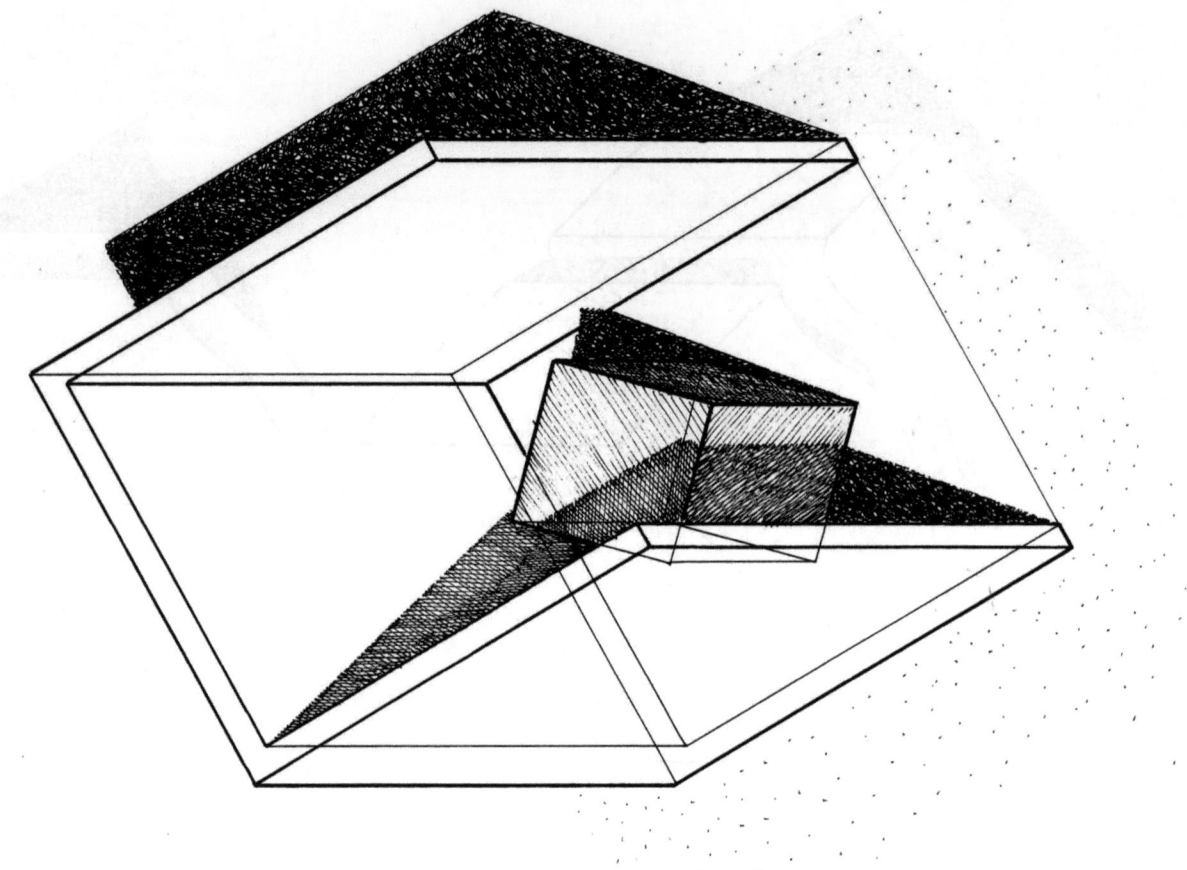

Der „Raum im Raum" ist der Regelfall in der Architektur.

Der Innenraum ist „eingerichtet", wobei Einrichtungsgegenstände wieder eigene Räume darstellen. Ihre räumliche Beziehung zueinander und zum „Hüllraum" unterliegen Formmasstäben mit einer Eigengesetzlichkeit. (Steigerung der formalen Raumwirkung oder Beruhigung, Einklang oder bewusster Missklang, Phantasie oder Eintönigkeit u.a.m.)

Der bewusst zu steuernde Zusammenhang zwischen dem Erscheinungsbild der Raumhülle (Material und Oberfläche) und der Einrichtung ist wesentlich für den Gesamteindruck. Somit steuert der Formwille für den Raum unmittelbar Materialwahl und Wahl der konstruktiven Mittel. (Siehe Einleitung.)

Oberfläche   Raum   **O.1110**

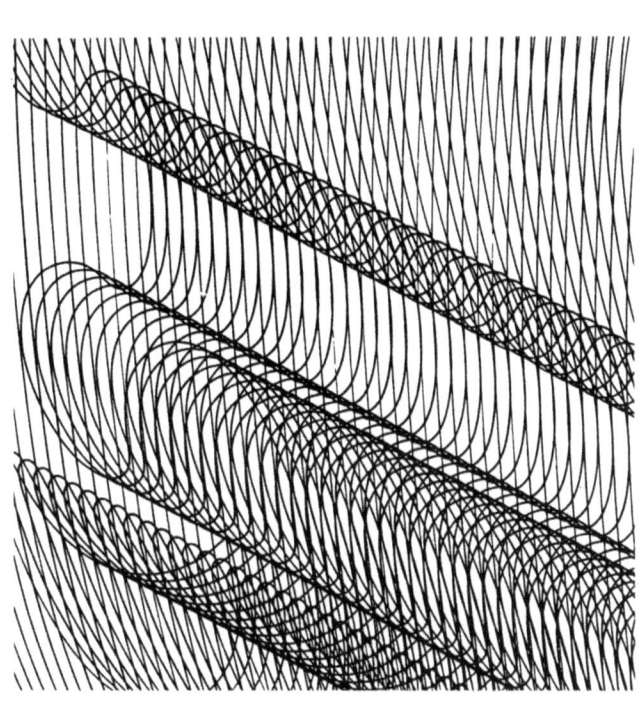

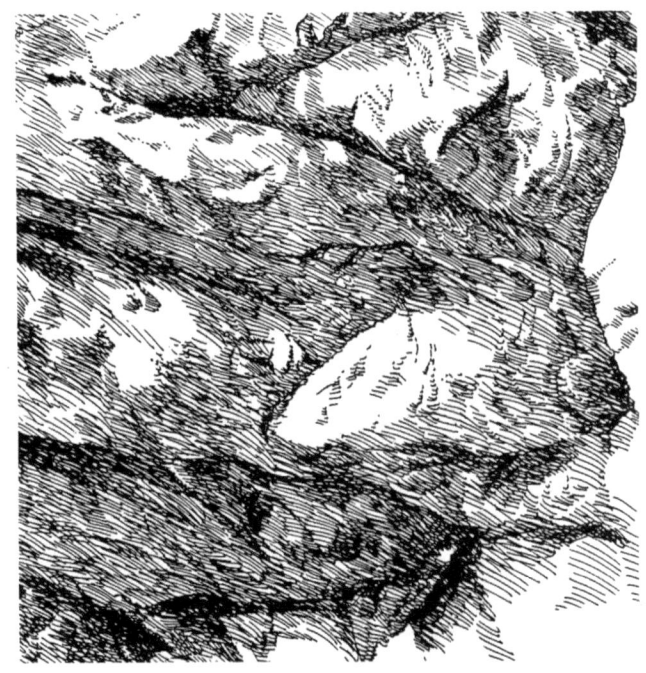

Raum wird durch wahrnehmbare Oberfläche begrenzt – der Massenraum ist der einzige, auf den dies in vollem Umfange zutrifft. Oberfläche bedeutet wohl immer Betrachtung von aussen, daher ist „Oberfläche" gleich Aussenfläche.

Der von uns erlebte Innenraum kann im strengen Sinne keine Oberflächen haben, denn er ist mit Medium angefüllt, das keine wahrnehmbare Oberfläche hat. Der Innenraum ist durch Grenzflächen in seiner Ausdehnung bestimmt; diese Grenzflächen sind Oberflächen materieller, abgrenzender Elemente zwischen denen sich als Zwischenraum der Innenraum befindet.

Um wahrnehmbar zu sein, erhalten Oberflächen im Architekturraum eine begreifbare Struktur, die sich entweder aus der natürlichen und unbeeinflussten Materialoberfläche ergibt, oder bewusst gestaltet wird. Die Oberfläche wird durch optische Diskontinuitäten sichtbar.

Seit dem klassischen Altertum haben sich Denker mit dem Phänomen R a u m befasst, als Mathematiker, als Philosophen und als Architekturtheoretiker. Jeder konnte dem Begriff Raum eine andere Seite abgewinnen, sodass es heute in diesen drei Wissensdisziplinen eigene und unabhängige Definitionen gibt. Den mathematisch-physikalischen Raum, der seit Albert Einsteins allgemeiner Relativitätstheorie zur krümmungsfähigen Raumzeit wurde, den philosophisch-abstrakten Raum und der sich in diesem Terzett eher bescheiden ausnehmende Architekturraum. Die Psychologie, ein erst sehr junger Wissenszweig, hat zu diesen drei Facetten eine weitere hinzugefügt.

Verhaltensforschung und Erkenntnistheorie versuchen für die Wahrnehmung des Raumes Grundlagen zu schaffen, die hier in sehr geraffter Form wiedergegeben werden sollen.

Ehe jedoch die eigentlichen Wahrnehmungen und die daraus abgeleiteten Erkenntnisse angesprochen werden, müssen einige Voraussetzungen geklärt werden.

- Realitätspostulat
  Völlig unabhängig von der Wahrnehmung und dem Bewusstsein gibt es eine reale Welt.
- Strukturpostulat
  Diese reale Welt ist strukturiert.
- Kontinuitätspostulat
  Es besteht ein kontinuierlicher Zusammenhang zwischen allen Bereichen der Wirklichkeit.
- Fremdbewusstseinspostulat
  Sinneseindrücke und Bewusstsein sind nicht nur auf meine Person beschränkt.
- Wechselwirkungspostulat
  Die reale Welt ist in der Lage unsere Sinnesorgane zu reizen.
- Gehirnfunktionspostulat
  Das Gehirn ist ein natürliches Organ, dessen Funktion unter anderem Denken und Bewusstsein ist.
- Objektivitätspostulat
  Wissenschaftliche Aussagen sollen objektiv sein.

(Nach Gerhard Vollmer, Evolutionäre Erkenntnistheorie, S. Hirzel Verlag, Stuttgart 1987)

Die Postulate 1 bis 7 kennzeichnen den hypothetischen Realismus, der bei Vollmer folgende Hauptthesen trägt:
" Hypothetischer Charakter aller Wirklichkeitserkenntnis; Existenz einer bewusstseinsunabhängigen (1), gesetzlich strukturierten (2) und zusammenhängenden Welt (3); teilweise Erkennbarkeit und Verstehbarkeit dieser Welt durch Wahrnehmung (5), Denken und eine intersubjektive Wissenschaft (7)." und weiter:
" Hypothetischer Realismus - wir nehmen an, dass es eine reale Welt gibt, dass sie gewisse Strukturen hat und dass diese Strukturen erkennbar sind, und prüfen, wie weit wir mit diesen Hypothesen kommen."

Folgen wir dem vorher Gesagten, dann müssen wir annehmen, dass wir in einem dreidimensionalen Raume leben. Wie wird nun dieser Raum vom Menschen wahrgenommen - eine für den Architekten letztlich zentrale Frage, auf die, das sei gleich vorweggenommen, auch die spezielle Wissenschaft der Wahrnehmungstheorie keine eindeutige Antwort geben kann.

Raum ist in jedem Falle ein Ereignis einer hypothetischen äusseren Welt, das wir dreidimensional wahrzunehmen scheinen. Dabei werden vor allem der Gesichtssinn, das Gehör und der Tastsinn als Träger räumlicher Empfindung und Wahrnehmung herangezogen. Obwohl vorrangig das Sehvermögen angesprochen wird, kann auch über das Gehör oder den Tastsinn im Bereich der rechten Gehirnhälfte (V.V.Ivanov) aufgrund vorwissenschaftlicher Erkenntnis (Erfahrung) ein Raumbild aufgebaut werden. Um das Problem nicht noch weiter zu komplizieren, werden wir uns im vorliegendem Falle nur mit dem Sehen befassen. Das Bild der dreidimensionalen Ereignisse unserer Umwelt ruft auf der Netzhaut nur ein zweidimensionales Bild hervor. Die dritte Dimension, die Empfindung der räumlichen Tiefe, muss weitgehend aus zweidimensionalen Nachrichten aufgebaut werden. Welche das sind, wollen wir anhand zweier Theorien aufzeigen.

Konrad Lorenz hat in seiner Veröffentlichung : Die angeborenen Formen möglicher Erfahrung - 1943; Tiefenkriterien für das räumliche Wahrnehmen festgelegt :

- Konvergenz – das ist der Winkel, den die beiden Sehachsen einschliessen, wenn die Augen auf einen Zielpunkt gerichtet sind.
- Querdisparation – ist der geringe Unterschied der beiden Netzhautbilder, die sich aus der Unterschiedlichkeit der räumlichen Richtung, aus der sie aufgebaut sind, ergibt.
- Parallaxe – wird die scheinbare Bewegung genannt, die verschieden weit entfernte Gegenstände zueinander vollziehen, wenn die Augen seitlich bewegt werden.
- Grösser- und Kleinerwerden – des Bildes auf der Netzhaut, wenn man sich einem Gegenstande nähert oder sich von ihm entfernt.
- Akkommodation – durch das " Scharfstellen " auf naheliegende oder weiter entfernte Ziele, wird der Ringmuskel der Augenlinse unterschiedlich zusammengezogen.
- Bildgrösse – ein Gegenstand, dessen Grösse bekannt ist, erscheint z.B. gross, wenn er nahe liegt und muss umgekehrt weit entfernt sein, wenn er klein erscheint.
- Perspektive und Überschneidungen von Konturen.
- Bildschärfe und Strukturdichte.
- Helligkeit und Farbton.
- Schattenbildung bei seitlicher Beleuchtung.

Die beiden ersten Kriterien, die auf einer Zweiäugigkeit beruhen, müssen einer kritischen Wertung unterzogen werden. Die tatsächlich erfahrbare Konvergenz und Querdisparation reicht nur bis zu einer maximalen Entfernung von 6 m, wie Wissenschaftler festgestellt haben (Grégory 1972). Etwa gleichzeitige Untersuchungen von Hochberg haben gezeigt, dass dem Darsteller (Maler und auch Architekten) auch nur die einäugigen Kriterien für Tiefenmerkmale zur Verfügung stehen. (Julian Hochberg : Die Darstellung von Dingen und Menschen, 1972 Baltimore/London, sowie deutsche Fassung 1977 .)

Hinzu tritt die Disposition des Menschen bei der Wahrnehmung geschlossene Ganzheiten und räumliche Muster auch dann zu bilden, wenn Teile verdeckt oder nicht vorhanden sind. Die fehlenden Konturen werden einfach, um die erwünschte Ganzheit zu erreichen, zu einer " Gestalt " ergänzt. Die G e s t a l t w a h r n e h m u n g kann durch Lernprozesse und zusätzliche Angaben über das, was wahrzunehmen ist, beeinflusst werden (Erfahrung). Es stellt dies die Rückkoppelung des subjektiven Erkenntnissapparates über die Wahrnehmung und Erkenntnis zu dem Objekt der realen Welt dar.

Zieht man nun aufgrund der evolutionären Erkenntnistheorie (K.Lorenz) den Schluss, so bedeutet dies: " Manche Erkenntnistheorien sind in Anpassung an die Realität entwickelt worden, also phylogenetisch erworben. Für das Individuum , also ontogenetisch, sind sie angeboren. Die Erfahrungswelt ist dreidimensional, weil unsere Raumanschauung sich phylogenetisch in Anpassung an eine dreidimensionale Welt entwickelt hat." (G. Vollmer) Demnach ist die räumliche Wahrnehmung eine Disposition der wir gar nicht entrinnen können, die uns auf eine dreidimensionale Erkenntnis festlegt.

Einen anderen, in sich jedoch genauso schlüssigen Weg beschreitet James J. Gibson, den er in seinem Werk: Wahrnehmung und Umwelt; München - Wien 1982 , beschreibt. Auch er geht von einer Veranlagung, einer Disposition also, aus.

Bestimmend ist die Begrenztheit des Raumes durch die Fläche. Die Wahrnehmung strukturierter oder unstrukturierter Helligkeit im Auge führt zur Wahrnehmung e i n e r (ist gleich vorhandener) oder k e i n e r (ist gleich nicht vorhandener) Oberfläche. Der Unterschied besteht daher nicht im Sehen von zwei oder drei Dimensionen. In einer experimentell erzeugten optischen Anordnung wird deutlich, dass je enger beisammen die Diskontinuitäten liegen, umso deutlicher erscheint in der Wahrnehmung der Charakter von " Oberflächlichkeit ".

Daneben wird die " Stützebene " eingeführt, die für die Landlebewesen zur Orientierung notwendig erscheint. Zwischen dem Körper und dem ihn stützenden Untergrund besteht ein mechanischer (taktiler) und optischer Kontakt. Auf dieser Stützebene erfolgt

Raum
Masse – Volumen – Zwischenraum

In diesen und auch den anderen Abhandlungen über die Umweltpsychologie sind die speziellen Belange des **Architekturraumes** nicht unmittelbar angesprochen. Eine differenzierte Auseinandersetzung mit den Problemen, die die Architektentätigkeit unmittelbar betreffen, scheint trotz mannigfacher Untersuchungen weiter geboten.

Unabhängig davon sei einmal die Frage gestellt, ob es überhaupt möglich ist gar kein Raumgefühl (als Vorstufe der Wahrnehmung) zu haben. Dazu ist es erforderlich festzustellen, dass für jede Empfindung eine Ordnung notwendig ist, da es das körperlos-geistige bei Empfindungs- und Wahrnehmungsprozessen nicht gibt. Diese Ordnung ist mittenbezogen für alle Reize der Umwelt. Das Ich stellt sich in den Brennpunkt der wahrnehmbaren Reize.

Stellt man sich nun vor, dass keine optischen Reize und keine akustischen Reize wahrgenommen werden können und dass auch kein Tasten möglich ist, so ist zwar keine direkte Raumwahrnehmung möglich, eine Orientierung oder auch räumliche Ordnung bleibt jedoch erhalten - die Raumwahrnehmung ist latent. Durch die Gravitation und die damit verbundene Wahrnehmung der Lotrechten und den erlernten Begriffen vorne/hinten und seitlich ist eine ichbezogene räumliche Anordnung zur Umgebung vorhanden. Versuche unter der Bedingung der Schwerelosigkeit haben ergeben, dass der Mensch keinesfalls das Gefühl für oben und unten verliert. Unten ist immer die Richtung, in die die Füsse weisen.

Mögen also alle Reize hinter einem Wahrnehmungshorizont verschwinden, Raum demnach als Umwelterreignis nicht mehr vorhanden sein, so bleibt indifferent durch eine latente Bereitschaft zu einer Raumwahrnehmung vorhanden. Ob diese Verhaltensweise phylogenetisch oder ontogenetisch erworben wurde, kann ich nicht sagen. Für die Betrachtung des Architekturraumes ist diese Frage sicher nur von zweitrangiger Bedeutung, auch wenn sie von der prinzipiellen Raumwahrnehmung her einen interessanten Beitrag zu dem Problem darstellt.

die normale Fortbewegung. Kanten auf diesem Untergrund bedeuten entweder, dass die Stützebene in einen Abgrund abbricht, oder als Stufe sich nach oben fortsetzt. Das Wahrnehmen dieser Bedeutungen haben sich die Lebewesen im Laufe der Entwicklungsgeschichte angeeignet. Es ist dies keine abstrakte Tiefenwahrnehmung, sondern das Wahrnehmen eines Angebotes für ein lebenserhaltendes Verhalten.

Weiter folgert Gibson : " Experimente über die Wahrnehmung von Entfernung entlang des Bodens, anstelle durch die Luft, legen nahe, dass diese Wahrnehmung auf Invarianten der optischen Anordnung beruht und nicht auf irgendwelchen Tiefenkriterien. Die Regel gleicher Mengen an Textur bei gleichgrossen Arealen des Terrains ist eine solche Invariante; eine andere ist das Verhältnis zum Horizont. So werden auf dieser Grundlage unmittelbar die Dimensionen der Dinge im Gelände wahrgenommen und das alte Rätsel der Grössenkonstanz trotz verschiedener Entfernung entsteht erst gar nicht.

Die Tatsache des Geländehorizonts in der umgebenden optischen Anordnung darf nicht mit dem Fluchtpunkt der Linearperspektive, wie sie für die Optik in Bildern gilt, verwechselt werden.

Eine Reihe von Experimenten über die Wahrnehmung der Neigung von Oberflächen relativ zur Sehlinie liessen die absolute Gradiententenhypothese als nicht mehr haltbar erscheinen. Man musste folgern, dass das, was wahrgenommen wird, die Flächenneigungen relativ zueinander und zum Untergrund sind, somit die (eigentlichen) Tiefen-Formen in der Anordnung von Oberflächen.

Experimente, die auf dem Argument von äquivalenten Konfigurationen beruhen, beweisen nicht die Notwendigkeit, dass man zur Wahrnehmung der Umwelt Voraussetzungen mitbringen muss; die Tatsache bleibt dabei ausser Acht, dass sich der Betrachter normalerweise umherbewegt."

Soweit also Gibson in Gegenüberstellung zu Lorenz, wobei diese beiden Theorien nur eine (bewusste) Auswahl aus der Vielzahl der Deutungsversuche darstellt und die Komplexität des Problems beweist.

Raum im Sinne physikalisch-mathematischer Dreidimensionalität gewinnt in der Architektur zwei unterschiedliche Erscheinungsformen. Befindet sich der Betrachter ausserhalb eines räumlichen, geschlossenen Kontinuums und signalisieren die Begrenzungsflächen dieses Raumteiles geschlossene Oberflächigkeit, so wird dieser partielle Raum als Masse wahrgenommen. Die weitere Eigenschaft der Masse, ihr Gewicht, kann durch das Handhaben (nach James J. Gibson, Die Sinne und der Prozess der Wahrnehmung, Bern,Stuttgart,Wien 1982 , wird diese Art der haptischen Wahrnehmung dynamische Berührung genannt) erfahren werden. Als (Bau-) Masse möchte ich jeden Architektur-Körper bezeichnen, der von aussen wahrgenommen wird. Dabei ist es vollkommen unbedeutend, ob der Körper aus voller Masse besteht, oder innen hohl ist.

Befindet sich der Betrachter innerhalb eines räumlichen Ereignisses der Architektur, dann ist nicht sein äusseres Erscheinungsbild, nicht sein Gewicht, sondern sein Inhalt (Volumen) alleine der Bedeutungsträger. Für seine Wahrnehmung ist auch hier wieder seine Begrenztheit und die Oberflächigkeit seiner Begrenzungsflächen wesentlich.

Öffnungen in den Begrenzungsflächen sind daher Transformationen und Grenzwahrnehmungen zwischen Masse (von aussen) und Volumen (von innen).

Die Erfahrung lehrt uns, dass die Begrenzungsflächen zwar in ihrer Erscheinung zweidimensional, in Wahrheit jedoch dreidimensionale Massen (Räume) sind. Der Innenraum (Volumen) stellt sich daher als Raum zwischen Räumen (Massen) dar - demnach als Z w i s c h e n r a u m . Dieser Begriff soll verdeutlichen, dass den Begrenzungsflächen und ihrer Erscheinung für die Wahrnehmung eine vorrangige Bedeutung zufällt. Alle in der Architektur- und Raumtheorie aufgestellten weiteren Kriterien für den Begriff "Räumlichkeit" müssen ihm folgen.

In welchem Masse dafür evolutionäre Dispositionen verantwortlich sind, mag die Verhaltensforschung aufspüren. Unumstösslich steht dabei fest, dass entwicklungsgeschichtlich der Mensch zehntausende von Jahren in Höhlen gelebt hat, die sein Verhalten prägten.

Der Zeitraum, den er in selbsterrichteten Räumen (Häusern) zubrachte, ist dagegen verschwindend klein. Die Höhle ist der archetypische Zwischenraum; Die Begrenzungsflächen zufällig, massenhaft, strukturiert, endlich und schier endgültig. Der Berg, in dem sich die Höhle befindet, bietet die Möglichkeiten zu " bergen, verbergen, Geborgenheit, Herberge " also Ausdruck einer äusseren Sicherheit vor vielen Gefahren der Umwelt.

Die Oberflächen gewinnen somit ein grosses Gewicht bei der Beurteilung des erlebbaren (wahrnehmbaren und erkennbaren) Architektur- oder auch Zwischenraumes. Wir befinden uns in jedem Falle in einem räumlichen Wahrnehmungsfeld, in der Regel in einem Raum. Dieser, der Zwischenraum, ist in unserer belebten und lebbaren Umwelt angefüllt mit einem für uns nicht unmittelbar wahrnehmbaren M e d i u m Luft. Das Gasgemisch Luft ist nicht zu sehen und nur indirekt über den Luftwiderstand bei der Eigenbewegung oder bei bewegtem Medium (Wind, Sturm) zu fühlen; es ist aber in der Lage Licht nahezu ungehindert hindurchzulassen und Schall, Wärme und Gerüche zu übertragen.

Im Laufe der evolutionären Entwicklung haben die Lebewesen auf der Erde ein Sinnesorgan entwickelt - das Auge - das für das Intensitätsmaximum der Sonnenstrahlung, für das wunderbarerweise die irdische Atmosphäre (Medium) durchlässig ist (Optisches Fenster), empfindlich ist und Wahrnehmungsreflexe an das Zentralnervensystem weiterleitet.

" Es ist nicht so, dass " ausgerechnet " der sichtbare Ausschnitt des Sonnenspektrums unsere Atmosphäre durchstrahlen kann. Natürlich ist es genau umgekehrt so, dass der vergleichsweise winzige Ausschnitt aus dem breiten Frequenzbereich der Sonnenstrahlung, der zufällig in der Lage ist, die irdische Atmosphäre zu durchstrahlen, eben aus diesem Grunde für uns zum sichtbaren Bereich des Spektrums, zu " Licht " geworden ist." (H.v.Ditfurth, Kinder des Weltalls.)

Die Wahrnehmung der architektonischen Ereignisse erfolgt in erster Linie visuell, erst nachgeordnet werden die übrigen Sinne zur Vervollkommnung des im Ent-

O.1111 Raum — Masse – Volumen – Zwischenraum

stehen begriffenen Bildes herangezogen. Der gesamte Erkenntnisapparat liefert somit die Informationen über die hypothetische, reale Wirklichkeit. Je grösser sein Vermögen ist, nahe beieinanderliegende Reize voneinander zu trennen (Auflösungsabstand), desto grösser ist die Wahrscheinlichkeit die äussere Wirklichkeit zu erfassen. Aus dem Buche " Sinnesarbeit - Nachdenken über Wahrnehmung " von D. Hoffmann - Axthelm seien in der Folge einige Auszüge über die Wahrnehmung zitiert.

" Das Bild der modernen Wahrnehmungsfähigkeit ist das einer Rundumsensibilität. Die Haut ist als einzige sensible Oberfläche erkannt. .... In der Haut liegen Rezeptoren für Druck, Berührung, Schwingung, Hitze und Kälte, je nach Dringlichkeit dicht oder breit verteilt. .... Das Auge hat noch heute etwas vom frühesten Prinzip der Muldenbildung, einer eingefalteten spezialisierten Hautsensibilität; auf seine Weise, abgeleitet von der Druckempfindlichkeit der Seitenlinie der Fische, auch das Ohr. ....

Mit alledem ist die Sensibilität eines Körpers beschrieben, der völlig passiv ist : reizempfindlich auf Einwirkungen reagiert. Nun gehört es aber zu den grundlegenden Erkenntnissen der neueren Psychologie, dass Menschen (und zumindest auch die höheren Tiere) aktiv reizsuchende Organismen sind, gekennzeichnet durch eine expansive Sinnestätigkeit, die auch über die Notwendigkeiten der biologischen unumgänglichen Aktivitäten weit hinausgeht. Es muss also nochmal beschrieben werden, mit dem Thema Sinnestätigkeit. Ihr situativer Rahmen ist die Tätigkeit, Bewegung. ....

Von den etwa 1,7 Millionen afferenten Neuronen, die ins Zentralnervensystem eintreten, werden fast zwei Drittel von den optischen Nerven benutzt; schätzungsweise 40 % aller ins Gehirn eintretender Impulse sind visuell .... Die Dominanz des Sehens über die anderen Aufmerksamkeitsweisen (Sinnesmodalitäten) bindet nicht nur die gesamte aktive Sinnestätigkeit an die gesellschaftlichen Gegenstände, sondern dichtet sie auch gegen die passive Körpersensibilität ab."

Dies muss vorausgesetzt werden, wenn die Bedeutung des nun folgenden Exkurses über die Oberflächenwahrnehmung richtig erkannt werden soll. Die wahrnehmbaren Objekte sind feste oder auch seltener flüssige **Materie**. Diese hat immer körperhafte Dimensionen. Die Grenzen zum umgebenden Medium sind Oberflächen, die eine mehr oder weniger grosse Beständigkeit aufweisen. Das Medium Luft und der visuelle Wahrnehmungsapparat ermöglichen es uns sie auch auf Entfernung zu empfinden und zu erkennen. (Fernsinn, wie das Hören und das Riechen.)

James J. Gibson hat für die Oberflächenwahrnehmung eine Reihe von Gesetzen festgelegt, die hier wiedergegeben werden sollen:

1 Alle beständigen Substanzen haben Oberflächen, und alle Oberflächen haben eine Flächenanordnung (layout).

2 Jede Oberfläche setzt einer Verformung einen Widerstand entgegen, der von der Viskosität der Substanz abhängig ist.
(Da der physikalische Begriff Viskosität nur für Flüssigkeiten anwendbar ist, sollte man für die festen Körper den Begriff Elastizität hinzufügen.)

3 Jede Oberfläche setzt dem Auseinanderfallen einen Widerstand entgegen, der von der Kohäsionskraft der Substanz abhängig ist.

4 Jede Oberfläche besitzt eine charakteristische Textur, die von der Zusammensetzung der Substanz abhängt. Sie hat sowohl Flächenanordnungstextur als auch Pigmenttextur.

5 Jede Oberfläche hat eine charakteristische Form, eine Flächenanordnung-im-Grossen.

6 Eine Oberfläche kann stark oder schwach beleuchtet sein, im Licht oder im Schatten liegen.

7 Eine beleuchtete Oberfläche kann einen grösseren oder einen kleineren Teil der auf sie fallenden Beleuchtung absorbieren.

8 Eine Oberfläche hat ein charakteristisches Reflexionsvermögen, das von der Substanz abhängig ist.

9 Eine Oberfläche besitzt, in Abhängigkeit von ihrer Substanz , eine charakteristische Verteilung der

Reflexionsgrade bei verschiedenen Lichtwellenlängen. Diese Eigenschaft der Oberfläche nennen wir ihre Farbe, und zwar in dem Sinne, dass verschiedene Verteilungen verschiedene Farben konstituieren.

(Zitiert aus dem Buche, Wahrnehmung und Umwelt.)

Welche der aufgezählten Gesetze haben nun für die Wahrnehmung des Architekturraumes grosse Bedeutung? Die Begrenztheit der Materie, der Masse, da zwischen diesen Massengrenzen der Zwischenraum als Architekturraum entsteht. Die Oberfläche der Masse wird zur Grenzfläche des erlebbaren Raumes. Das ist die Umkehrung der eigentlichen architektonischen Oberfläche. Wir nehmen uns in einem Raum wahr, der durch irgendwelche architektonischen Ereignisse begrenzt ist. Dieser Architekturraum muss konsequenterweise eine Begrenzungsfläche haben, eine Aussenfläche, die identisch mit der Oberfläche der Materie ist, die die Raumgrenzen darstellt.

Der Raum, in dem wir uns befinden ist eben jener Zwischenraum, der keine eigenen Raumgrenzen aufweist, sondern von Oberflächen begrenzt wird, die streng genommen zu ausserräumlichen Massen gehören.

Die sichtbare und damit wahrnehmbare Oberfläche ist alleine durch den optischen Eindruck nicht erkennbar, obwohl Gibson's Gesetze 4 bis 9 sich ausschliesslich damit befassen.

Die Wahrnehmung kann sich nicht alleine auf die Anschauung berufen - zu leicht erliegt man einer unbewusst oder auch bewusst herbeigeführten optischen Täuschung. Mit dieser wird in der Architektur sehr häufig operiert; einmal um " mehr" zu scheinen, oder auch um eine gewisse " Leichtigkeit " zu erreichen.

Es ist das weite Feld der " Be-Kleidungen " oder auch " Ver-Blendungen". Befassen wir uns mit diesem Punkte etwas intensiver; die Bekleidung ist - oder sollte es jedenfalls sein - eine notwendige Veränderung der materiellen Oberfläche, indem man den " nackten Körper " mit einer schützenden, weil haltbareren und den Fährnissen des Lebens besser widerstehenden Haut umgibt; z.B. der Verputz auf einer rohen Wand aus Steinen.

Die Ver-Kleidung oder Ver-Blendung reagiert darüber hinaus. Die Notwendigkeit einer Bekleidung mag gegeben sein, nur wird hier über die materielle und konstruktive Notwendigkeit hinaus noch eine bewusste optische Täuschung vorgenommen - die Oberfläche wird zur Attrappe. Einige typische Beispiele dafür sind Stuckmarmor, wie er zur Zeit des Barock mit Vorliebe verwendet wurde, oder Natursteinverblendungen eines harmlosen Ziegelmauerwerkes. Die Grenzen zwischen erwünschter Raumwirkung und Talmi sind vollkommen verwischt.

Im Grenzfalle wird aus der Be- oder Ver-kleidung eine äusserst dünne Schichte, eine Tapete, Malerei oder Einfärbung. Die Verblendung scheint vollkommen (jemand mit etwas blenden heisst ja ihn bewusst täuschen zu wollen).

Lässt sich bei den Begriffen Be- und Verkleidung noch an eine wenn auch geringe, so doch noch deutlich vorhande Dicke der Oberflächenschichte denken, so bewegt sich die Dicke der Tapete und Malerei in Grenzbereichen kaum mehr wahrzunehmender Schichtdicken. Aus der Be- und Verkleidung wird die Illusion, die der vorhin zitierten materiellen Schutzwirkung nun vollkommen entbehrt.

Hinter einer glatten, texturlosen, einfarbigen und vollkommen ebenen Oberfläche kann sich im architektonischen Bereiche alles Mögliche, aber auch allerhand Unmögliches verbergen. Materialien, die auf keinen Fall optisch und manchmal auch nicht haptisch wahrgenommen werden können.

Textur, Lichtabsorbtion und Reflexionsvermögen sind Material- und Oberflächeneigenschaften, die zur Erzielung bestimmter Raumwirkungen angewandt werden. Gibson geht bei der Beschreibung der Oberflächenkriterien von der materiellen Eigenfarbe aus, die an der Oberfläche sichtbar wird. Eine zusätzliche Farbgebung kann diesen Eindruck vollkommen verwischen - der Farbfilm wird zur dünnen Schicht des Sichtbaren. (Z.B. ein Stück Holz kann mit einer bunten Farbe

O.1111 Raum — Masse – Volumen – Zwischenraum

lasierend behandelt werden, die Folge ist eine vollkommen andere Oberflächenfarbe, trotzdem bleibt die Oberflächentextur erhalten und daher das Material als Holz erkennbar, ganz zum Unterschied, wenn es deckend lackiert wurde.)

J.J.Gibson´s Aufzählung der Oberflächenkriterien, für die er ja selbst keinerlei Anspruch auf Vollständigkeit erhebt, können noch um einen Punkt oder auch zwei weitere Punkte ergänzt werden.

10 Jede Oberfläche einer Substanz weist eine Temperatur auf, die von der Eigentemperatur der Substanz und von der Umgebungstemperatur beeinflusst ist. Die Oberfläche leitet bei der Berührung Wärmeenergie ab, deren Menge von dem Wärmeleitvermögen der Substanz abhängt.

Das bedeutet, dass jeder Körper sich entweder warm oder kalt anfühlt. Diese subjektive Empfindung kann auf zweierlei Weise zustande kommen. Der Körper hat eine höhere Temperatur als die der berührenden Hautstelle - die Oberfläche des Körpers fühlt sich warm oder auch heiss an. Die Oberfläche des Körpers fühlt sich warm an, obwohl die Oberflächentemperatur niedriger ist als die der berührenden Hautstelle. Der Körper besteht aus einer Materie, die kaum die Wärme leitet; z.B. Kunststoffschaum, der durch sein schlechtes Wärmeleitvermögen rasch die Temperatur der Haut angenommen hat.

Die Oberfläche eines Körpers, der aus einer Materie besteht, die eine mittlere Wärmeleitfähigkeit aufweist, wird sich kühl anfühlen, obwohl er an der Oberfläche dieselbe Temperatur aufweist, wie die des umgebenden Mediums. Leitet die Materie gar die Wärme sehr gut, so wird man die Empfindung "kalt" haben, auch wenn dieselben Temeperaturverhältnisse wie vorher herrschen.

Aus der Erfahrung haben wir gelernt, dass schwere und dichte Materie die Wärme besser leiten als leichte und poröse. Der Erkenntnisschluss über die Beschaffenheit einer Materie, die sich hinter einer anonymen Oberfläche verbirgt, ist aus der gemachten Erfahrung in groben Grenzen möglich.

Eine weitere Möglichkeit der Wahrnehmung ist das Klangverhalten einer Oberfläche bzw der dahinterliegenden Substanz. Ob dieses Kriterium als eigener Punkt hinzugefügt werden muss, oder ob sich diese Eigenschaft aus Punkt 2 ableiten lässt, möge jeder für sich selbst entscheiden.

Reicht der Wahrnehmungsversuch über die Temperaturempfindung nicht aus, um zu einer ausreichenden Bestimmung der Substanz, aus der die Raumbegrenzung besteht, zu gelangen, dann kann ein Versuch über das Hörvermögen weiteren Aufschluss bringen.

Je nach Beschaffenheit der Materie reflektiert und absorbiert sie Schall und leitet die eingedrungene Schallenergie mehr oder weniger gut weiter. Wird die Oberfläche eines Körpers durch Klopfen in Schwingungen versetzt, so lassen sich aufgrund der ausgesandten Schallwellen, wieder nur in groben Grenzen, Aussagen über die Konsistenz und eventuell die Massigkeit machen.

Bei aller Überlegenheit der visuellen Wahrnehmung ist sie doch auf die unterstützende Mitwirkung der anderen Sinne angewiesen, das wahrgenommene Bild zu ergänzen. Das Erkennen der Oberflächen einer räumlichen Begrenzung bedarf eben der " Rundumsensibilität " (Hoffamnn-Axthelm). Sehen und Begreifen (für greifen kann auch tasten und fühlen stehen) führen zu der erwünschten Dichte der Wahrnehmungen, die ein möglichst genaues Bild der äusseren Wirklichkeit zeichnet.

| | Masse – Scheibe – Stab | Konstruktive Grundelemente | **O.201** |

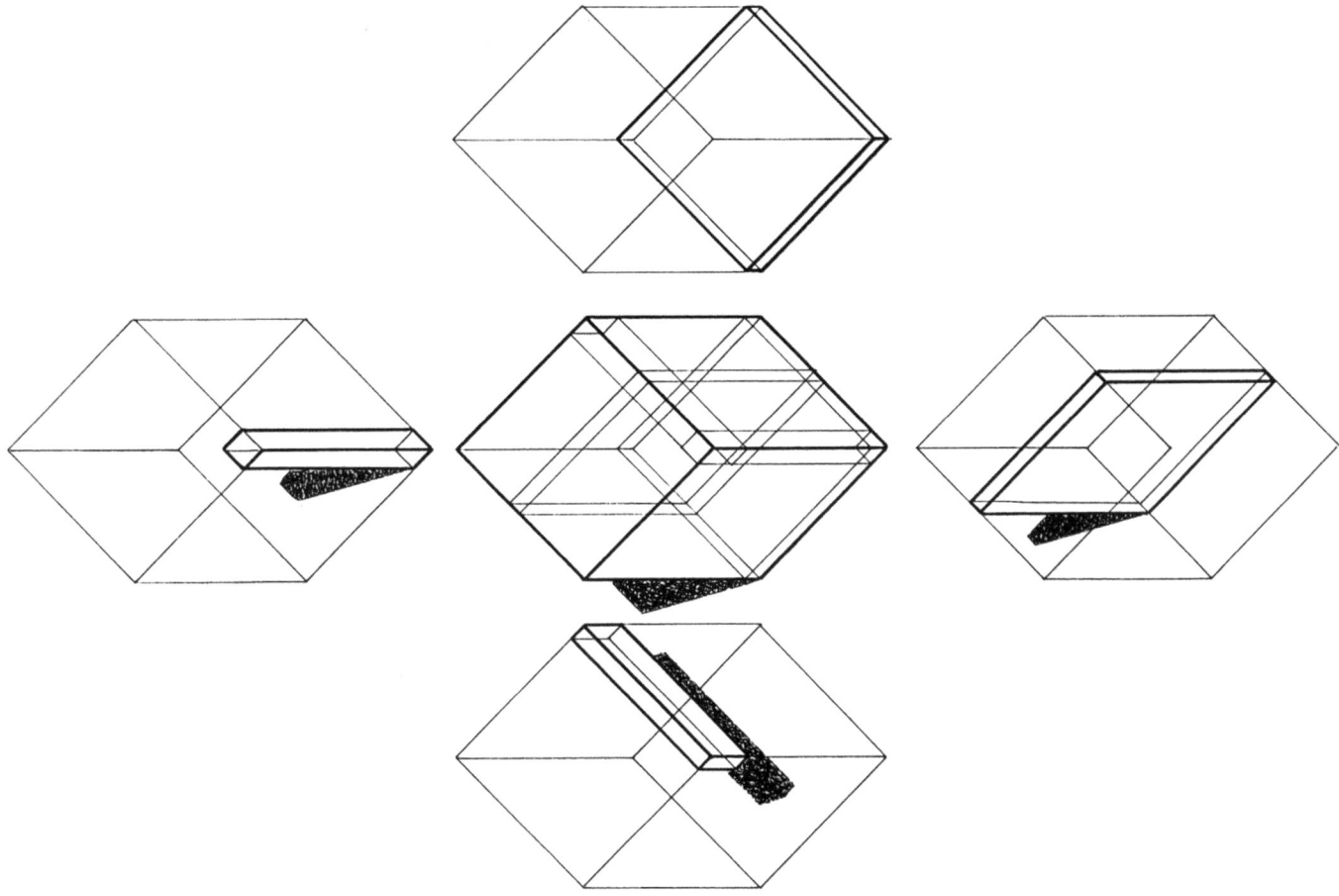

In der begrenzten oder unbegrenzten Masse sind die eigentlichen konstruktiven Grundelemente enthalten.

Die Scheibe sowohl horizontal als auch vertikal und der Stab, als Stütze vertikal und als Balken horizontal.

Alle konstruktiven Grundelemente sind sowohl als Massenelemente als auch als Flächen- bzw Linienelement möglich.
Entscheidend dafür ist das Verhältnis der Abmessungen (Länge, Breite, Höhe) und das damit verbundene konstruktive Tragverhalten. (Siehe dazu Tragwerkslehre Vektoraktive Tragsysteme, Massenaktive Tragsysteme, Flächenaktive Tragsysteme, Stabilitätsprobleme.)

Sobald die Masse sich in einzelne konstruktive Grundelemente gliedert sind zumindest bei Stäben füllende Wandelemente notwendig, denen keine tragende Funktion zugewiesen ist.

Masse – Scheibe – Stab

O.202 Konstruktive Grundelemente — senkrecht – waagerecht

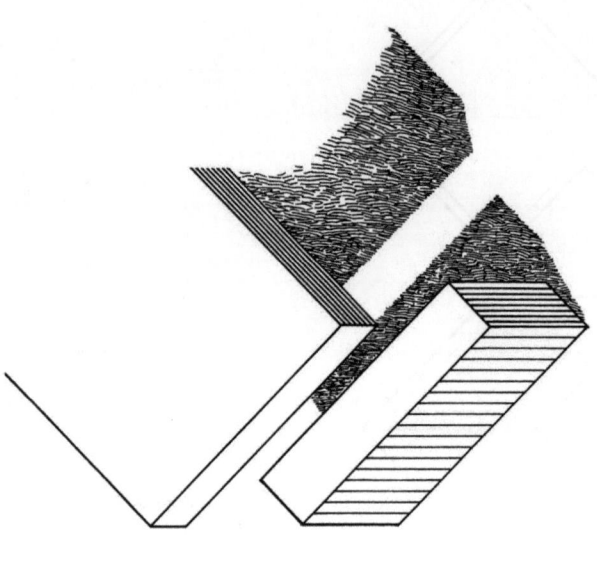

Dies ist das Grundprinzip des Bauens, des Bedürfnisses Räume zu erzeugen, denn senkrecht; wirken die Massenkräfte (Gewicht) und in diesen Baugliedern können Gewichte und Lasten darüberliegender Bauteile sicher in den tragenden Untergrund geleitet werden. Gleichzeitig können diese Bauelemente die seitliche Begrenzung des Raumes übernehmen.

waagerecht: bedeutet das Wagnis Räume nach oben bzw. nach unten abzugrenzen. Es ist die stete Herausforderung des Bauenden - an der Kühnheit dieser Konstruktionen wird oft die Genialität des Gebauten gemessen. Die Wirkungsweise ist - abgesehen vom Gewölbe - kaum auf einfache Weise zu durchschauen; trotzdem vertrauen wir „blind" - Evolution der Erkenntnis.

Zur Bildung konstruktiver Strukturen stehen uns vereinfacht gesehen die drei Grundelemente „Masse", „Scheibe" und „Stab" zur Verfügung, die untereinander kombiniert werden können, um Strukturen höherer Ordnungen zu bilden.
In der Folge sind einige einfache Prinzipien primitiver konstruktiver Strukturen beschrieben, die möglichen Materialien seien kurz aufgezählt:

Masse: Stein, Lehm, Lehmsteine = Ziegel (ungebrannt und gebrannt), Beton als Baumaterialien und im raumbildenden Ausbau - Stein, Keramik, Glas, Metall, Kunststoff.

Scheibe: Stahlbeton, Stahlblech mit Sicken und im raumbildenden Ausbau - Holz und Holzwerkstoffe, Blech, Glas, Kunststoff.

Stab: Stahlbeton, Holz, Stahl als Baumaterialien und im raumbildenden Ausbau - Holz, Metall, (Stein) Kunststoff.

Bei der Beschreibung der Strukturen steht zuerst die Senkrechte danach die Waagerechte. (z.B: Masse - Stab = Wand aus Masse und Decke aus Stäben.)

Strukturen Masse - Masse, Scheibe - Scheibe und Stab - Stab, sind erster Ordnung. Strukturen zweiter Ordnung sind Masse - Scheibe, Masse - Stab, Scheibe - Stab und Stab - Scheibe. Strukturen dritter Ordnung sind demnach Masse/Scheibe - Stab, Masse/Stab - Scheibe, Scheibe/Stab - Scheibe.
Höhere Strukturen entstehen, wenn zu den drei Grundelementen noch ein oder zwei neue Elemente hinzutreten (tragende Flächen, zugbeanspruchte Systeme - siehe Band I - Tragwerke).

Scheibe — Konstruktive Grundelemente — **O.203**

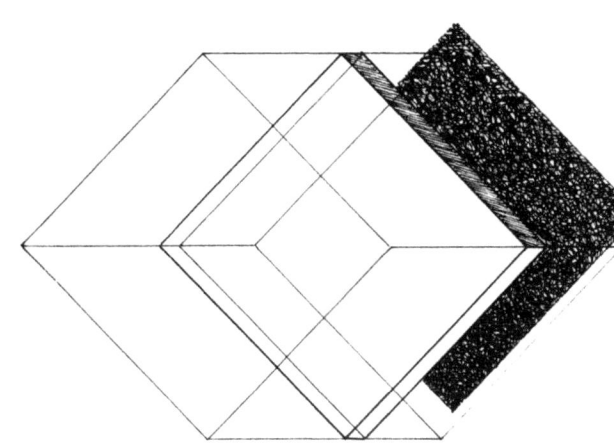

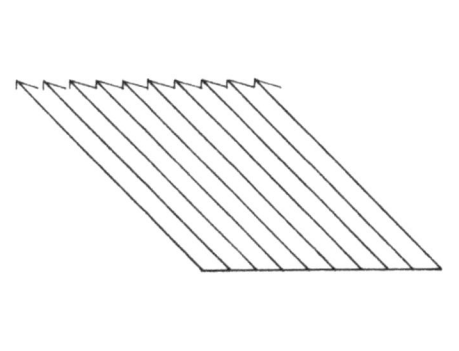 

Vertikale Scheibe – Wand

Ihre Stabilität hängt davon ab, in welchem Verhältnis die Wandhöhe zur Wanddicke steht. (Schlankheit – siehe Stabilitätsprobleme der Tragwerkslehre.)
Die Belastbarkeit einer Wand mit zusätzlichen vertikalen Lasten (Eigengewichte darüberliegender Bauteile und Verkehrslasten) bestimmt je nach dem verwendeten Baumaterial bei relativ grossen Wanddicken. (Siehe auch Tragende Wände und Stützen.)

Dünnere Wände sind entweder Flächenelemente (flächenaktive Tragsysteme), die nur in der Zusammenwirkung mit anderen Elementen bestimmte Belastungen übernehmen können oder einfache Füllelemente (Ausfachungen).

Horizontale Scheibe – Decke

Während die Wand meist auf dem festen Baumuntergrund steht, vor allem dann, wenn sie trägt (also zusätzliche Lasten aufnimmt), muss die horizontale Scheibe als Decke immer in ihrer Lage gehalten werden. Diese Auflagerung bestimmt, ob sie als Paralleltragsystem (masseaktives Tragsystem) oder als flächenaktives Tragsystem wirkt. Aus der Dicke alleine kann kein Rückschluss gezogen werden.

O.204 Konstruktive Grundelemente — Stab (Baum)

Baum

Senkrechter Stab in der Natur. Stütze, entweder mit Tellerfuss (als Flachwurzler) oder in dem Boden eingespannt (mit Pfahlwurzel).
Die Verankerung im Boden ermöglicht die Aufnahme von horizontalen Kräften (Windkräften), die zusätzlich zu den vertikalen Kräften (Eigengewicht, Schneelast) aufgenommen werden können.

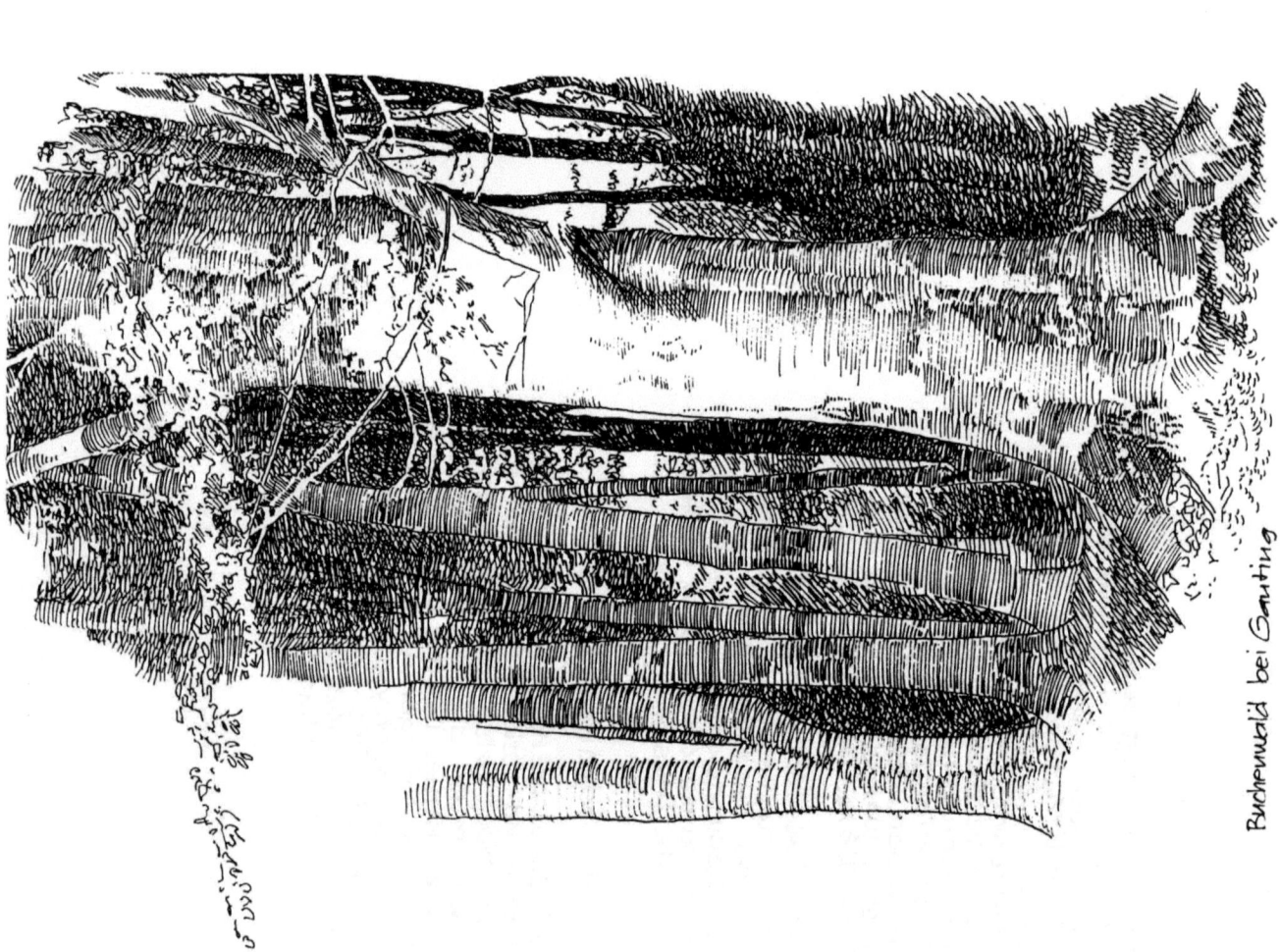

Buchenwald bei Gauting

Umgestürzter Baum

Neben der „Erfindung" des Gewölbes die herausragendste Entwicklung in der Geschichte der Baukonstruktion ist der horizontale Träger.
In einer völlig sich der Anschauung entziehenden Umlenkmechanik" werden senkrechte Kräfte in Horizontalkräfte umgewandelt die in der Stablängsachse verlaufen. An den Auflagerpunkten werden diese Kräfte erneut in senkrechte Auflagerkräfte „umgebogen".
Erst der horizontale Balken ermöglicht die ebene horizontale Decke als Raumabschluss.

O.2111 Konstruktive Grundelemente — Masse

28

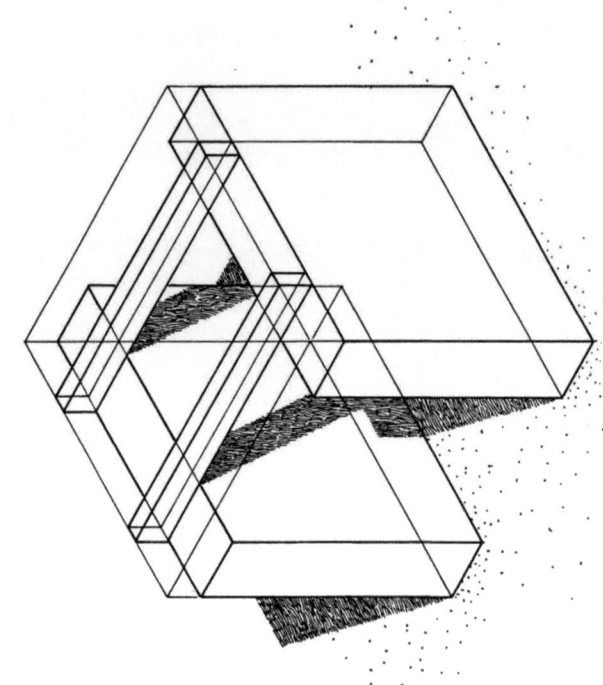

Masse – Masse
Sehr einfache Formen, die sich aus der Konstruktion ableiten. Die scheinbare Vielfalt der Erscheinung ist nur durch Variationen an der Oberfläche möglich. Grundprinzip der Höhle.

Masse – Scheibe
Wohl die häufigste Kombination (Ziegelwand-Stahlbetondecke). Nahezu unbegrenzter Formenreichtum; nur eine Bedingung muss erfüllt sein - die Massenwand muss lotrecht stehen.

Masse – Stab
Einfache Herstellung (Selbstbau), konstruktiv leicht zu durchschauen. (Erkennen des Konstruktionsprinzips.) Früher (im Altbau) sehr häufige Anwendung - durch Masse-Scheibe verdrängt.

Masse – ist gleichbedeutend mit Stabilität

Masse, Massenzwischenraum Höhle — Konstruktive Grundelemente — O.2112

In natürlicher Masse-Gestein- bilden sich Hohlräume, die Höhlen. Sie sind Zwischenräume im eigentlichsten Sinne mit einer scheinbar willkürlichen Form, da die formbildenden -tektonischen- Kräfte nicht durchschaubar sind.

Ihre räumliche Erscheinung ist so vielfältig wie die natürlichen Gegebenheiten, die sie entstehen lassen.

Auch für die Höhle gilt wie für jeden Raum, dass der Mensch visuell in erster Linie die Erkenntnis der Form gewinnt, wobei die "Wanddicke" der Raumgrenzen nicht erfahrbar ist. Erst die Erinnerung an die äussere Form, den Berg, führt intelektuell zu der Einschätzung der "Wanddicke" bzw der "Deckendicke".

Es stellt sich ein ambivalentes Sicherheits-/Angstgefühl ein. Die grossen Massen bieten optimalen Schutz (Bunker), die über dem Kopf schwebenden Massen verunsichern und können "erdrückend" wirken.

Die Jahrtausende, die der Mensch in seiner Entwicklung in den Höhlen verbrachte, haben durch die Evolution sein Verhalten geprägt. Die Höhle wurde zum Ur-Raum.

O.2113 Konstruktive Grundelemente — Masse, Massenzwischenraum Höhle

„Die Höhle"

Massivbauten aus dem plastischen Baustoff Lehm in plastischem Zustand verarbeitet. Das Werkzeug ist die Hand, wobei das Material durch seine Formbarkeit sensibilisiert. Kein anderer Baustoff kann in dieser Art der momentanen Eingebung folgen, wie nasser Lehm und Ton. (Formwillen, Spieltrieb, Anregung tiefer liegender, nichtrationaler Bewusstseinsschichten.)

Die Ausführung derartiger Bauten ist jedoch unweigerlich an bestimmte klimatische Gegebenheiten gebunden, die nicht allzu häufig auftreten.

Neben der guten Formbarkeit und dem häufigen Vorkommen des Materials ist es ein weiterer Vorteil, dass es sich sehr leicht verarbeiten lässt und der Energieaufwand sehr gering ist. Daher ist das Material besonders für den Selbstbau geeignet, vornehmlich dort, wo die klimatischen Verhältnisse dies problemlos erlauben.

Der Baustoff Lehm/Ton hat weiter noch eine Reihe sehr guter physikalischer Eigenschaften, egal ob als Gussmaterial, als ungebrannter oder als gebrannter Ziegel angewandt.

- schlechte Wärmeleitung, also gute Wärmedämmung
- guter Feuchtigkeitsaustausch
- guter Schallschutz
- gute Wärmespeicherfähigkeit

Diese Vorteile schaffen ein physiologisch angenehmes Raumklima. Auch in unseren Breiten wurden vereinzelt Versuche durchgeführt Lehmbauten aus ungebrannten Ziegeln herzustellen. Es bleibt abzuwarten, ob neue Technologien und äussere Zwänge eine Belebung dieser Bauweise herbeiführen.

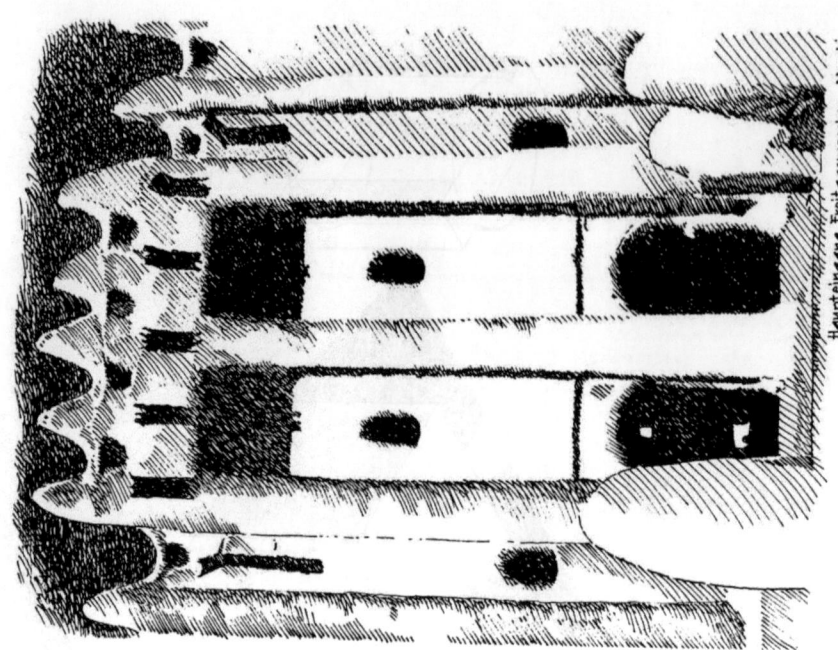

Haupteingang Freitagsmoschee Mopti

Kairo Kalifengräber

30

Cisternio überbaute Gasse

„Die Höhle"

Gewölbte Räume in Süditalien aus Natursteinmauerwerk, entweder trocken oder in Mörtel verlegt, als Beispiel für Bauten aus Masse. Der Masse-Baustoff Stein ist sowohl für die senkrechten Wände als auch für den oberen Raumabschluss verwendet worden.

Die Form ist urtümlich und völlig organisch; Form-Aufgabe-Konstruktion-Material stehen in vollkommenem Einklang. Neuzeitliche Konstruktionen, die dieselbe Aufgabe zu erfüllen haben, sind nur unbefriedigende Notlösungen.

Alberobello Trullo

O.2115 Konstruktive Grundelemente
Masse, Massenzwischenraum Höhle

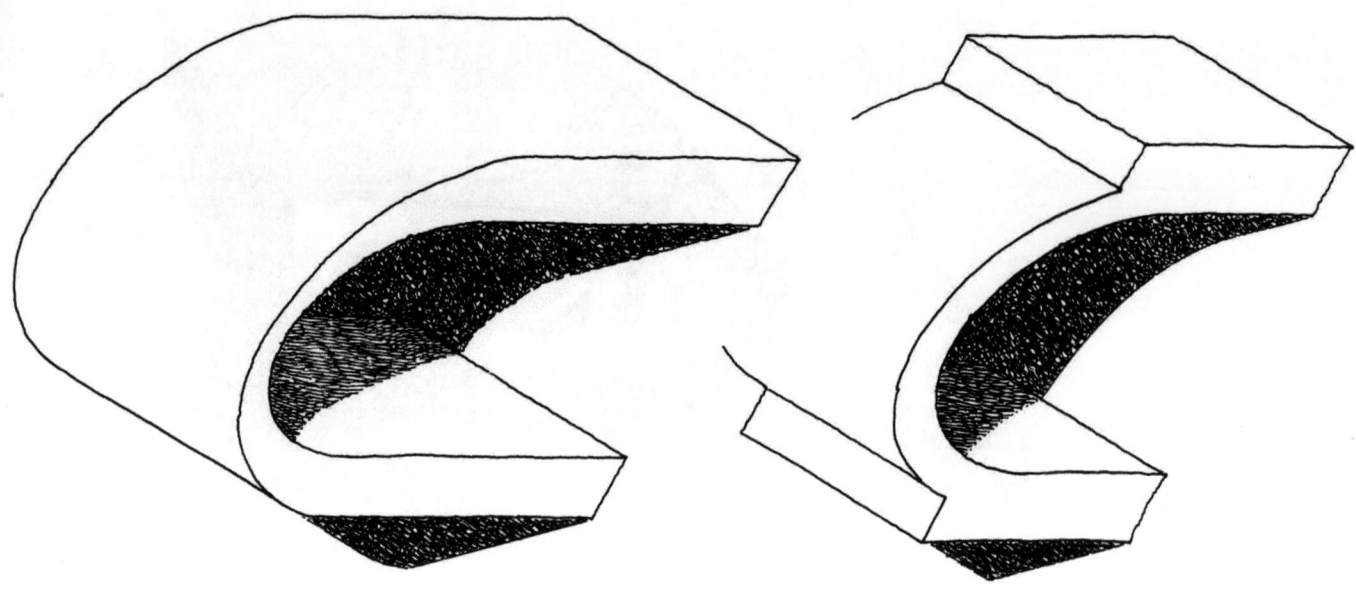

Höhle: hohler Raum innerhalb von grossen Massen; typischer Zwischenraum. Erster Bewohner „Raum" des Menschen.

Die konstruktiven Raumgrenzen der Höhle sind nicht eindeutig erfassbar >Tragendes< und >Getragenes< sind aus demselben Material.

Das Baumaterial des der Höhle nachempfundenen Raumes (Hohlraumes) wirkt infolge seiner Masse-eigenschaften. Typische Raumform für massige Baumaterialien.

Stein: in den Stein gehauene Hohlräume (altes Ägypten, Türkei, Südeuropa); angenehme klimatische Verhältnisse — Belichtung problematisch.

Stein: aus Steinbrocken aufgerichtetes Bauwerk mit demselben Material als Wand- und Deckenbaustoff — Gewölbe. (Entweder mit Bindemittel-Mörtel, oder als Trockenmauerwerk; Mörtel aus Lehm oder Kalk.)

Stein: aus einem Gemenge von Kies und Bindemittel in vorgegebener Form gegossen — Beton; im Altertum Opus caementitium.

Lehm, Ton: wie bei Beton in plastischem Zustand auf vorgegebener Form (Lehrgerüst) errichtet und getrocknet.

Lehm, Ton: aus dem Material werden kleine Massenteile (Ziegel) geformt und diese luftgetrocknet mit Lehmmörtel vermauert.

Lehm, Ton: die geformten Ziegel werden gebrannt, dabei werden chemische Umformungen eingeleitet, die zu einer Verfestigung führen und das Material wasserfest machen. Die Ziegel werden in Mörtel verarbeitet (Kalkmörtel, Zementmörtel).

Stein-Beton: Vorgeformte Massenteile (Ziegel) werden in Mörtel vermauert.

Masse, Massenzwischenraum Höhle, Wölbung — Konstruktive Grundelemente — O.2116

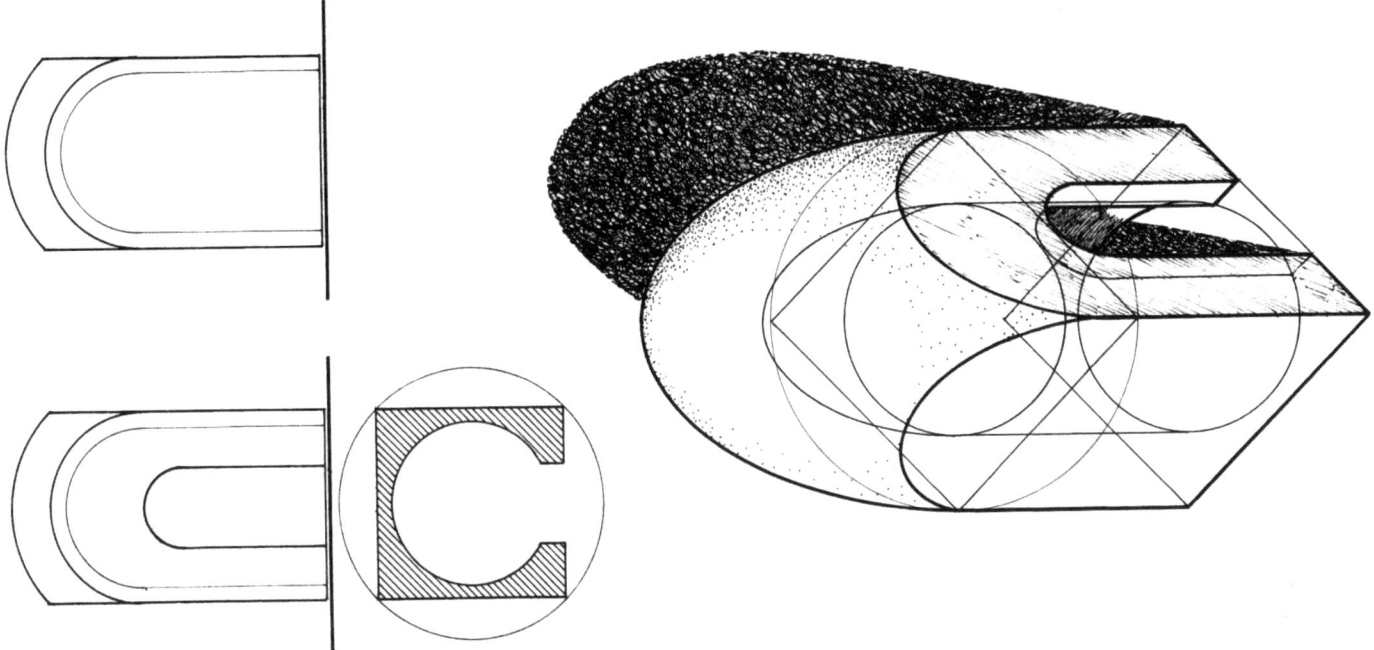

Die ideale Überdachung des nachempfundenen Höhlenraumes ist die Wölbung - Kuppel, da sie der Raumform folgt.
Echtes Gewölbe, falsches Gewölbe - siehe dazu auch Tragwerkslehre "Formaktive Tragsysteme - Gewölbe".
Geometrische Wölbung ist eine Halbkugel bzw. Kugelausschnitte. Sie entspricht in ihrer Form nicht dem tatsächlichen Kräfteverlauf (Stützlinie).

Wölbeform aus Stein meist ohne Mörtel in Form eines falschen Gewölbes (Kraggewölbe) eines apulischen Trullo.

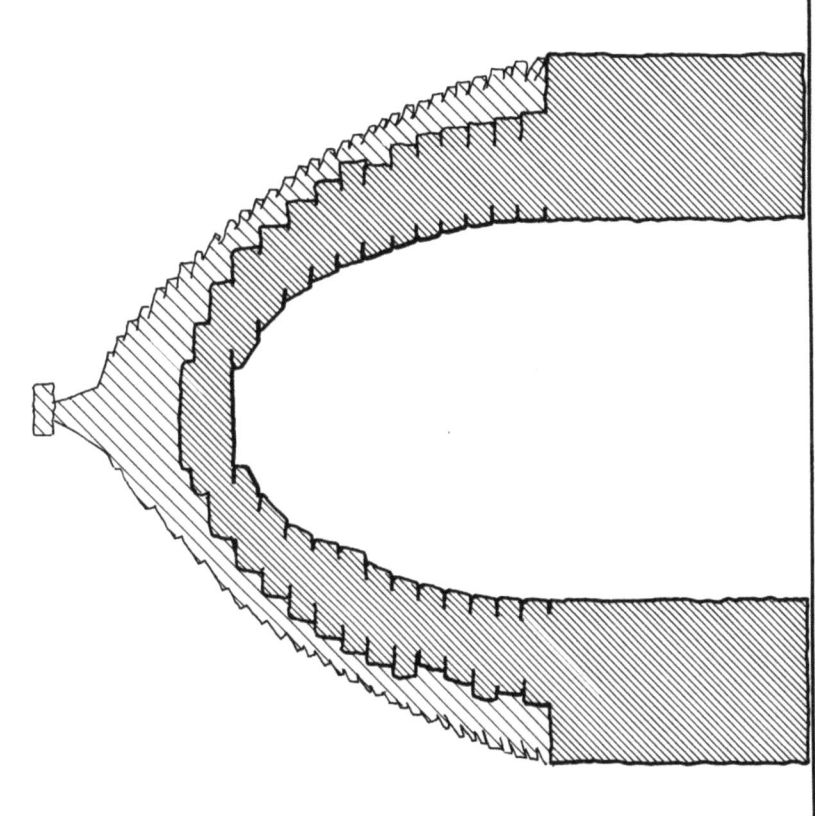

O.2117 Konstruktive Grundelemente
Masse, Massenzwischenraum Höhle, Wölbung

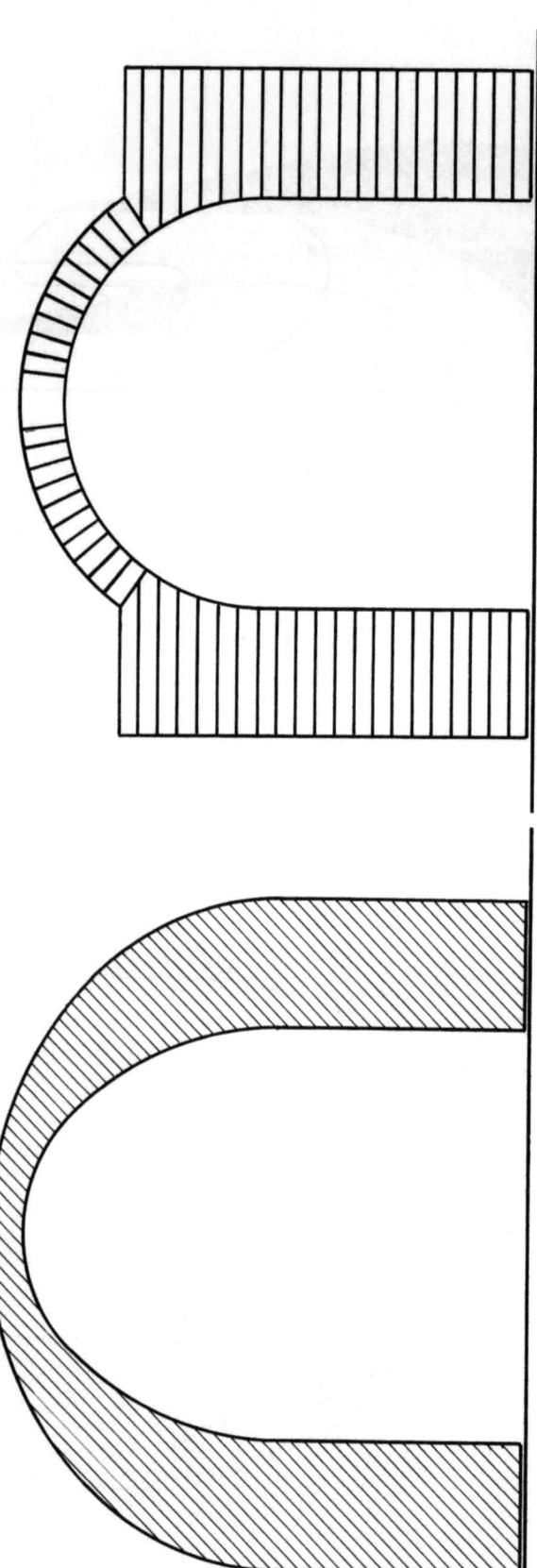

Gewölbe aus massig geformten, plastischem Grundmaterial wie z.B. Lehm oder Beton. Die Zu- bzw. Abnahme von Wand- und Bogendicke ist den Erfordernissen entsprechend, kontinuierlich möglich.
Geringste Dicke im Gewölbescheitel, grösste Dicke über der tragenden Wand um die Horizontalkräfte aus dem Gewölbe möglichst innerhalb des Kernquerschnittes der Wand (siehe Tragwerkslehre Kippen und knicken) und in einem Winkel der der Senkrechten nahekommt abzuleiten.

Gewölbe aus vorgefertigten Masseteilen-Ziegel, bei dem eine stete Dickenzu- bzw. Abnahme nicht möglich ist.
Charakteristisch für die Ausführung ist, dass am Gewölbe-Ansatz (unterer Gewölbeteil) zuerst ein Kraggewölbe ausgeführt wird, das dann in ein echtes Gewölbe übergeht.

Im Gewölbescheitel soll eine Fuge vermieden werden.

Für die Ab- bzw. Umleitung der Horizontalkräfte gilt das Vorhergesagte.

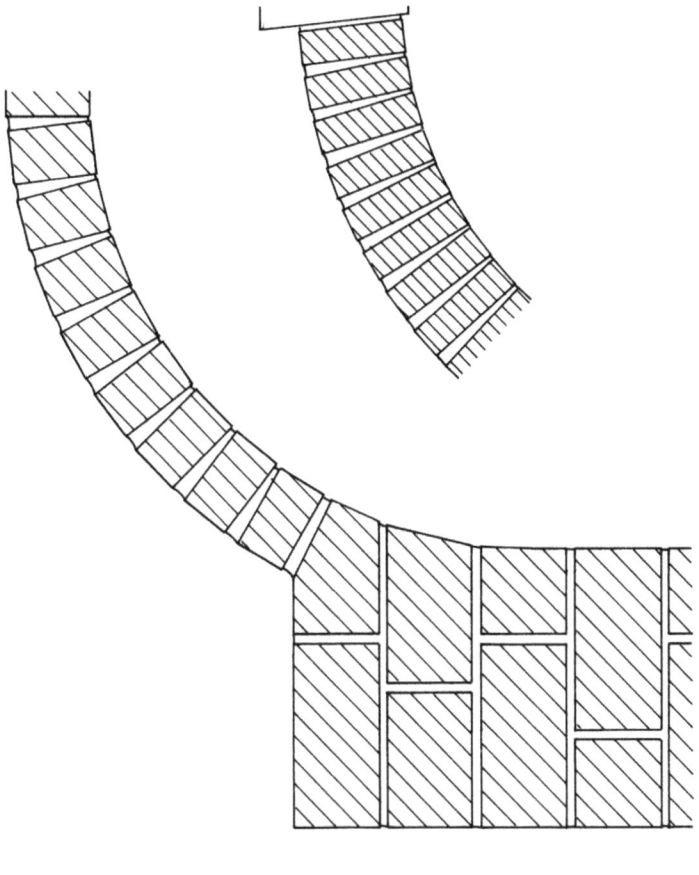
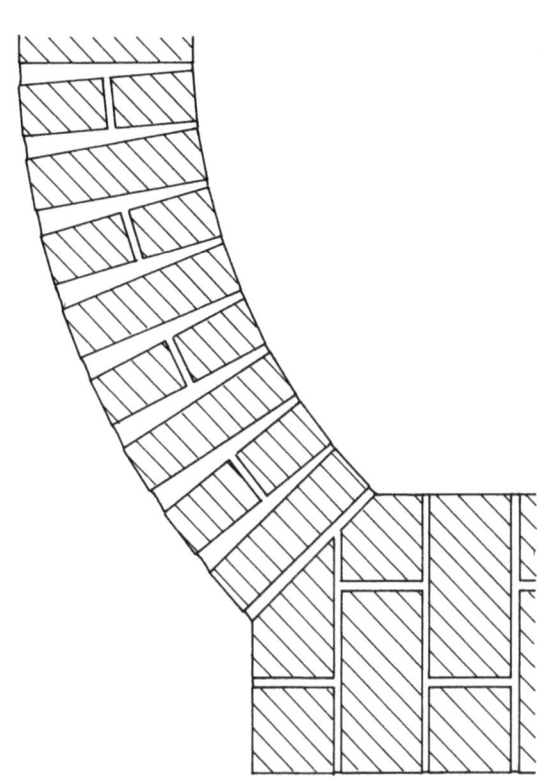

Gewölbeformen aus Ziegeln

Rundbogen (Halbkreis) aus einem ½ Stein dicken Gewölbe.
Achtung: je dicker der einzelne Ziegelstein, desto unterschiedlicher ist die Dicke der Mörtelfuge - unten sehr dünn oben (aussen) sehr dick. Aus sehr dünnen Ziegeln entstehen sehr schöne Gewölbe.

Segmentbogen aus Ziegeln

Flache Bogenform - geringe Krümmung - daher dickeres Gewölbe möglich - (Mörtelfuge!).

Je flacher der Bogen, desto grösser ist sein seitlicher Schub - Horizontalschub, der entweder durch Massengewicht umgeleitet werden muss oder durch Zugbänder aufgenommen wird.

Entscheidung: grosse Bogenhöhe - geringe Bogendicke erforderlich - relativ kleiner Horizontalschub, aber durch die grosse Bogenhöhe bei vorgegebener senkrechter Wandhöhe "Ausbreitung" des Raumes in die Höhe;

oder geringe Bogenhöhe - grössere Bogendicke erforderlich - relativ grosser Horizontalschub, dafür aber geringe Ausweitung des Raumes.

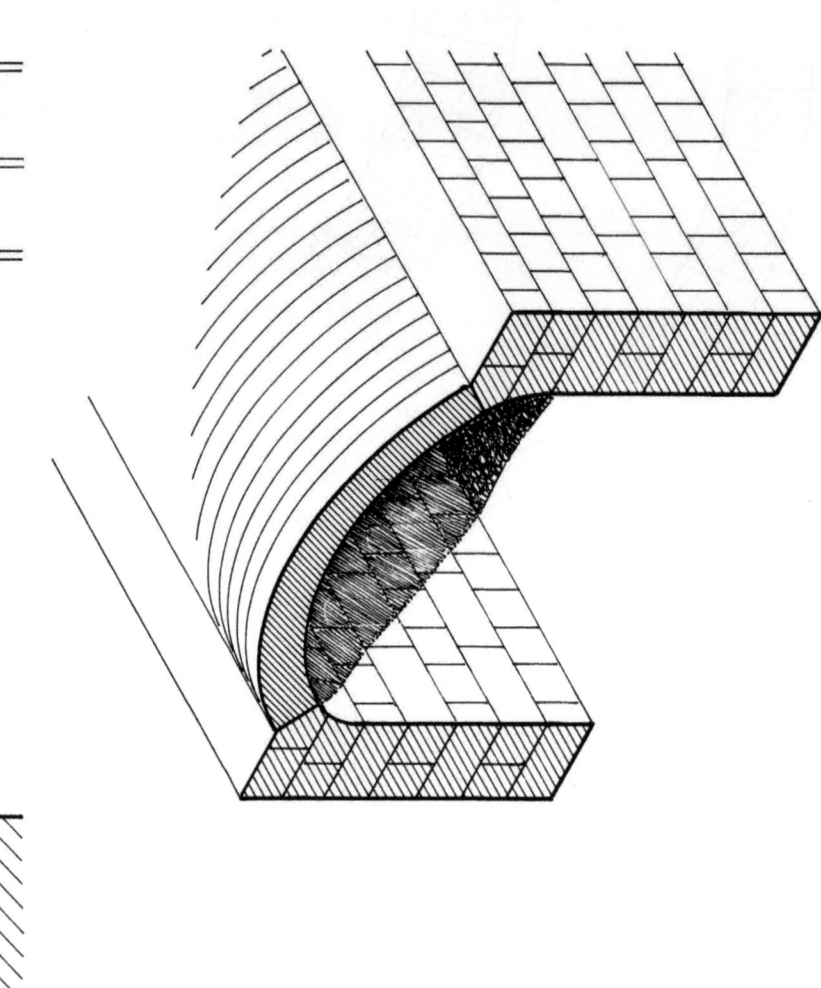

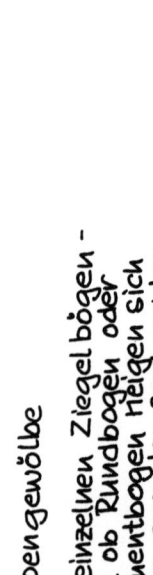

Kappengewölbe

Die einzelnen Ziegel bögen - egal ob Rundbogen oder Segmentbogen neigen sich etwas aus der Senkrechten.

Verkantung der Schichten, dadurch bessere Verzahnung und Lastverteilung

Vorteil: das Gewölbe kann bei einem überhöhten Rundbogen und einer stärkeren Neigung der Einzelbögen vollkommen ohne Lehrgerüst hergestellt werden, sonst genügt meist ein Lehrgerüst für den Einzelbogen.

An dem einen Ende des Gewölbes ist eine Wand erforderlich gegen die sich das Gewölbe abstützen kann.

Masse – Wand, Mauer — Konstruktive Grundelemente — O.2120

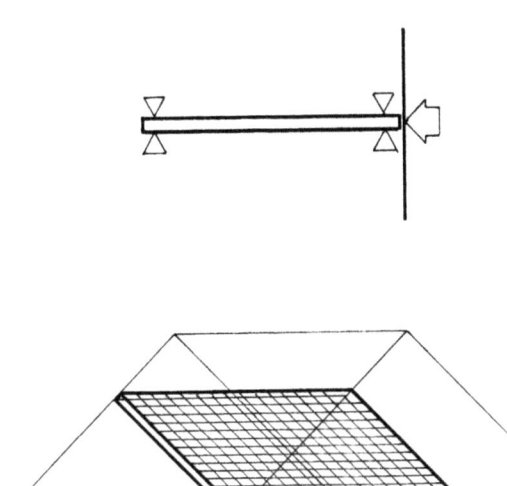

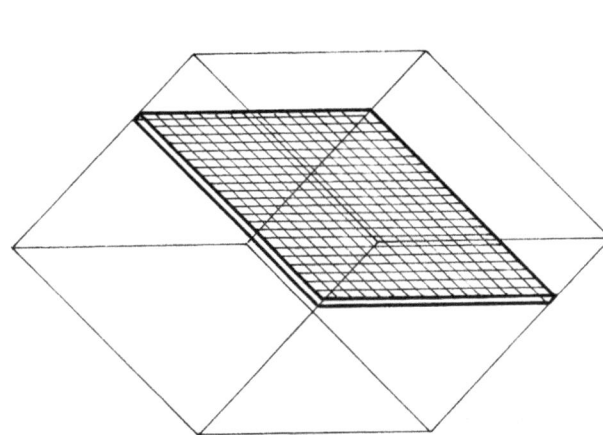

Wirkungsweise Wand/Mauer

Wand als Masseuteil mit zusätzlicher Tragfähigkeit über das eigene Gewicht hinaus.
Je dicker die Massen-Wand, desto eher können auch in geringem Umfang horizontale Belastungen aufgenommen werden.

Der Sprachgebrauch ist inexakt; wir bezeichnen senkrechte, flächige Gebilde meist als Wand. Richtiger ist es, massige Bauteile als Mauer zu bezeichnen, da die Bedeutung von Mauer viel deutlicher den Massenbauteil kennzeichnet. Mauer – gemauert, der Festungswall war eine Mauer, keine Wand! Ausserhalb der Mauern, in den Mauern bedeutete kein Schutz oder Schutz eines befestigten Platzes.

Wand als Scheibe

Die Stabilität der Lage ist nur mehr theoretisch gegeben, schon die kleinste horizontale Belastung kann in den Einsturz bewirken.
Daher muss sie auch entsprechend gehalten werden.

Für dünne senkrechte Scheiben ist die Bezeichnung senkrechte Wand sinnvoller. Die nichttragenden Austachungen zwischen den hölzernen Trägern wurden „gewoben", also geflochten. (z.B. Leinwand = gewebtes Leinen, Gewand etc.)

O.2121 Konstruktive Grundelemente — Masse – Wand, Mauer, Ziegel

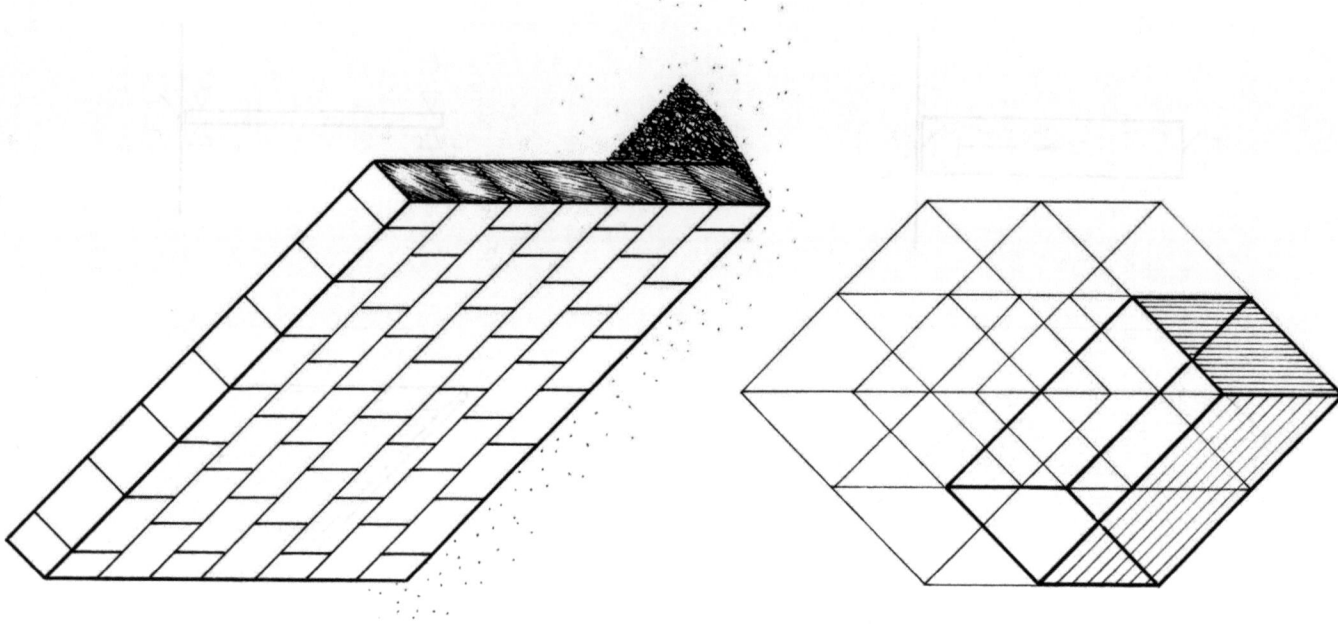

Wand

Baustoff: Masse, also Stein, Lehm/Ton, Beton, Ziegel.

Aus der einfacheren Herstellung hat es sich schon vor Jahrtausenden als sinnvoll erwiesen Wände aus kleinen Masseteilen (Ziegel, Stein o.ä.) herzustellen. Die kleinen Masseteile haben den Vorteil, dass sie, bei entsprechend sinnvollen Abmessungen, einfach zu verarbeiten sind und lassen innerhalb ihrer modularen Ordnung eine grosse Variationsbreite zu.

Abmessungen ergeben sich aus der Verarbeitung:
- handliche Grösse
- Gewicht, das man mit einer Hand leicht heben kann
- Ziegelhöhe wegen der Kippgefahr nicht grösser als die Breite
- weitere Verhältnisse von Breite zur Länge ergeben sich aus den Verbandsregeln.

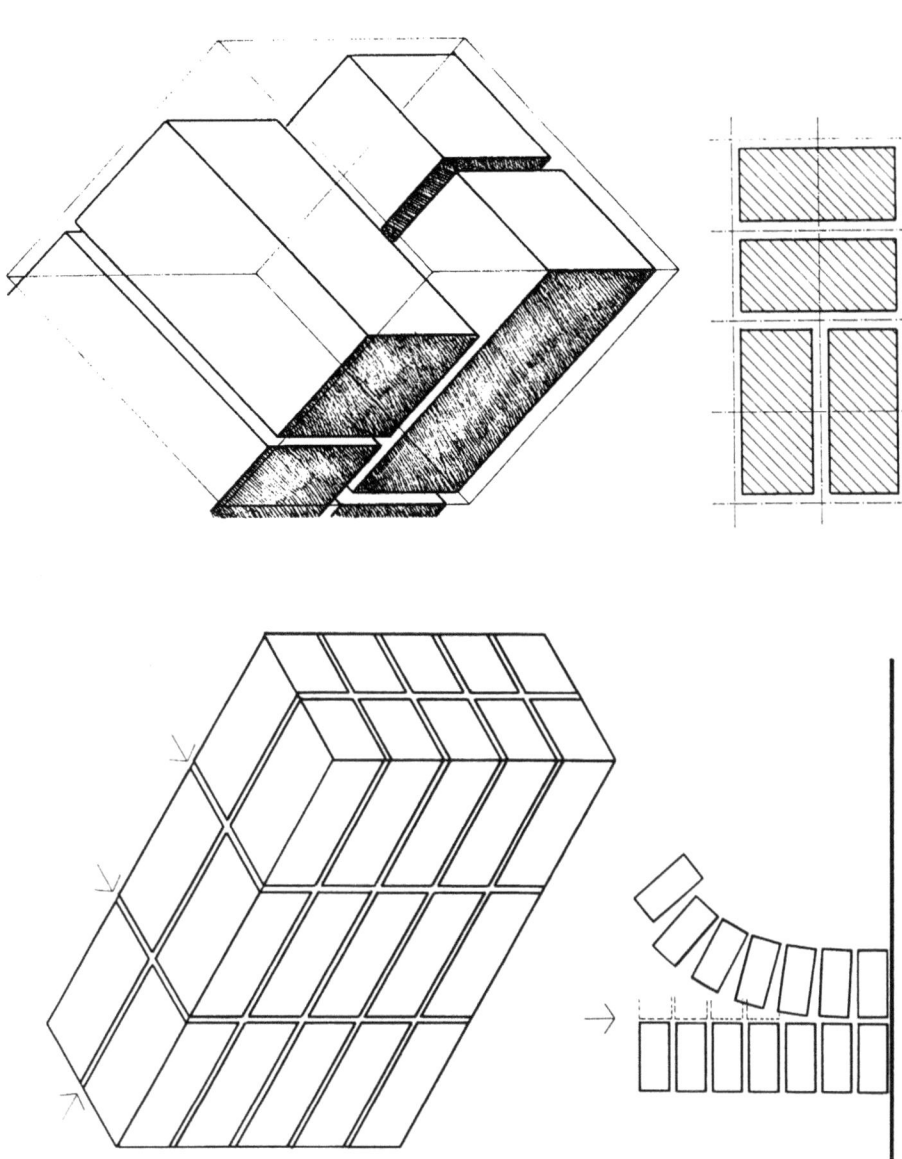

Ziegel-Ziegelverband

Für die Herstellung des Massenkörpers Wand sind viele einzelne, kleine Massenteile - die Ziegel - erforderlich. Werden die Ziegel Stein auf Stein geschichtet, entstehen vertikal durchlaufende Fugen. Die Wand ist nur so stabil, wie ein einzelner „Ziegelturm", die Wand kippt auseinander.

Es ist also erforderlich, die „Ziegeltürme" miteinander zu verbinden, die Wand demnach in den einzelnen Ziegelschichten durchzubinden.

Diese wirksame Verbindung wird nur dann erreicht, wenn die senkrecht durchlaufenden Fugen vermieden werden.

Daraus leitet sich der Verbandsgrundsatz ab:

In jeder Schicht müssen die Stossfugen (vertikalen Fugen) gegenüber der darunterliegenden Schicht (Schar) mm 1/4 der Steinlänge, oder 1/2 der Steinlänge bzw. 1/2 der Steinbreite versetzt werden. (Voll auf Fuge.)

Aus dieser grundsätzlichen Verbandsregel haben sich eine Reihe von verschiedenen Ziegelverbänden entwickelt. Das variierende Fugenbild war vor allem bei Sichtmauerwerk mit den Zierverbänden wichtig. Mit der Entwicklung von Block-Ziegeln (ein Ziegel hat i.d.R. der Wandbreite) haben sich die Verbandsregeln wieder hinlänglich vereinfacht.

Die Verbandsregeln bestimmen die modularen Abmessungen der Ziegel, vor allem aber das Verhältnis Ziegellänge zu Ziegelbreite zu Ziegelhöhe.

Bauen mit tragenden Wänden

Standsicherheit

sie wird durch aussteifende Wände (quer zur betrachteten Wand liegende Wände, Wandteile oder Wandpfeiler) und durch Decken mit Scheibenwirkung erzielt.

Dicke der auszu- steifenden Wand	Geschosshöhe	aussteifende Wand 1. bis 4. Vollgeschoss	Abstand	Länge
11,5 ≤ d < 17,5 cm	≤ 3,25	11,5 cm dick	≤ 4,50 m	≥ 1/5 der Höhe
17,5 ≤ d < 24 cm	≤ 3,50		≤ 6,00 m	
24 ≤ d < 30 cm	≤ 5,00		≤ 8,00 m	
30 ≤ d				

Tragende Wände

Sind scheibenartige Bauteile, die lotrechte Lasten (Eigengewichte, Deckenlasten und Verkehrslasten) und horizontale Lasten (Windlasten, Erddruck) aufnehmen können.

Tragende Innenwände können unter bestimmten Voraussetzungen auch mit geringeren Wanddicken als 24 cm ausgeführt werden.

Mindestdicke von Aussenwänden	Pfeilerbreiten
24 cm	24 cm bei Hohlblock 36,5 cm

Betonwände

		unbewehrter Beton Decke über Wänden		Stahlbeton	
		nicht durchl.	durchlaufend	nicht durchl.	durchlaufend
bis B 10	Ortbeton	20 cm	14 cm	–	–
ab B 15	Ortbeton	14 cm	12 cm	12 cm	10 cm
"	Fertigteil	12 cm	10 cm	10 cm	8 cm

Kellerwände

Wanddicken in cm	Höhe des Geländes über dem Kellerfussboden in m bei einer senkr. Wandbelastung (ständige Lasten) von	
	≥ 50 kN/m	< 50 kN/m
36,5	2,50	2,00
30	1,75	1,40
24	1,35	1,00

Aussteifende Wände

das sind scheibenartige Wandbauteile, die zur Knickaussteifung tragender Wände dienen. Wenn sie mehr als ihr Eigengewicht aus einem Geschoss zu tragen haben, so sind sie als tragende Wände zu bemessen. Sind aussteifende Wände durch Öffnungen durchbrochen, so muss die Länge des im Bereich der aussteifenden Wand verbleibenden Teils (einschl. der Dicke der auszusteifenden Wand) mehr als 1/5 der lichten Höhe der Öffnungen betragen.

Nichttragende Wände

sind scheibenartige Bauteile, die nur ihr eigenes Gewicht zu tragen haben; sie dienen nicht zur Knickaussteifung. Nichttragende Aussenwände (Ausfachungen, Fensterwände, Vorhangwände) müssen an allen vier Seiten gehalten sein.

Ringanker

sind horizontale Träger in den Wänden (meist unter den Decken), die in alle Aussenwände und tragenden Innenwände einzubauen sind.

Ringankereinbau bei Gebäuden mit mehr als 2 Vollgeschossen, mit mehr als 18 m Länge; bei Wänden mit vielen oder grossen Öffnungen (Summe der Öffnungsbreiten ≥ 60% der Wandlänge, Fensterbreiten ≥ 2/3 der Geschosshöhe, Summe der Öffnungsbreiten ≥ 40% der Wandlänge); bei fehlender oberer Decke; wenn die Baugrundverhältnisse es erfordern.

Kombinationen mit Masse, Masse – Stab — Konstruktive Grundelemente — O.2131

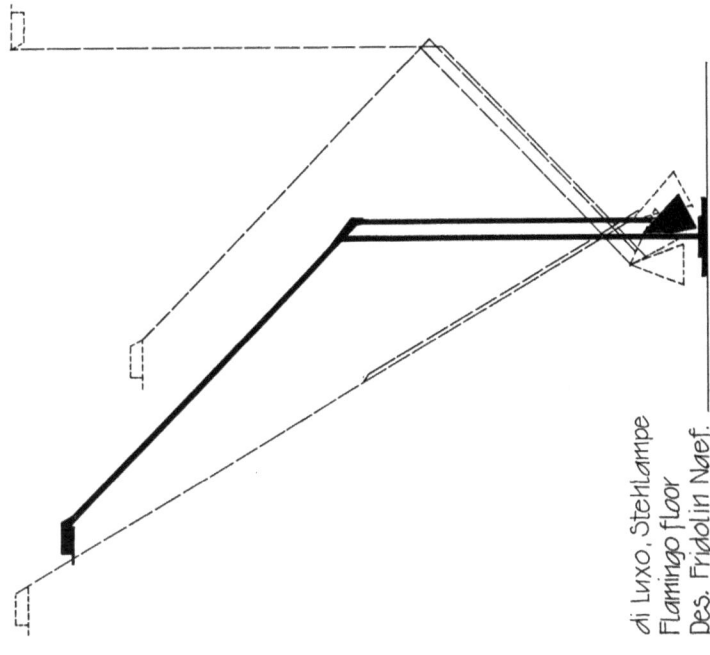

di Luxo, Stehlampe
Flamingo Floor
Des. Fridolin Naef.

Masse – Stab

In der trockenen Zone Südeuropas, in Asien und Afrika ist diese Kombination seit Jahrtausenden heimisch.

Die seltenen und daher teuren Holzträger werden auf die notwendigen Bauteile wie Decke und Dach beschränkt. Die Masse der Wand bietet zudem guten Schutz vor Wärme und Kälte.

Der Massenbauteil Mauer besteht in Südeuropa aus Naturstein, in Asien und Afrika meist aus ungebrannten Lehmziegeln, oder aus gestampftem Lehm. Die Grundrissform orientiert die Räume nach innen zu einem Hof, sodass aussen meist öffnungslose, abweisende Baukörper erscheinen (Schutzfunktion).

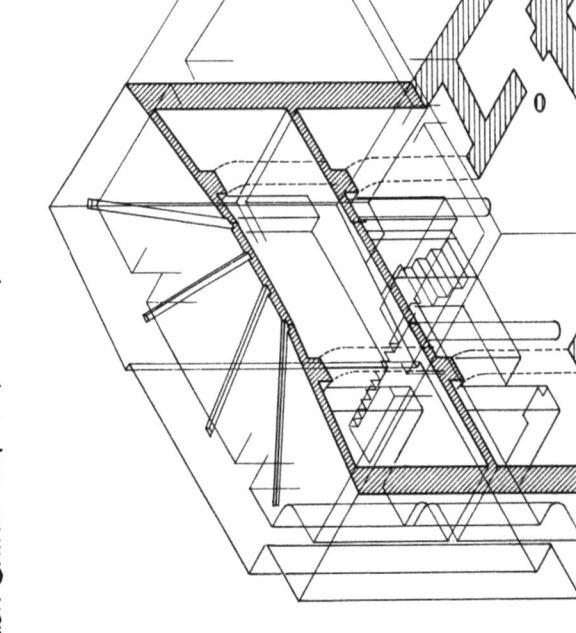

Nach Ch. Moore, The place of houses.

Haus in Ur (Chaldäa) um 2000 v.Chr

O.2132 Konstruktive Grundelemente — Kombinationen mit Masse, Masse – Stab

Masse – Stab

Typischer Ausdruck des Kombinationsprinzipes. Geschlossene Wandflächen mit kleinen Fenster- und Türöffnungen. Kurzer Abstand tragender Innenwände als Auflager für die in aller Regel hölzernen Deckenbalken.

Aus diesen konstruktiven Zwängen leiten sich die Raumgrössen und auch Raumfolgen ab, da auch zwischen den einzelnen Räumen keine grossen Öffnungen möglich sind.

Heute ist die Holzdecke meist durch eine Stahlbetonplatte ersetzt. Zwar liesse die Verwendung von Stahlbeton grössere Maueröffnungen zu – die Energiesparmassnahmen führen jedoch wieder zu kleineren Wandöffnungen (Fenster- und Türöffnungen).

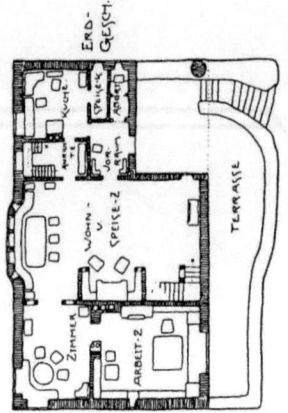

Heinrich Tessenow
Entwurf eines Landhauses 1904
Grundriss, Ansichten und Perspektive des Einganges

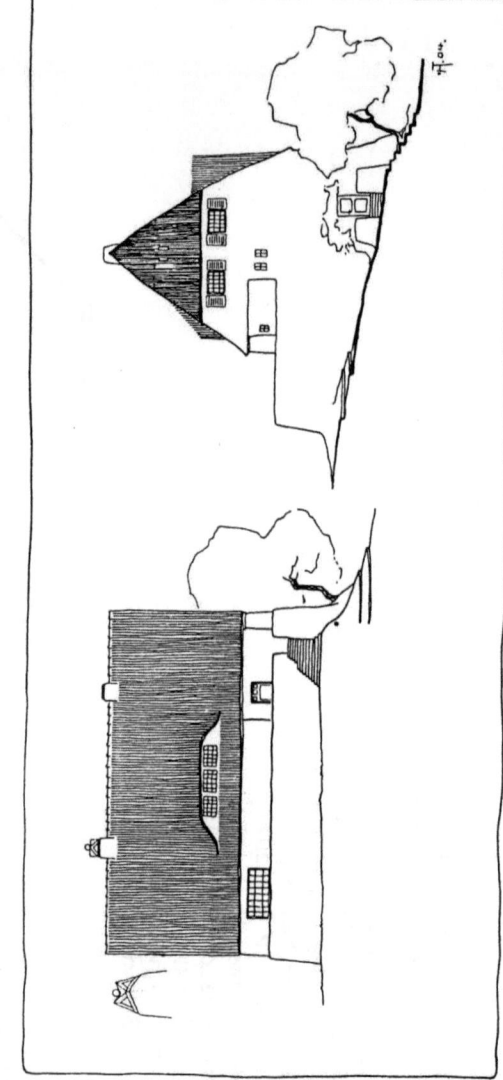

Aus H. Tessenow mit freundl. Genehmigung des Verlages Richard Bacht - Essen.

Im Prinzip war der alte Kaffeehaustisch mit dem schweren Gusseisenfuss der Urtyp aller nachfolgenden Konstruktionen. Wegen der Auskragung der Platte bleibt immer ein geringes Risiko der Instabilität. Die seltene Anwendung dieser Kombination leitet sich wohl daraus ab, dass Möbel beweglich, also auch nicht zu schwer, sein sollen.
Ähnlich wie das Stehlampenprinzip sind die stabilisierenden Füsse der Sonnenschirme.

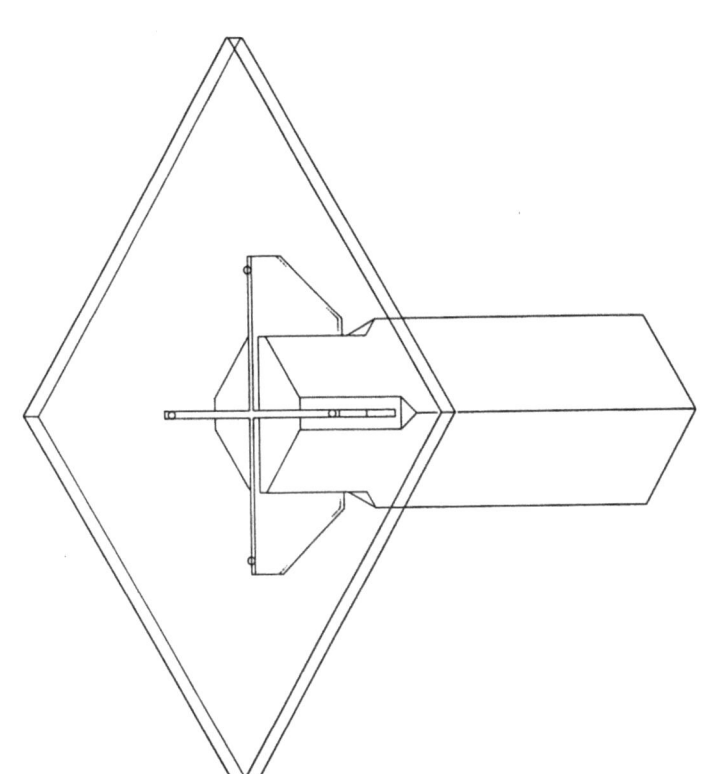

Patrini - Cubo
Des. Guido Maggi 86

Masse – Scheibe

So häufig auch in der heutigen Zeit die Masse in der Hochbaukonstruktion Verwendung findet, so selten ist sie in der konstruktiven Anwendung im raumbildenden Ausbau anzutreffen.
Es sei denn als stabilisierende Masse bei Tischen oder bei Stehlampen. Bei den neuzeitlichen Lampen bewirkt die Halogen-Niedervolttechnik, dass der Transformator als Masse wirkt.

Glas-Stein-Regalsystem

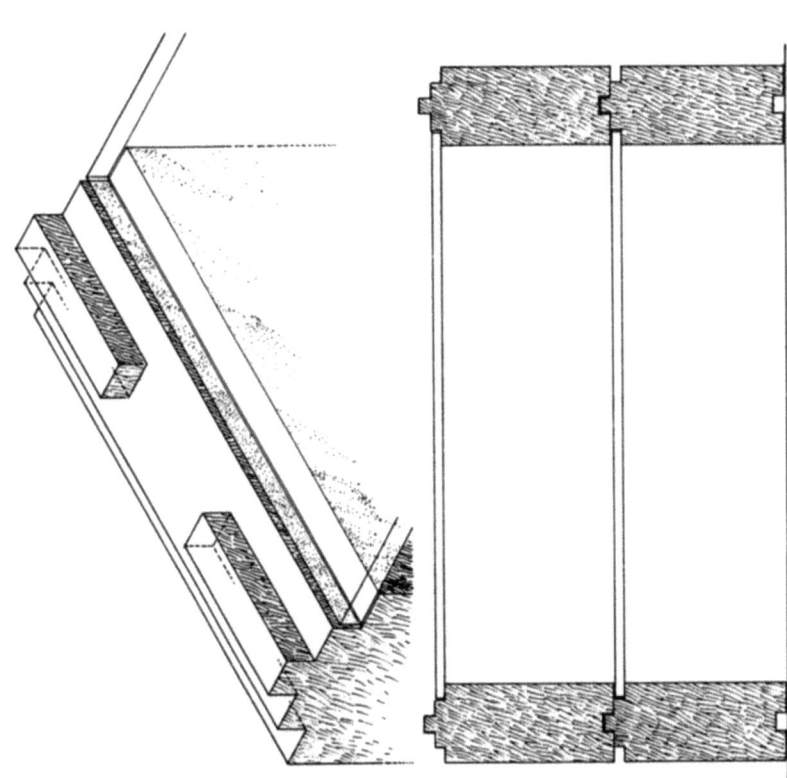

O.2134 Konstruktive Grundelemente — Masse – Gravitation, Auskragen

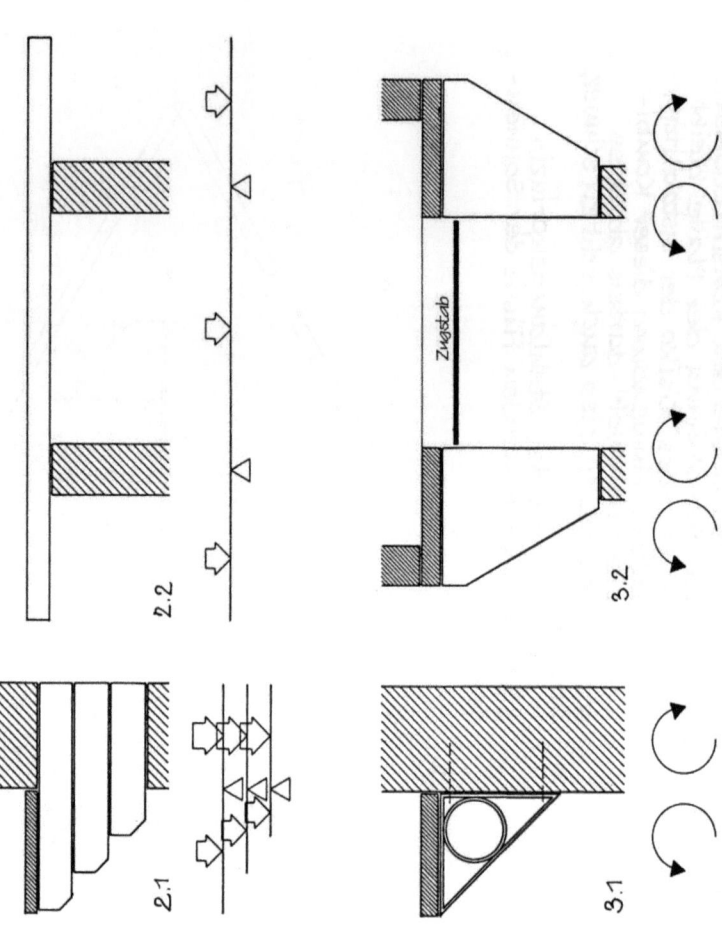

Masse - Gravitation

Eine wesentliche, für das Bestehen der Bauwerke sicherlich die wesentlichste Eigenschaft der Masse ist ihr Gewicht – oder freier ausgedrückt: die gegenseitigen Massenanziehungskräfte, die bewirken, dass die grosse Masse Erde allen Körpern ein Gewicht verleiht.

Dieses Gewicht wieder bestimmt den Gleichgewichtszustand und hier das unbedingt erforderliche stabile Gleichgewicht alles Gebauten – egal ob Möbel oder Haus.

Das Gewicht verleiht der Masse die Fähigkeit auch in geringem Umfang andere als senkrecht nach unten gerichtete Kräfte aufzunehmen - sie also "über Masse" in fast senkrechte Kräfte umzuwandeln.

Besonders auffällig wird dies im Vermögen auskragende Bauteile zu halten. Auskragungen hat tet immer etwas Wagemutiges an, eine Kühnheit der Konstruktion, die die der grossen Spannweite des Trägers übertrifft und selbst nur von der der grossen Höhe (Schlankheit) übertroffen wird. Wir haben etwas die Expressivität dieser Konstruktion, dieses Formausdruckes vergessen, oder haben uns daran durch die „Alles-Machbarkeit" des Stahlbetons gewöhnt ohne die Kühnheit wirklich zu durchschauen. Und dabei kann der Stahlbeton letztendlich auch nicht mehr als Stein und Holz, die Grenzen sind in beiden Fällen gleich.

1.1 Einfache Auskragung, die Auflast aus dem darüberliegenden Mauerwerk ist so gross dass der Kragarm nicht hinunterkippt. z.B. Balkon, Treppe.

1.2 Der Kragarm greift als Träger mit Kragarm auf die zweite Massenmauer durch; grössere Sicherheit der Einspannung, grössere Auskragung möglich. z.B. Balkon.

2.1 Stufenweise Auskragung durch Konsolen, gleich wie Fall 1.1., z.B. Balkon bei Verwendung von Naturstein (siehe Zeichnung: Verona, Balkon am Castell Vecchio).

| Masse – Gravitation – Auskragen | Konstruktive Grundelemente | O.2135 |

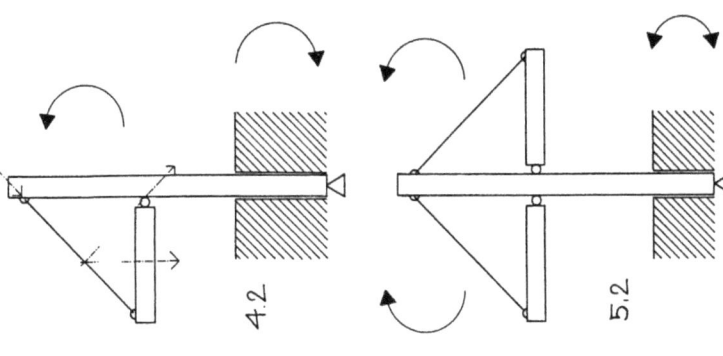

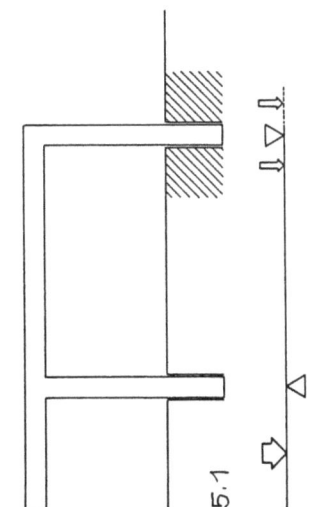

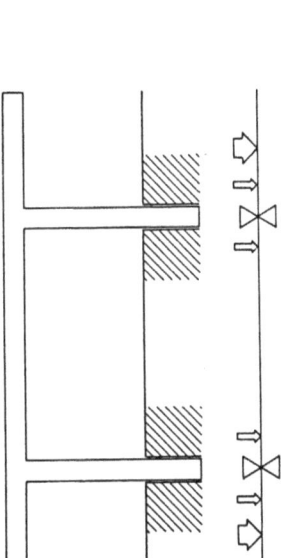

Masse

2.2 Wie Fall 1.2, jedoch beidseitig Träger mit zwei Kragarmen. Das Gewicht des unbelasteten Trägers samt einem Kragarm (ohne Nutzlast) muss immer noch grösser sein, als das Gewicht samt Nutzlast eines Kragarmes. z.B. Balkone, Dachvorsprung eines Flachdaches.

3.1 Konsole aus dünnen Stäben (Stahl) – eigentlich Strebe. Auskrag-Moment, dem die Masse ein Gegenmoment (Einspannmoment) gegenüberstellt. z.B. Balkon, Vordach, aber auch kühne Konstruktionen, auf denen Hausteile ruhen (siehe Zeichnung: Florenz, Ponte Vecchio)

3.2 Steinkonsolen mit sehr steilem Anzug, die sich entweder gegenseitig durch ein Zugband stabilisieren oder durch lange Zugverbindungen in das darunterliegende Mauerwerk verankert sind – Aktivierung des Gewichtes der darunterliegenden Masse! z.B. Gesimse und Wehrtürme (siehe Zeichnung: Florenz, Turm des Rathauses).

4.1 Umkehrung von 3.1, aber durch den Zugstab dünnere Abspannung möglich. z.B. Vordach, Balkon, oder aber auch Schreibklappe o.ä. an einem Schrank.

4.2 Wie 4.1, jedoch Umlenkung des Momentes in einen senkrechten Kragarm (eingespannte Stütze) – die Stabilisierung übernimmt nun die Masse des "Fusses". z.B. Vordach, Stehlampe.

5.1 Ähnlich wie 1.2, jedoch mit einem Rahmen kombiniert, die Einspannung und/oder das Gewicht des gegenüberliegenden Fusses stabilisieren. z.B. Vordach.

5.2 Wie 4.2, jedoch beidseitig; kann auch statt Zugstäben Streben haben (Schirm). z.B. Vordach, Dach, Schirm.

6.1 Wie 5.1, jedoch zweiseitig. z.B. Tisch

O.2136 Konstruktive Grundelemente
Masse – Gravitation, Auskragen

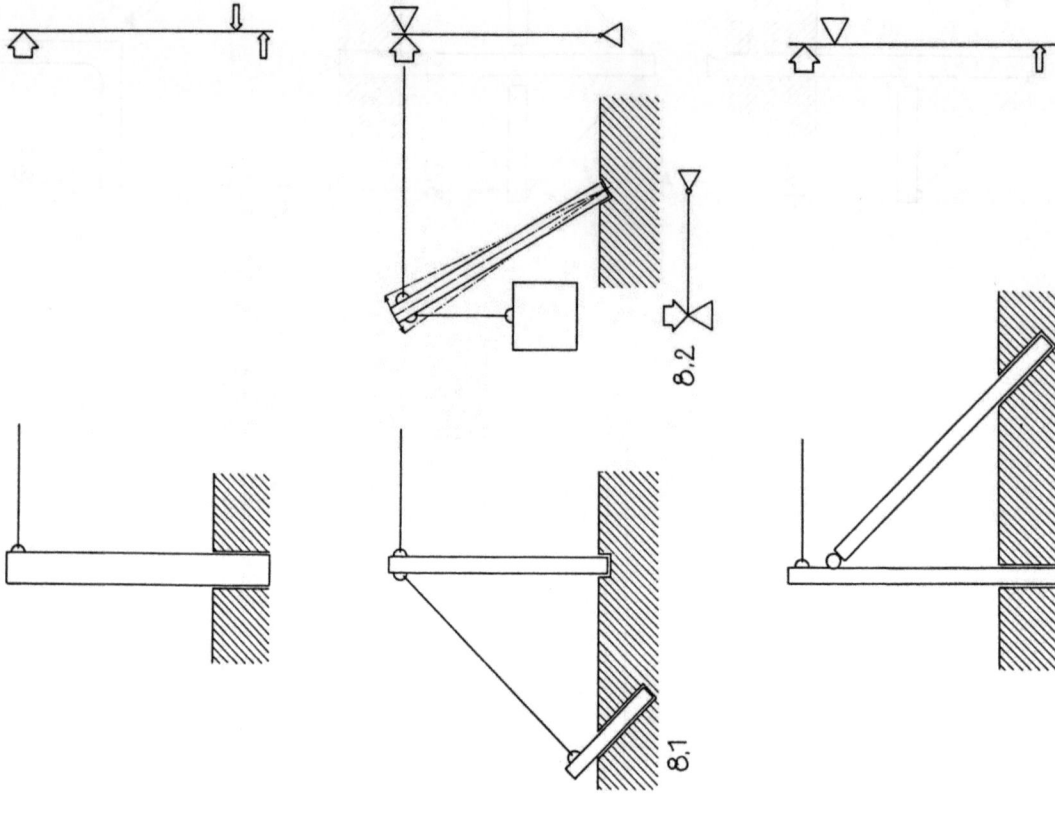

Masse

6.2 Geknickter Kragarm, mit der Einspannung im Untergrund oder Fuss. z.B. Stehlampe

Es folgen nun ausschliesslich senkrechte Kragarmkonstruktionen. Sie dienen dazu Zugbeanspruchten Konstruktionen als Widerlager zu dienen. Im einfachsten Fall das Ende einer Wäscheleine, im komplizierten Falle der Pylon ein Zeltdachkonstruktion.

7. Senkrechter Kragarm, der im Untergrund eingespannt ist. Aktivierung der Masse des Fusses – entweder sehr schwerer Sockel, oder Köcher in der Masse Baugrund. z.B. Wäscheleine.

8.1 Senkrechter Kragarm ähnlich 4.1. Der Zugstab der Abspannung ist an einem Hering befestigt. Die Schräglage des Herings aktiviert das Gewicht der über ihm liegenden Masse. z.B. Zelt, Hängematte

8.2 Auch das ist ein senkrechter Kragarm, wenn es auf den ersten Blick auch nicht erkennbar sein sollte. Die Masse hängt als Gegengewicht, das stabilisierende Moment entsteht durch die Erdanziehung einerseits und den Widerstand, den die Erde (Baugrund) dem Stab entgegensetzt. Verwendung dort, wo eine gleich massige Spannung im Seil erforderlich ist – Ausgleich der Wanddehnung, die bei allen anderen Beispielen nicht möglich ist. z.B. Liftanlagen.

9 Abstützung ähnlich 3.1. Auch hier wirkt die Stabilisierung der Masse Baugrund.

Alle Kragarme – egal ob waage- oder senkrechtsind Freiträger die im Falle der waagerechten bei Lotrecht wirkender Belastung grundsätzlich an der Oberseite Zugspannungen und an der Unterseite Druckspannungen aufzunehmen haben. Das gilt auch für die geteilten Konstruktionen mit Streben oder Abspannungen.
Analog gilt dies auch unter Berücksichtigung der eingetragenen Belastungen für die senkrechten Systeme

Masse – Auskragen

Beispiele für das Auskragen aus der schweren Masse.

Streben und Zug-Träger auf denen kleine Häuschen ruhen am Ponte Vecchio in Florenz. In ähnlicher Weise sind Klosteranlagen in Meteora (Griechenland) und in den Himalaya-Staaten aufgebaut. Die Kühnheit der Konstruktionen wirkt beängstigend – vor allem wenn man bedenkt, welche Lasten auf den dünnen Streben ruhen.

Ponte Vecchio Florenz

Beruhigender wirken da schon die massigen, aufeinandergeschichteten Steinkonsolen des Balkones vom Castell Vecchio in Verona. Trotzdem Naturstein, heutiger Auffassung nach, rechnerisch keine Zugspannungen aufzunehmen in der Lage ist, wird er hier als Kragträger und als Träger auf zwei Stützen (Balkonplatte) verwendet – und hält nun schon einiges Länger als ein halbes Jahrtausend.

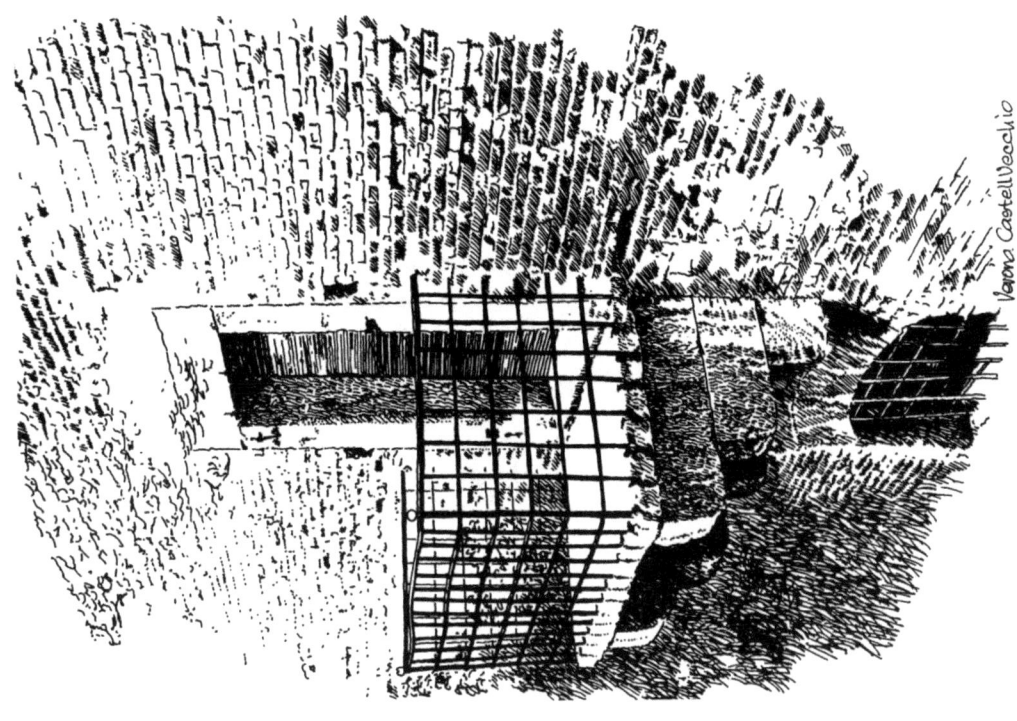

Verona Castell Vecchio

O.2138 Konstruktive Grundelemente — Masse – Gravitation, Auskragen

Diese Bauweise ist auch für das späte Mittelalter, in dem das Castell Vecchio (Rathaus) gebaut wurde, einmalig. Der Herrschaftsanspruch wird weit in den Platz vorgetragen.

Florenz Rathaus

Masse – Auskragen

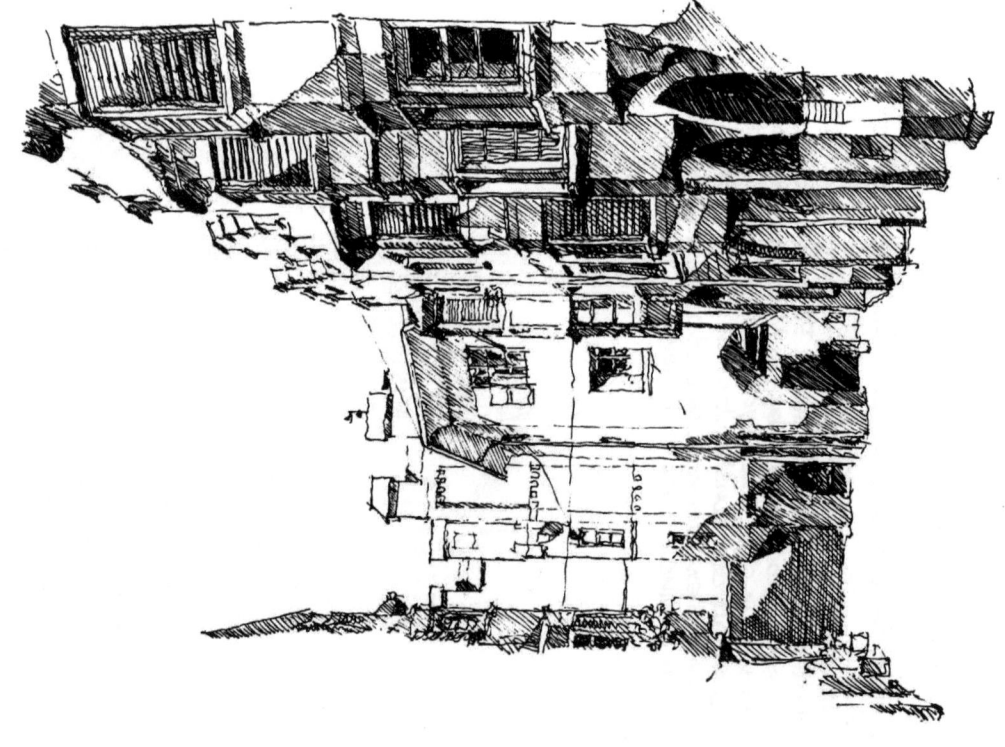

Die Verfeinerung des Balkons ist der Erker, der ein Auskragen des Innenraumes ist. (Gebaute Neugierde) Aus der mittelalterlichen Festungsbauweise kommt die Auskragung an Türmen. Die Kühnheit dieser Konstruktion kann man erst richtig ermessen, wenn man in Florenz an der Piazza della Signoria am Fusse des Turmes steht, der in zwei Etagen mehr als 2,5 m über den Fusspunkt vorkragt!

Scheibe | Konstruktive Grundelemente | **O.2210**

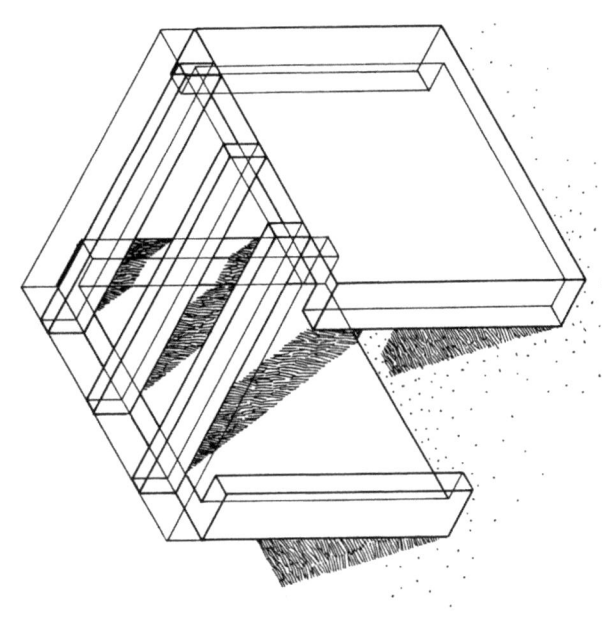

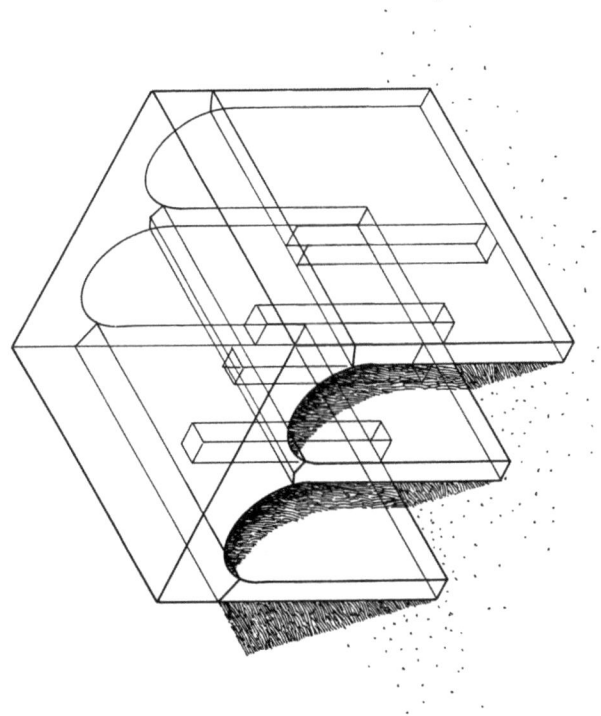

Scheibe

Scheibe – Masse

Nur historisch zu betrachten – in heutiger Zeit keine reale Notwendigkeit. Für die Senkrechte ist der Übergang von Masse zu Scheibe fliessend.

Scheibe – Scheibe

Prinzip der Stahlbetonbauten und der Ziegelbauten mit schlanken Wänden, daher sehr häufige Anwendung. Im raumbildenden Ausbau und im Möbelbau das häufigste Prinzip überhaupt (Schrankmöbel).

Scheibe – Stab

Ähnlich wie Masse-Stab, jedoch dünnere Wände und daher immer Aussteifung der Wandscheiben notwendig.

Scheibe – ist gleichbedeutend mit „Aussteifungselement" – siehe dazu Aussteifungsmechanismen.

O.2220 Konstruktive Grundelemente — Scheibe, horizontale Fläche

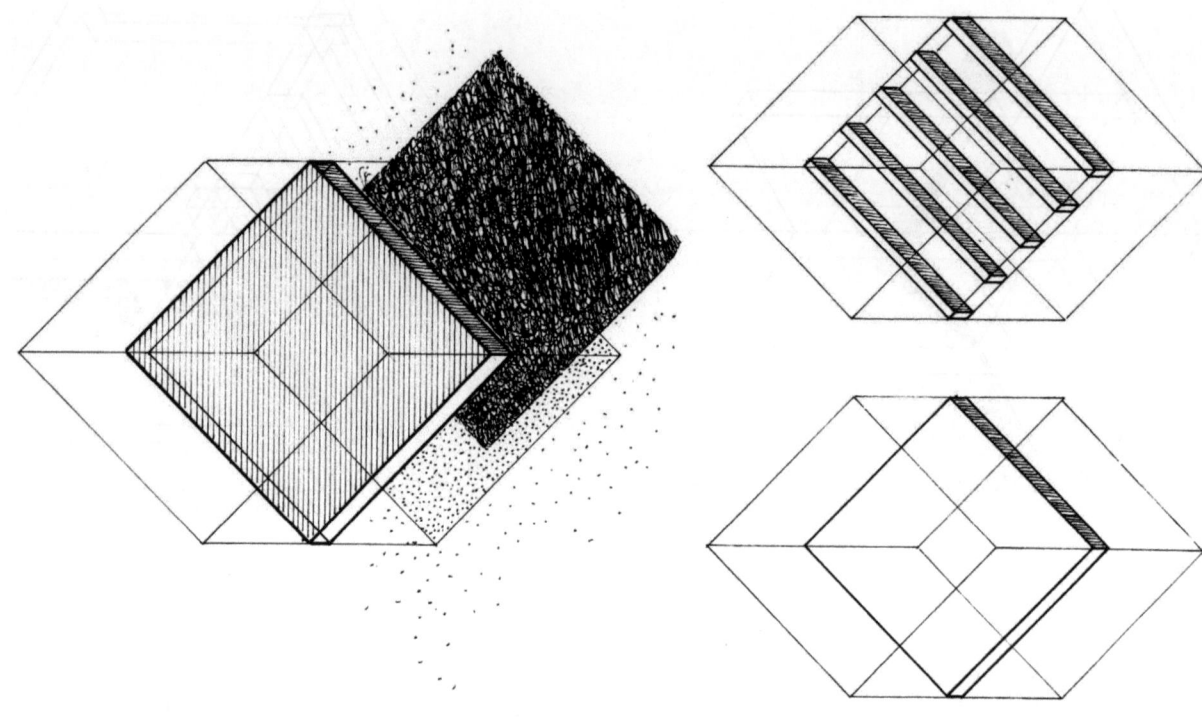

Bildung einer horizontalen Fläche

Die Wahrnehmung einer horizontalen Fläche ist mit anderen Gefühlen verbunden, als bei der Wand. Beide Elemente erwecken den Eindruck Schutz; die Wand: Schutz vor Gefahr (Tier und Feind-Höhleninstinkt), der Schutz vor Witterungseinflüssen ist erst zweitrangig. Dieses Schutzgefühl wird durch die Masse der Wand erheblich beeinflusst.

Die horizontale Fläche erweckt in erster Linie den Eindruck Witterungsschutz (Schirm). Gleichzeitig damit ist der Wunsch nach Leichtigkeit der "schwebenden Last" verbunden; schwere Massen als Decke geben nicht den Eindruck der Sicherheit, sondern eher der Unsicherheit. (Einsturz) Beim Witterungsschutz steht der gegen Niederschläge an erster Stelle; dabei ist die Tatsache, ob die Decke wirklich dicht Dach sei oder nicht untergeordnet.

Der Sicherheitseindruck kehrt sich ins Gegenteil um, wenn die horizontale Fläche Fussboden ist. Höchste Stabilität und Masse werden gefordert. Nichts erweckt mehr Unruhe und Unsicherheit, als ein schwankender Boden.

Horizontale Flächen können als Scheiben tragen - allseitige Auflagerung und annähernd gleiche seitenlängenvorausgesetzt - oder als Parallelträgersystem mit gegenüberliegender zweiseitiger Auflagerung. (Erst seit neuerer Zeit mit dem Baustoff Beton möglich.)

Seit alters her sind Decken - horizontale Flächen - als im Abstand liegende Träger bekannt. Hervorgegangen aus den Holzbalken, werden heute ebenso Stahl- und Stahlbetonbalken verwendet.

Scheibe, horizontale Fläche — Konstruktive Grundelemente — O.2221

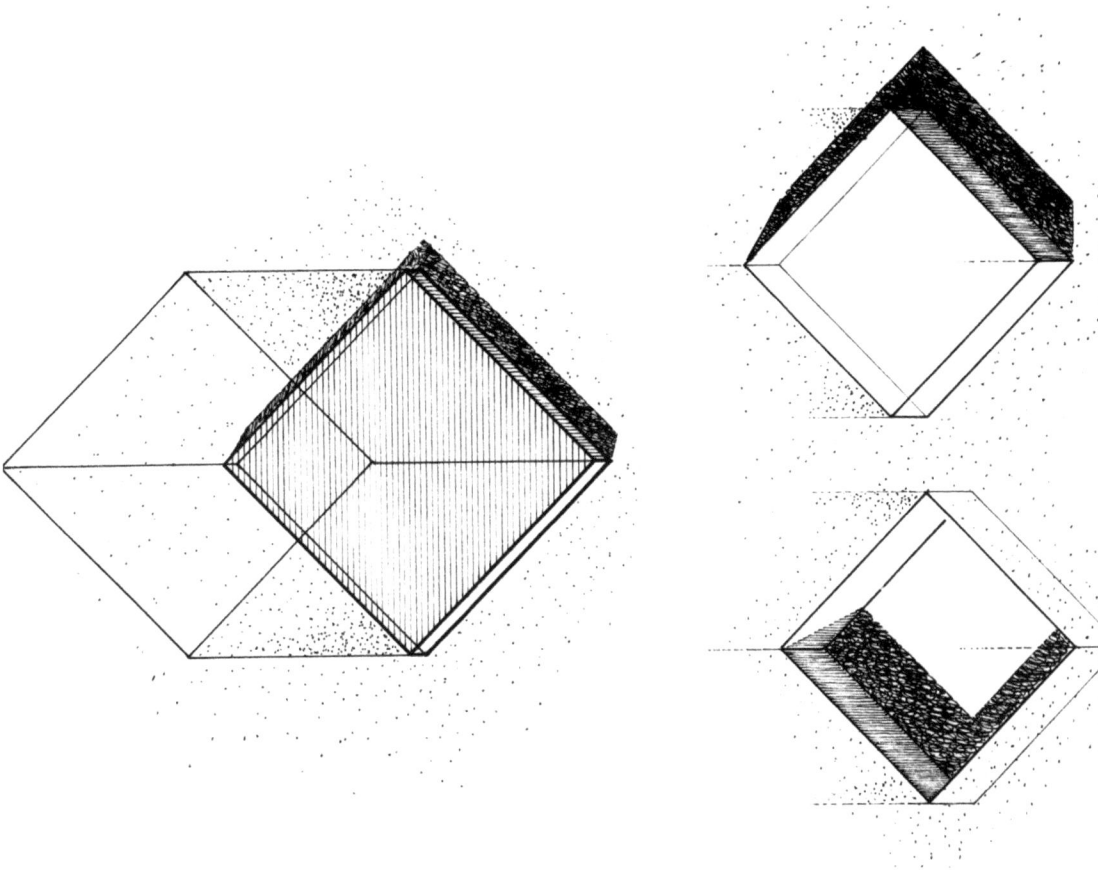

Horizontalflächen

Erscheinungsformen von Horizontalflächen:

Die erhabene Fläche, erhebt sich über die sie umgebende Fläche. Die Erscheinung Masse (Fläche · Höhe) kommt zum Ausdruck, wobei die Höhe noch deutlicher wahrgenommen wird.

Bei der abgesenkten Fläche wird der Eindruck der Massenhaftigkeit der Umgebungsfläche besonders deutlich — vie deutlicher als im vorangegangenen Fall. Die Besonderheit der abgesenkten Fläche wird als ausserordentliches Phänomen wahrgenommen.

Diese Empfindungen bei der räumlichen Wahrnehmung haben sich die Baumeister schon seit Jahrtausenden zunutze gemacht. (Siehe dazu auch > vertikale Achse < und Treppen.)

O.2222 Konstruktive Grundelemente — Scheibe, horizontale Fläche, Dach

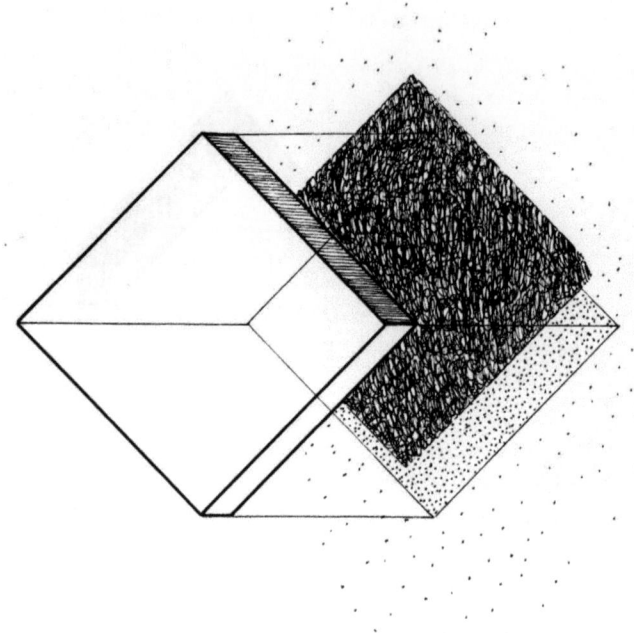
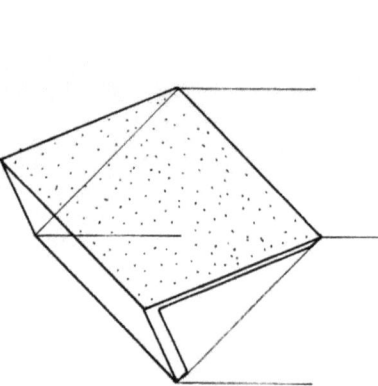
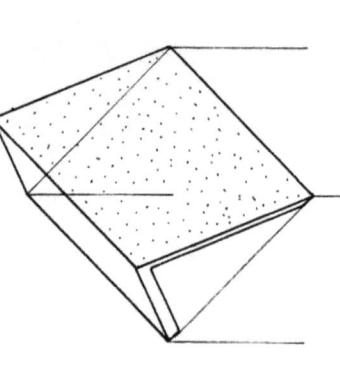

Dach

Für den horizontalen (geneigten) Raumabschluss gelten die schon beschriebenen Schutzkriterien.
Um den Niederschlag ableiten zu können hat sich in regenreichen Gebieten die geneigte Dachform eingebürgert, in den regenarmen Zonen erscheint das Dach nicht als selbstständige Form, sondern ist die letzte horizontale Decke.

Der Dachform ist im Laufe der Zeit eine Symbolsprache zueigen geworden, die an Landschaften und hausgeschichtliche Überlieferungen gebunden ist.

Satteldach, Zeltdach, Walmdach sind die gebräuchlichsten Formen, wobei die Verschneidungen der Dachflächen als Formkanten (Gelenke) für die Wirkung bedeutend sind. (Licht-Schattenwirkung)

Die Dachdeckungen (Material und Struktur) unterstützen diese Wirkung.
Harte Bedachung (Dachdeckung) Ziegel, Naturstein, ergeben meist scharfe Kanten bei glatter bis stark strukturierter (Ziegelpfannen) Oberfläche.
Weiche Bedachungen (Dachdeckung) Holzschindel, Ried/Stroh, Pappen lassen sich über die Kanten hinwegdecken, runden diese eher ab und ergeben weich verlaufende Dachformen.
Ried/Strohdeckungen sind wegen der Feuergefährlichkeit nur mehr denkmalpflegerisch einsetzbar.

Bei besonders steilen oder auch flachen Dachneigungen empfiehlt sich Blech als Deckungsmaterial, das besonders scharfkantig, aber auch rund ausgeführt werden kann.

Die Gefühlswerte, die wir mit dem Begriff >Dach< in Verbindung bringen, zeigen seine zentrale Bedeutung.
- ein Dach über dem Kopf; bzw kein Dach über dem Kopf;
  ○ obdachlos
  ○ unter einem Dach
  ○ unter Dach und Fach

Horizontale Scheiben – Decken

Decken

Sind scheibenartige Bauteile, die vor allem die Verkehrslasten in der horizontalen Ebene (selten in geneigter Ebene - Dach) nach den Auflagern hin ableiten. Nach ihrer statischen Wirkung unterscheidet man Decken, die nur nach zwei gegenüberliegenden Auflagern die Lasten ableiten und solche, die dies nach drei und vier Seiten vornehmen. Eine geringere Deckendicke muss aber durch das konstruktive Bereitstellen von mehr als zwei Deckenauflagern ausgeglichen werden.

Aussteifende Wirkung der Decken

Neben der Lastabführenden Wirkung werden vor allem im Bauen mit tragenden Wänden Deckenscheiben zur horizontalen Aussteifung herangezogen. Die Decke ist hier ein horizontal liegender Träger.
Diese Wirkung wird besonders einfach bei Decken aus Stahlbeton erreicht. Nur teilweise kann die Scheibenwirkung bei Decken aus Stäben erfolgen (Holzbalken, Stahlprofile).
Bei Decken aus Stäben kann es notwendig werden, einen horizontalen Windverband einzufügen.

Ziegeldecken

Ausschliesslich aus Ziegel können nur Gewölbe ausgeführt werden.

Ziegel können als Füllmaterial und als Trägerelemente mit sehr kurzer Spannweite zwischen Trägern (Stahlbeton - Stahl) verwendet werden.

Stahlbetondecken

Siehe dazu Tragwerkslehre T-F 3.21, T-F 3.22 und T-F 3.23 und Bautechnische Zahlentafeln 21. Auflage - Wendehorst/Muth Seite 238.

Holz- und Stahldecken siehe Holz- und Stahlbalken.

Allgemein siehe dazu Tragwerkslehre T-3.21 ff.

Scheibe – Scheibe

Der Ausdruck (die Form) der Scheibenarchitektur, die sich darin offenbart, dass die Scheiben nicht geschlossene Kuben bilden müssen, sondern in einer offeneren Form – z.B. versetzt angeordnet werden können, machte diese Kombination zu der beliebtesten der Architekten der 20er-Jahre.

Alle Zeichnungen nach M. Besset
Wer war Corbusier?

Le Corbusier, Rietveld, Oud u.a.m. haben sich für ihre Entwürfe dieses Prinzips bedient. Die Vorliebe heutiger Architekten für die Formensprache der frühen Moderne führt zu einer Renaissance dieses Prinzips, jedoch bei komplexeren (barocken) Formen.

Theo van Doesburg, C. van Esteren
Entwürfe für ein Wohnhaus mit undurchsichtigen bzw. durchsichtigen und transparenten Volumina.

Le Corbusier 1924
Maison des Artistes

Scheibe, Kombinationen mit Scheiben, Scheibe – Scheibe — Konstruktive Grundelemente — O.2232

Beispiele für Produkte, die aus dieser Kombination zusammengesetzt sind.

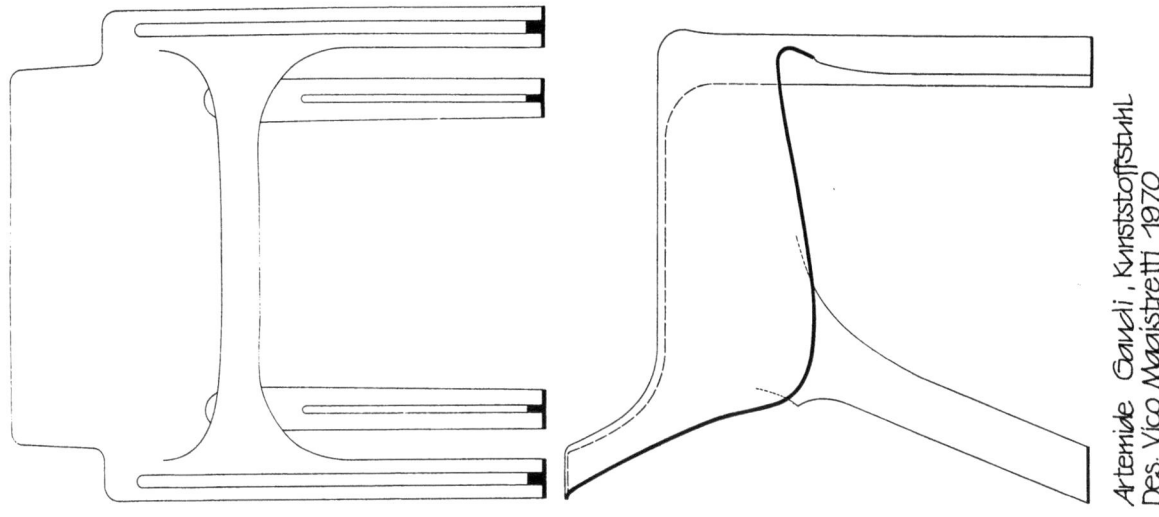

Artemide Gaudi, Kunststoffstuhl
Des. Vico Magistretti 1970

Scheibe – Scheibe

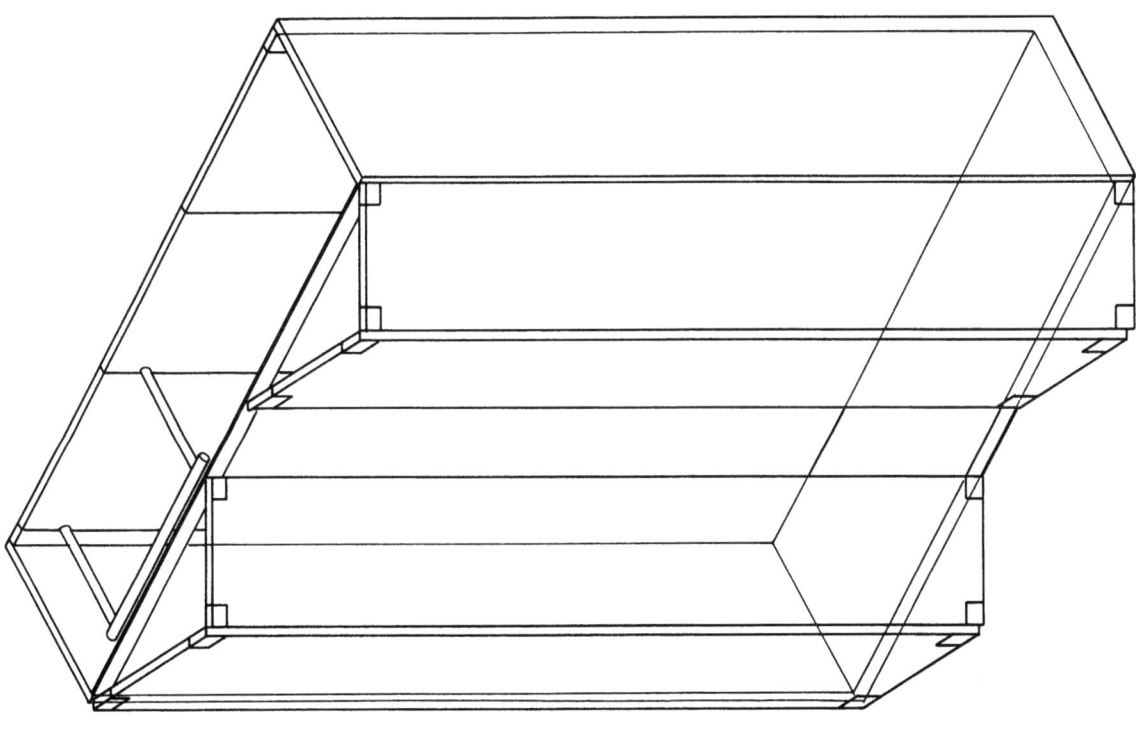

Codel - Celario
Des. Afra und Tobia Scarpa

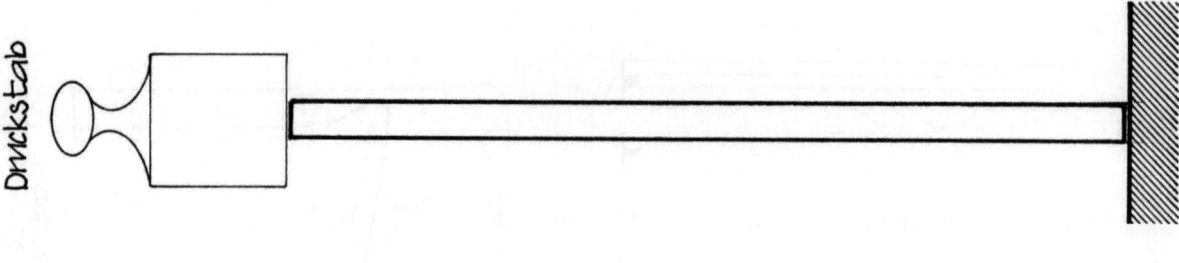

Druckstab

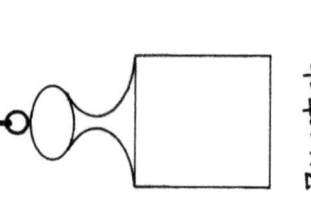

Zugstab

Stab

Druck- und Zugstab

Der Stab kann nur Kräfte innerhalb seines Querschnittes ableiten. Der Stab erhält entweder eine Längskraft (Normalkraft = senkrecht auf den Stabquerschnitt) als Druck- oder Zugkraft oder eine Biegung, wenn er als Träger beansprucht wird. In manchen Fällen kann sowohl Biegung als auch eine Normalkraft auftreten.

Der reine Zugstab - im Idealfall ein Seil - hat die geringstmögliche Querschnittsfläche, da die Stablänge keine Rolle spielt.

Druckstäbe unterliegen der Gefahr des Ausknickens, das nur durch eine Vergrösserung des Querschnitts aufgefangen werden kann. Der Druckstab knickt umso leichter aus, je grösser die Schlankheit ist. Die Schlankheit ist der Quotient aus Stablänge zur kleineren Querschnittsdimension (h/d).

Gegenüber einem Zugstab kann die Querschnittsfläche eines Druckstabes 5- 25fach grösser sein. (Parameter: Material, Knicklänge, Schlankheit)

Aus diesem Grunde ist es sinnvoll Konstruktionen zu wählen, bei denen Stäbe mit grossen Längen, Zugkräfte aufnehmen müssen. Es ist dem Entwerfer seine Aufgabe, hier durch Weichenstellungen im frühen Planungsstadium für eine optimale Konstruktion zu sorgen. Spätere Änderungen durch den Bauingenieur scheitern oft an den schon zu festgefahrenen Lösungsvorstellungen. Siehe dazu auch Band I Tragwerke, Einleitung und druckbeanspruchte Bauglieder.

Stab, Träger — Konstruktive Grundelemente — O.2311

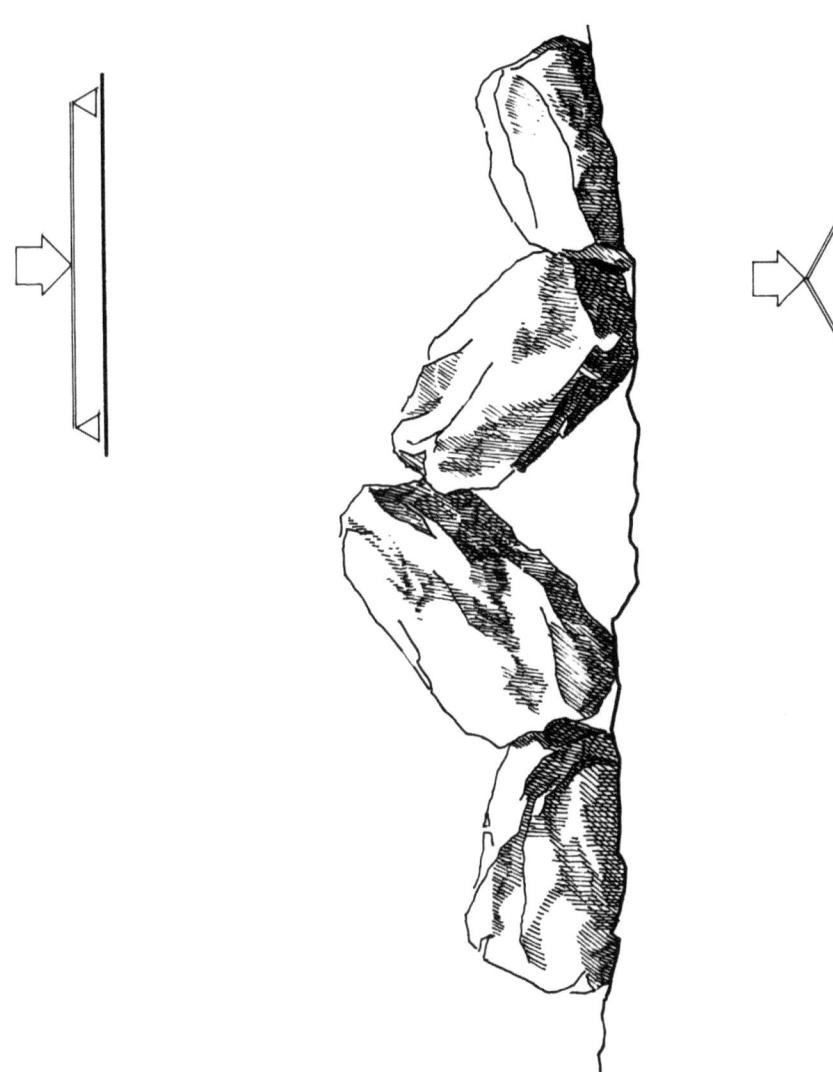

Unterschied der Tragweisen
›Träger‹ und ›Gewölbe‹.

Träger:
Dieser spannt sich von Auflager zu Auflager. Bei ausschliesslich senkrechter Belastung, – wie beispielsweise bei dem Eigengewicht – überträgt der Träger an seinen Auflagerpunkten ausschliesslich senkrechte Auflagerkräfte.

Senkrecht wirkende Kräfte werden also im Träger durch die Aktivierung von Massekräften, die dem Träger innewohnen, umgeleitet (in horizontale Kräfte) und an die Auflager getragen.

Bogen:
Bei oberflächlicher Betrachtung der beiden Zeichnungen mag kein Unterschied erkennbar sein.

Bei ausschliesslich senkrechter Belastung (Eigengewicht) treten an den beiden Auflagern = Widerlagern neben senkrechten auch waagerechte Auflagerkräfte auf. Diese werden ›Bogenschub‹ genannt.

Je flacher der Bogen desto grösser wird der Bogenschub und je höher der Bogen desto geringer wird der horizontal-Anteil der Auflagerkraft.

Der Bogen und seine Weiterentwicklung (Gewölbe und Kuppel) wären geschichtlich die ersten möglichen Grossraumabschlüsse.

O.2312 Konstruktive Grundelemente — Stab, Träger

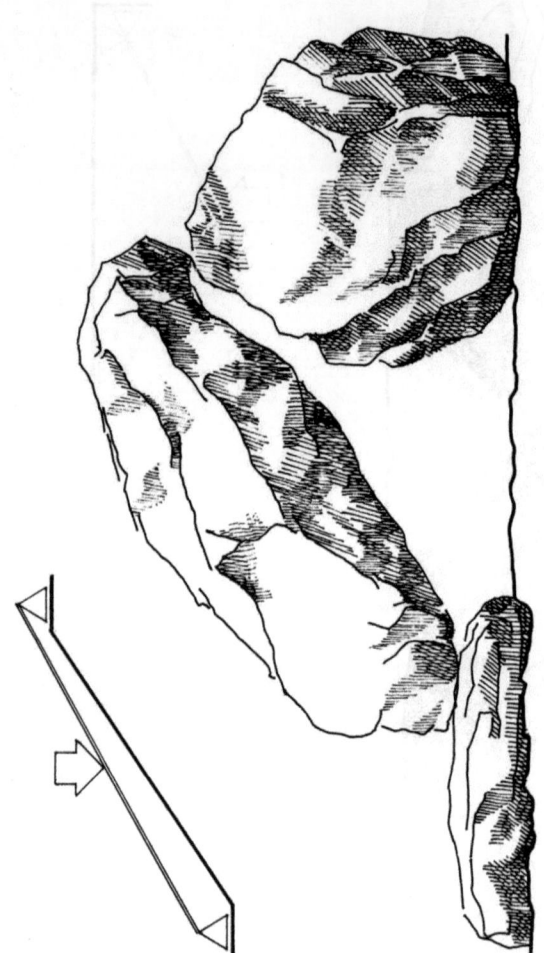

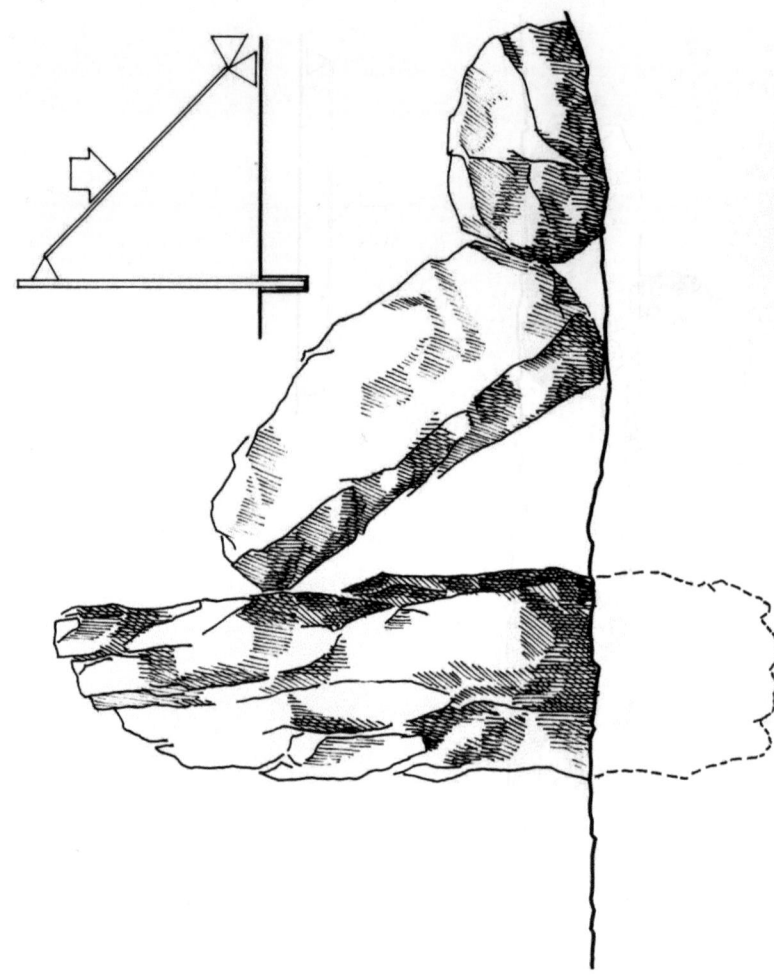

Balken
Schräger Balken (z.B. Treppe) überträgt je nach Ausformung der Auflager bei ausschließlich senkrechter Belastung entweder nur senkrechte Auflagerkräfte oder auch horizontale.

Bogen
Eine Sonderform ist die nebenstehende Tragweise. Dieses System kann als halber Bogen bezeichnet werden.

Die Stütze

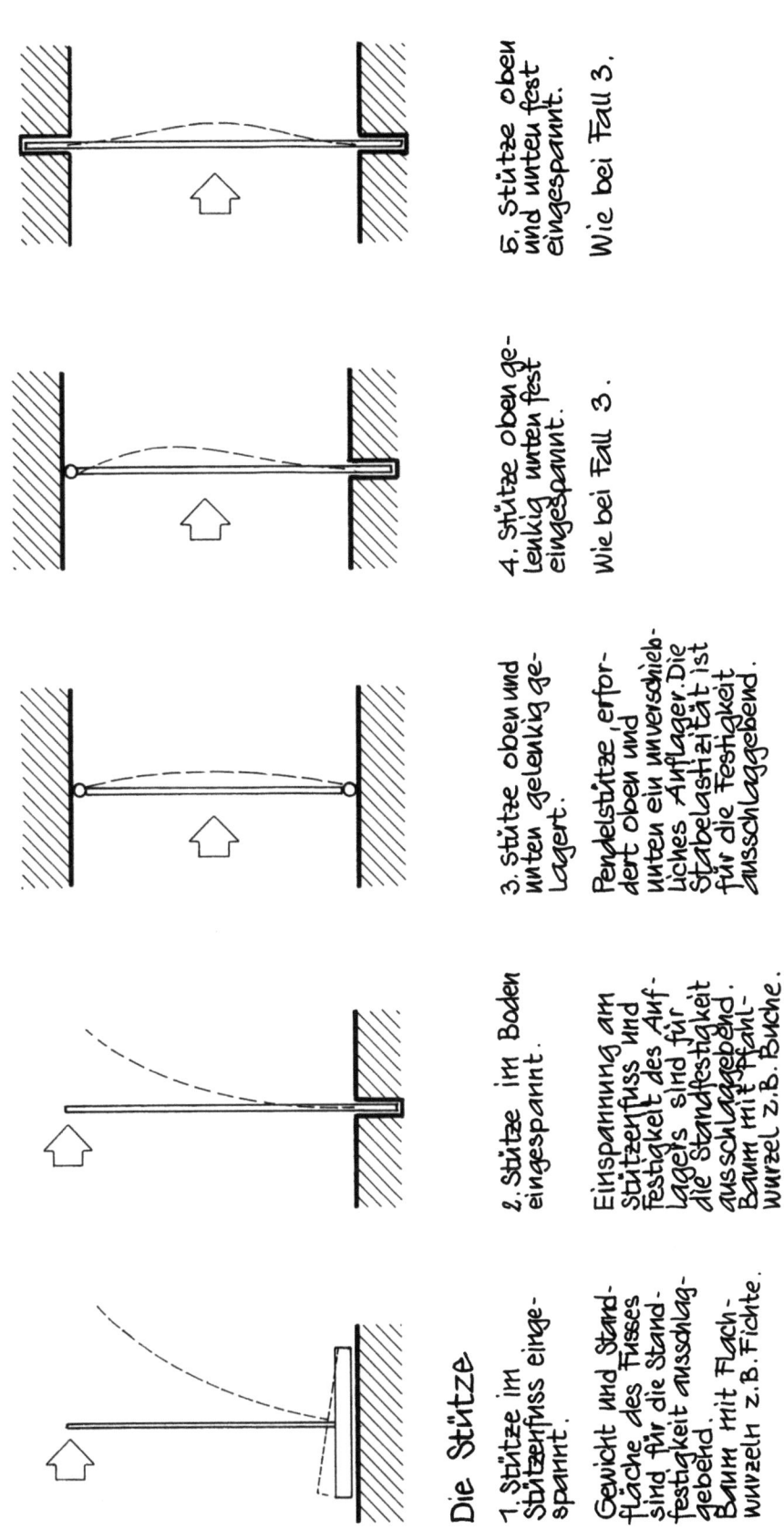

Die Stütze

1. Stütze im Stützenfuss eingespannt.

Gewicht und Standfläche des Fusses sind für die Standfestigkeit ausschlaggebend. Baum mit Flachwurzeln z.B. Fichte.

2. Stütze im Boden eingespannt.

Einspannung am Stützenfuss und Festigkeit des Auflagers sind für die Standfestigkeit ausschlaggebend. Baum mit Pfahlwurzel z.B. Buche.

3. Stütze oben und unten gelenkig gelagert.

Pendelstütze, erfordert oben und unten ein unverschiebliches Auflager. Die Stabelastizität ist für die Festigkeit ausschlaggebend.

4. Stütze oben gelenkig unten fest eingespannt.

Wie bei Fall 3.

5. Stütze oben und unten fest eingespannt.

Wie bei Fall 3.

Zusätzlich zu den Einzelkriterien sind die Stablänge im Verhältnis zur Stabdicke (geringste Stabdicke) die Schlankheit und die Materialeigenschaften für die Stabilität der Stützen massgeblich. Die Fälle 2–5 werden als die 4 Eulerfälle bezeichnet. (Siehe Tragwerkslehre.)

O.2321 Konstruktive Grundelemente — Stab, Stütze

Die Stütze — Stütze und Balken bzw Decke, Krafteinleitung

vermittelnder Anschluss eines vertikalen Stabes an horizontale Bauglieder. Der allmähliche Übergang "sammelt" die Kräfte fast sichtbar in den Stützenschaft und gibt sie ebenso wieder an den unteren Bauteil ab. An der Übergangsstelle treten keine Spannungsspitzen auf.

Diese Tatsache wurde schon bei den frühen mediterranen Hochkulturen durch die Ausbildung von Säulenkopf (Kapitell) und Säulenfuss (Basis) entsprochen. Formale Erscheinung mit konstruktiver Funktion.

Auch bei den heute verwendeten Materialien und den angewandten Technologien wäre eine weniger rationelle und formaler gedachte Ausbildung von Stützen-(Säulen-)Fuss- und Kopf angebracht. Anordnung von Masse oder auch nur Volumen an diesen ausserordentlichen Stellen führt zu einer ausgesprochenen Beruhigung in formaler Hinsicht.

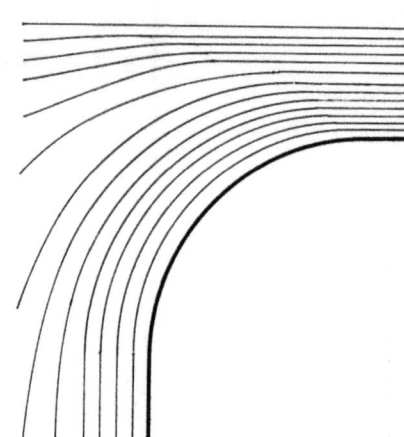

Spannungsverlauf bei einem ideal geformten Übergang von horizontalen zum vertikalen Bauglied. Stütze (Säule) bedeutet immer Bündelung von getragener Last auf kleinem Querschnitt.

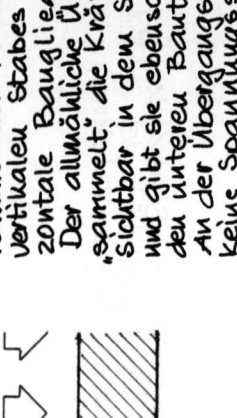

unvermittelter Übergang von den horizontalen zum vertikalen Bauglied. Heute übliche Ausführung, da die Technologien durch Materialwahl und Kombination die Gegebenheiten überspielen.

Durchstanz-effekt. Kerbwirkung an der rechtwinkligen Materialknickstelle. An der Stelle treten Spannungsspitzen auf, die bei ungünstiger Belastung zu dauernden Formveränderungen führen können. (Risse in Stahlbeton oder Stahl, Quetschungen bei Holz.)

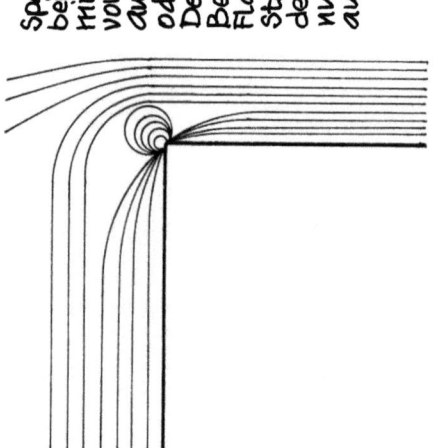

Spannungsverlauf bei einem unvermittelten Anschluss von einer Stütze an einen Balken, oder an eine Deckenplatte. Besonders bei Flachdecken aus Stahlbeton treten derartige Spannungszustände auf.

Stütze und Balken; Die Säulenform

Mit grosser Sicherheit haben die Baukünstler der Antike den Kraftfluss erkannt und durch eine entsprechende Form der beiden Säulenenden (Basis und Kapitell) reagiert.

1. Korinthisches Kapitell und Säulenbasis mit Blattornamenten und Voluten - Spätform des griechischen Kapitells, die konstruktive Notwendigkeit verbirgt sich hinter vordergründigen Formen.
2., 3. Dorische und ionische Säule mit Identität von Form und Konstruktion.
4. Tuskanische Säule aus der Renaissance mit Sockel.

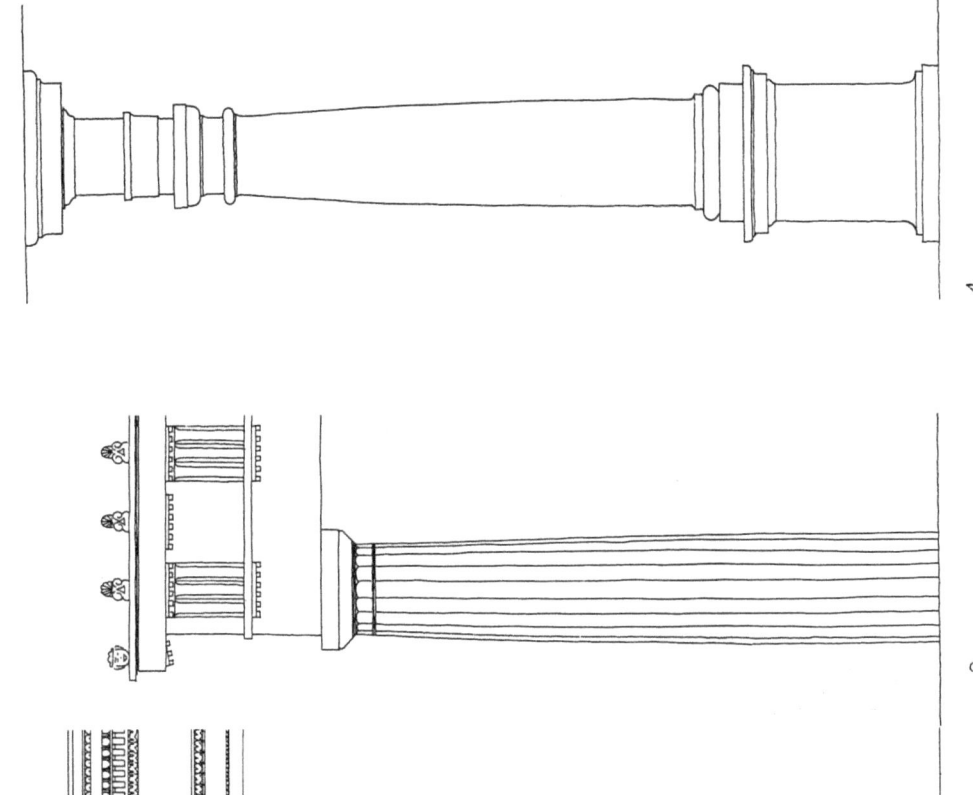

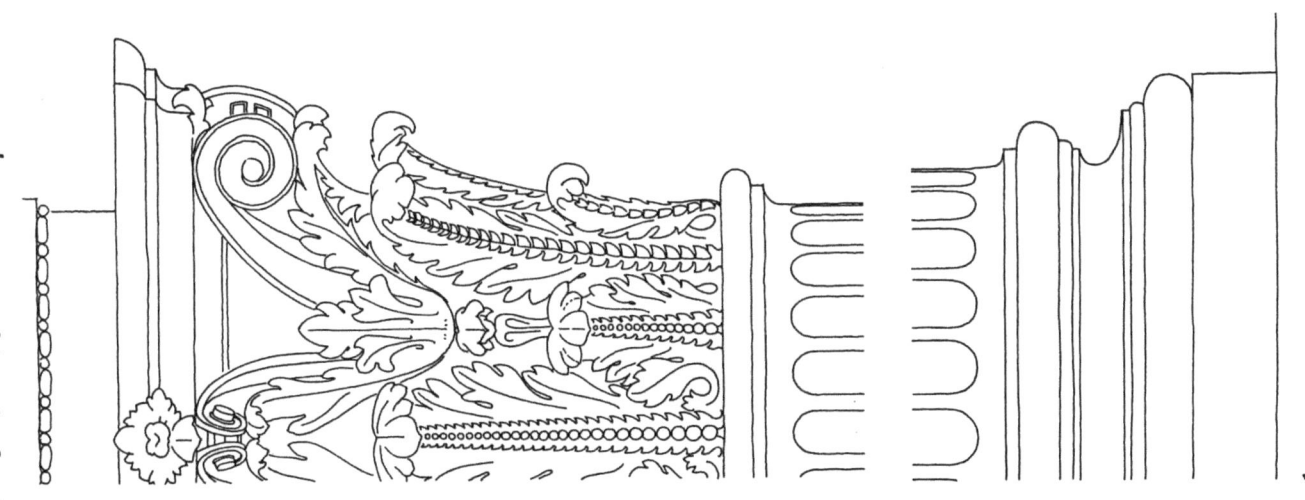

O.2330 Konstruktive Grundelemente
Stab, Stab – Masse, Stab – Scheibe

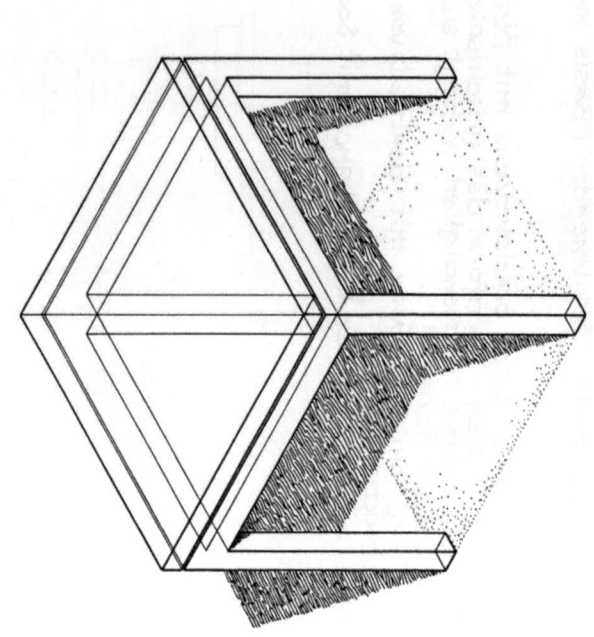

Stab
Stab – Masse
Scheint eine unmögliche Kombination – ist aber in der Vergangenheit sehr häufig angewandt worden. z.B. Rohlariß-Krypta, verfeinert bis zum Klassizismus verwendet.

Stab – Scheibe
Heute die häufigste Anwendung im Stahlbeton- und Stahlbau. Der Stahlbeton lässt die Ausführung ohne sichtbare Unterzüge zu (Pilzdecke mit stark verbreiteten Säulenköpfen, oder Flachdecke ohne Verbreiterung der Säule – dadurch jedoch grössere Deckendicke).
Bei der Verwendung anderer Materialien, aber auch des Stahlbetons übernehmen Unterzüge (Träger, die die einzelnen Stützen verbinden) die Auflagemöglichkeit für die Scheibe. Die Aussteifung erfolgt über die Rahmenwirkung der Einspannung der Stützen.

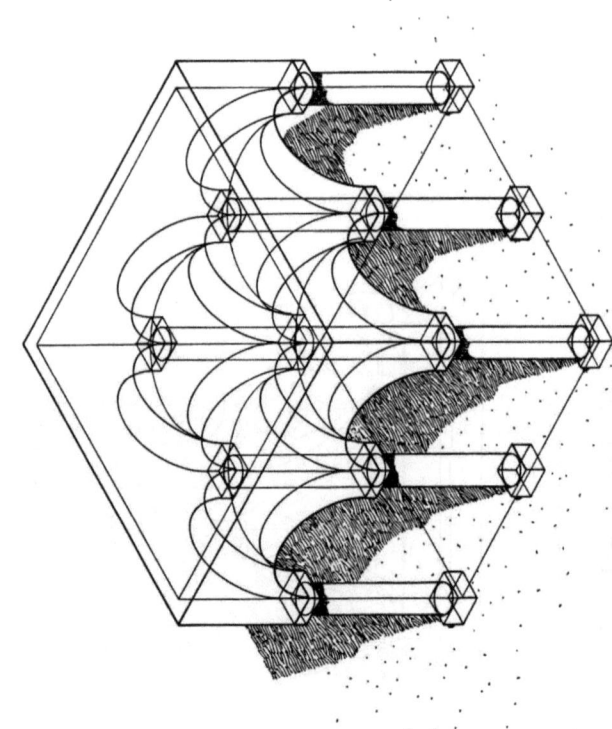

| | Stab, getragene Masse | Konstruktive Grundelemente | O.2331 |

Wien Treppenhaus Stadtpalais Prinz Eugen

„getragene Masse"

Übergang zum Stütze-Balkensystem ist in seiner Ausformung sehr vielfältig.

Raum ist ein sehr komplexes und kompliziertes Gedankengebilde, eine sinnliche Erfahrung oder auch Einbildung unserer dreidimensionalen Welt.

Räume zu schaffen ist ein konstruktives Problem, das immer auf die gleiche Frage hinausläuft:
- Wie kann der durch seitliche Begrenztheit entstandene Raum nach oben abgeschlossen werden?

Und dafür stehen in der Regel wieder nur zwei Grundprinzipien zur Verfügung:
- die Wölbung, also die Höhle und ihre immer wiederkehrende Nachbildung und
- der Träger, das massenaktive Linienelement, oder das >Brückenprinzip<.

O.2332   Konstruktive Grundelemente   Stab, Stab – Stab

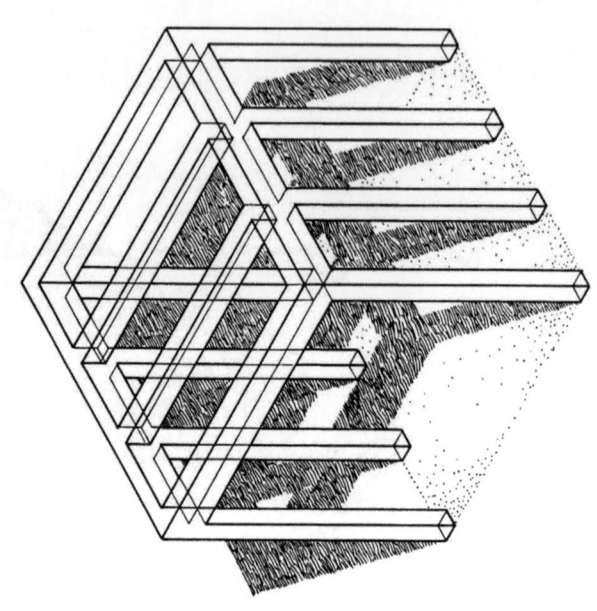

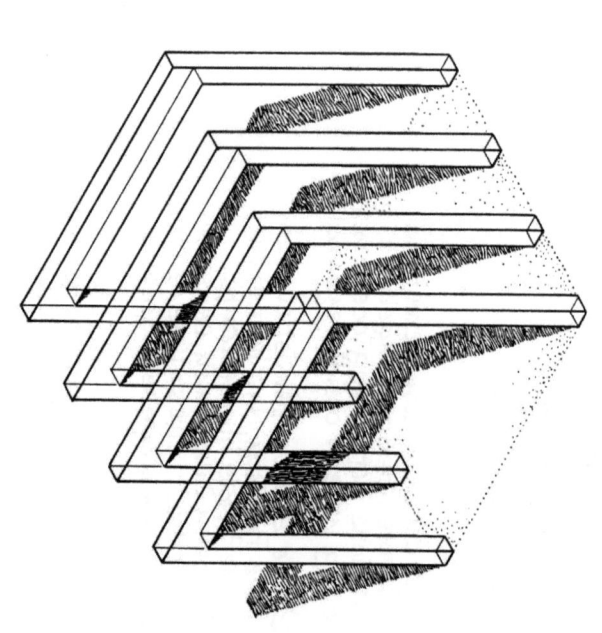

Stab
Stab – Stab

Die diesem Prinzip innewohnende Vielfalt macht es erforderlich weiter zu unterteilen.

flächiger Rahmen
Stütze (Rahmenstiel) und Träger (Rahmenriegel) sind biegesteif miteinander verbunden. Aussteifung in der Rahmenebene. Quer dazu nicht vorhanden.

Fachwerk
Stabtragwerk aus Stützen, Quer- und Längsträgern. Die Aussteifung erfolgt durch Diagonalen in allen drei Ebenen.

Längs – Querrahmen – räumlicher Rahmen
Die Stützen (Stiele) und Träger (Riegel) bilden in zwei Richtungen Rahmen, durch biegesteife Eckverbindungen der Riegel wird auch in der Horizontalebene eine aussteifende Wirkung erzielt.

Stütze und Balken Skelettbauweise

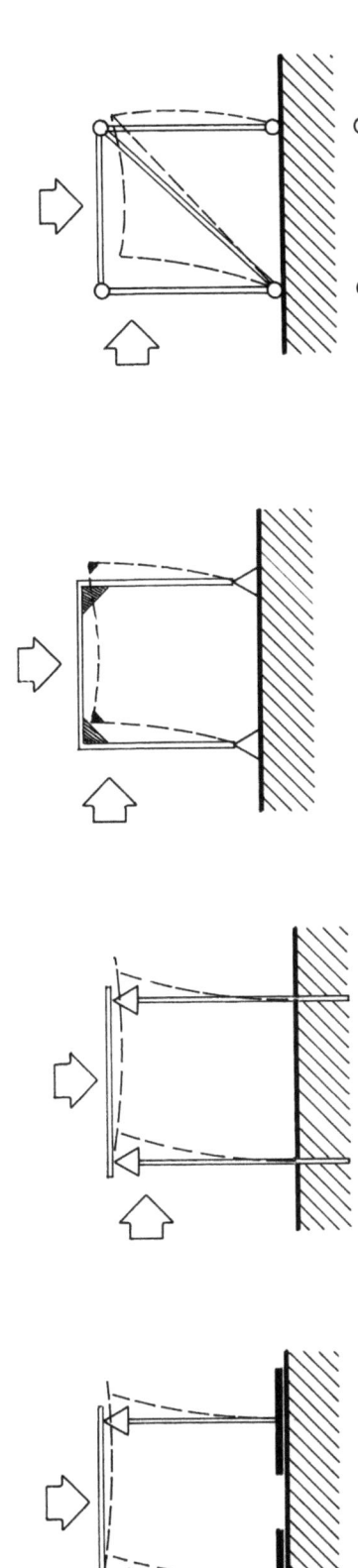

1. Balken auf zwei Stützen

Horizontale Aussteifung durch die Stabilität der Stützen.

2. Balken auf zwei Stützen

Wie bei 1. Nur die Befestigung der Stützen am Stützenfuss ist stabiler.

3. Rahmen, Stützen und Balken sind fest im Winkel miteinander verbunden.
Stütze – Rahmenstiel
Balken – Rahmenriegel
Rahmenstiele und Rahmenriegel sind biegesteif miteinander verbunden.

Biegemomente aus dem Rahmenriegel werden auch in die Stiele übertragen und umgekehrt. Dadurch erhöhte Steifigkeit und Belastbarkeit.

4. Stabtragwerk, vektoraktives Tragsystem. Alle Stäbe sind in den Knoten gelenkig verbunden. Die Stabilität wird durch die Aussteifung ereicht. Steifes Dreieck – ist unverschieblich.

In den Stäben sollen nur Normalkräfte übertragen werden, nach Möglichkeit keine Biegemomente in den Stäben.

Die Skelettsysteme wirken aussteifend in der Systemebene; die Beispiele 1 bis 3 mit verschiebbaren Knoten, Beispiel 4 mit nahezu unverschiebbaren Knoten. Werden senkrecht zu der gezeigten Systemebene ebenfalls aussteifende Skelettsysteme angeordnet entstehen dreidimensionale Skelettsysteme, die in allen Richtungen ausgesteift sind.

O.2332 Konstruktive Grundelemente — Stab, Stab – Stab, Skelett

Bauen mit Stützen und Balken

Standsicherheit.

Sie wird durch das Einspannen der senkrechten Stäbe – Stützen – in den Untergrund und/oder in die horizontalen Stäbe – Balken – erreicht. (Einfachstes Beispiel: Gartentisch – a. die Tischbeine sind in das Erdreich eingeschlagen, eingespannt; b. die Tischbeine sind in die Zargen eingespannt.) Fall b. Rahmenwirkung in räumlichem Zusammenhang. (Siehe dazu Tragwerkslehre T-3.31 und T-5.22.)

Tragende Stützen.

Das vertikal wirkende Eigengewicht und die vertikal und horizontal wirkenden Verkehrslasten werden auf sehr kleinem Querschnitt abgetragen. Dies bedeutet zusätzliche Stabilitätsprobleme – Knicken. (Siehe dazu Tragwerkslehre T-5.11.)

Tragende Balken.

Die tragenden Stützen werden in der Regel durch Balken verbunden, die die offenen Wände überspannen. (Siehe dazu Tragwerkslehre T-3.11 ff.)

Nichttragende Stützen und Balken.

Diese dienen dazu die Zwischenräume zwischen den tragenden Stützen und Balken auszufachen.

Ziegelstützen

Je nach Höhe mind. 24/24 cm, bei normaler Geschosshöhe 36,5/36,5 cm, bei 4m Geschosshöhe 49/49 cm.

Betonstützen   b ≤ 5a

d = Stützendicke, b = Stützenbreite

	Ortbeton	Fertigteil
Vollquerschnitt	$d \geq 20$ cm	$d \geq 14$ cm
aufgelöster Querschnitt I, T, L	$d \geq 14$ cm	$d \geq 7$ cm
d = Stegdicke	$s \geq 10$ cm	$s \geq 5$ cm
Hohlquerschnitt		

(Siehe dazu auch T-F 3.31 und T-F 3.32, Tragwerkslehre.)

Holzstützen

Siehe dazu Bautechn. Zahlentafeln 21. Auflage - Wendehorst - Muth Seite 428 und Tragwerkslehre T-F 3.31 und T-F 3.32.

Stahlstützen

Siehe dazu Bautechn. Zahlentafeln 21. Auflage - Wendehorst/Muth Seite 366 ff.

Stahlbetonbalken

Siehe dazu Tragwerkslehre T-F 3.21, T-F 3.22 und T-F 3.23 und Bautechn. Zahlentafeln 21. Auflage - Wendehorst-Muth Seite 251 ff.

Holzbalken

Siehe dazu Tragwerkslehre T-F 3.11 und T-F 3.12 und Bautechn. Zahlentafeln 21. Auflage-Wendehorst-Muth Seite 428.

Stahlbalken

Siehe dazu Tragwerkslehre T-F 3.21 und T-F 3.22 und Bautechn. Zahlentafeln 21. Auflage-Wendehorst-Muth Seiten 3.15 und 350 ff.

Stütze – Balken / Stab – Stab

Die klassische Antike findet nach den Anfängen im Ägypten zum erstenmal den Einklang von Form, Konstruktion und Material. Es ist die Hochblüte für die Säule und den daraufliegenden Balken aus Stein. (Formensprache einer ursprünglichen Holzkonstruktion.) Denn der Stein ist zwar für die Massenstütze gut geeignet, scheint aber als Trägerelement/Balken denkbar ungünstig. Trotz dieses, heute geltenden Nachteils, wird er in der Vergangenheit sehr oft in dieser Funktion verwendet.

Forum Romanum Rom

Kap Sunion, Poseidontempel

Stab – Stab

Holzstadel im südwestlichen Kärnten. Das Hauptverbreitungsgebiet ist das Gailtal.

Die Holzstadel sind in zimmermannsmässiger Bauweise zusammengefügt. Die Stabdimensionen und die alten handwerklichen Verbindungen verdeutlichen den Kräftefluss. Trotz der sehr komplexen Struktur tritt das Tragen und Gehaltenwerden sinnfällig hervor. In den „rosenheimer hochschulheften" Sommersemester 1986 ist vom Autor eine zusammenhängende Darstellung über diese Stadel erschienen.

Die lange Tradition hat die Synthese aus Funktion, Form und Konstruktion herbeigeführt.

Eine Änderung der Gegebenheiten – die ihnen gestellte Aufgabe der Garbentrocknung ist nicht mehr erforderlich – bedeutet, dass sie entweder für eine andere Aufgabe verwendet werden, oder verfallen.

Stab – Stab

Beispiel an Hand von Heustadeln, die wie ein Tisch, ohne Einspannung der senkrechten Stäbe im Baugrund, auf steinfundamentierten stehen. Alle Funktionen der Aussteifung wird von dem Stabtragwerk übernommen.

Die Ebenen der Konstruktion (Aussteifung) sind sauber von den Ebenen der Funktion (Aufgabe der Garbentrocknung) getrennt. Queraussteifung in den Toren, Längsaussteifung in innenliegenden eigens eingefügten Aussteifungsebenen. Die Trocknung der Garben erfolgt in den Längswänden an der Aussenseite.

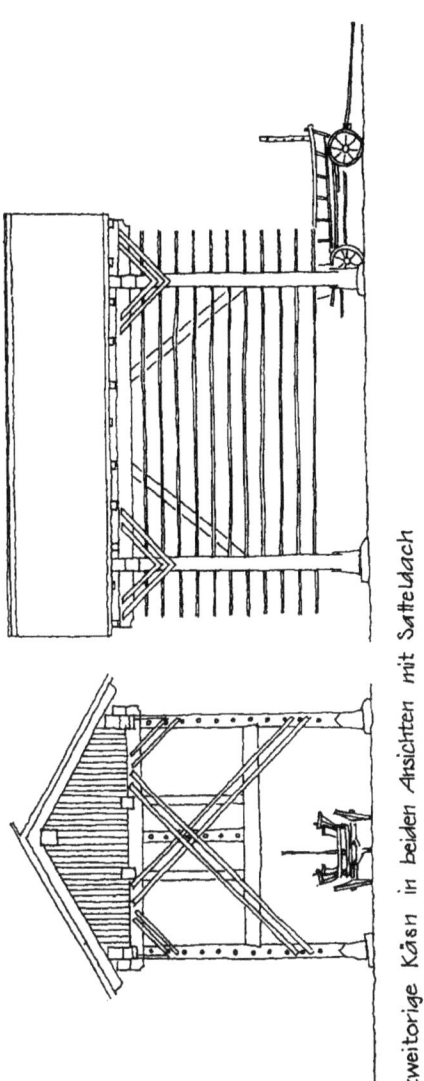

zweitorige Käsn in beiden Ansichten mit Satteldach

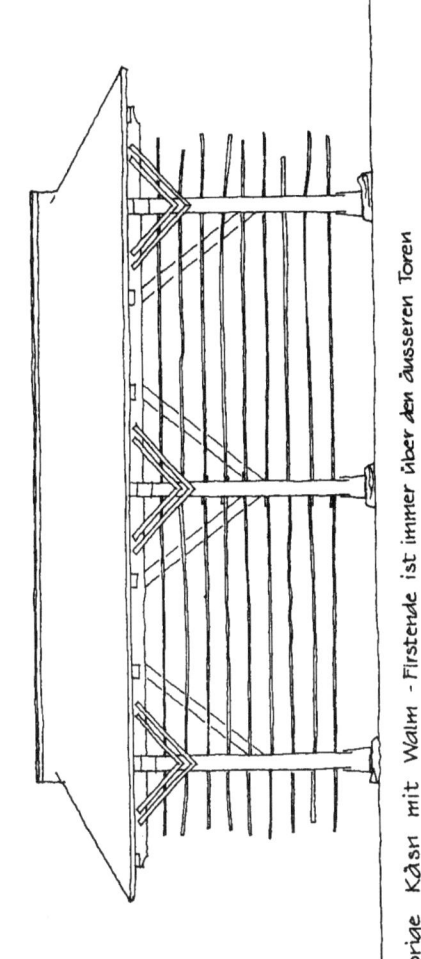

dreitorige Käsn mit Walm - Firstende ist immer über den äusseren Toren

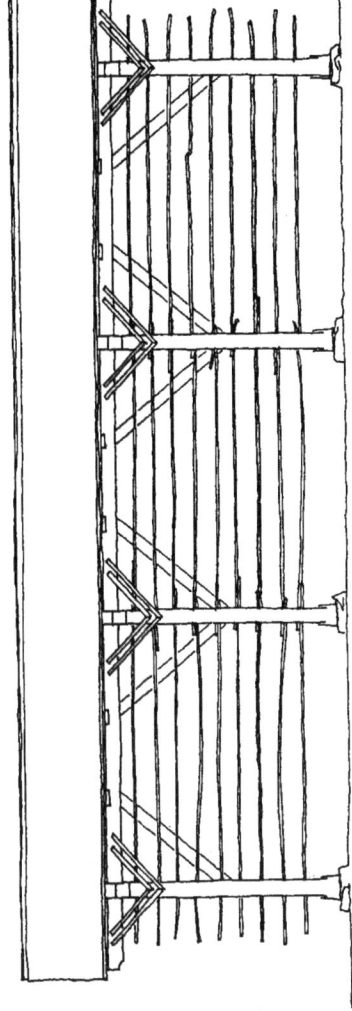

viertorige Käsn - bei mehrtorigen Käsn wird meist das Satteldach verwendet

Käsn in Wärmlach - Kötschach 83 %   Isometrie des Tragwerks

O.2332 Konstruktive Grundelemente — Stab, Stab – Stab, Skelett

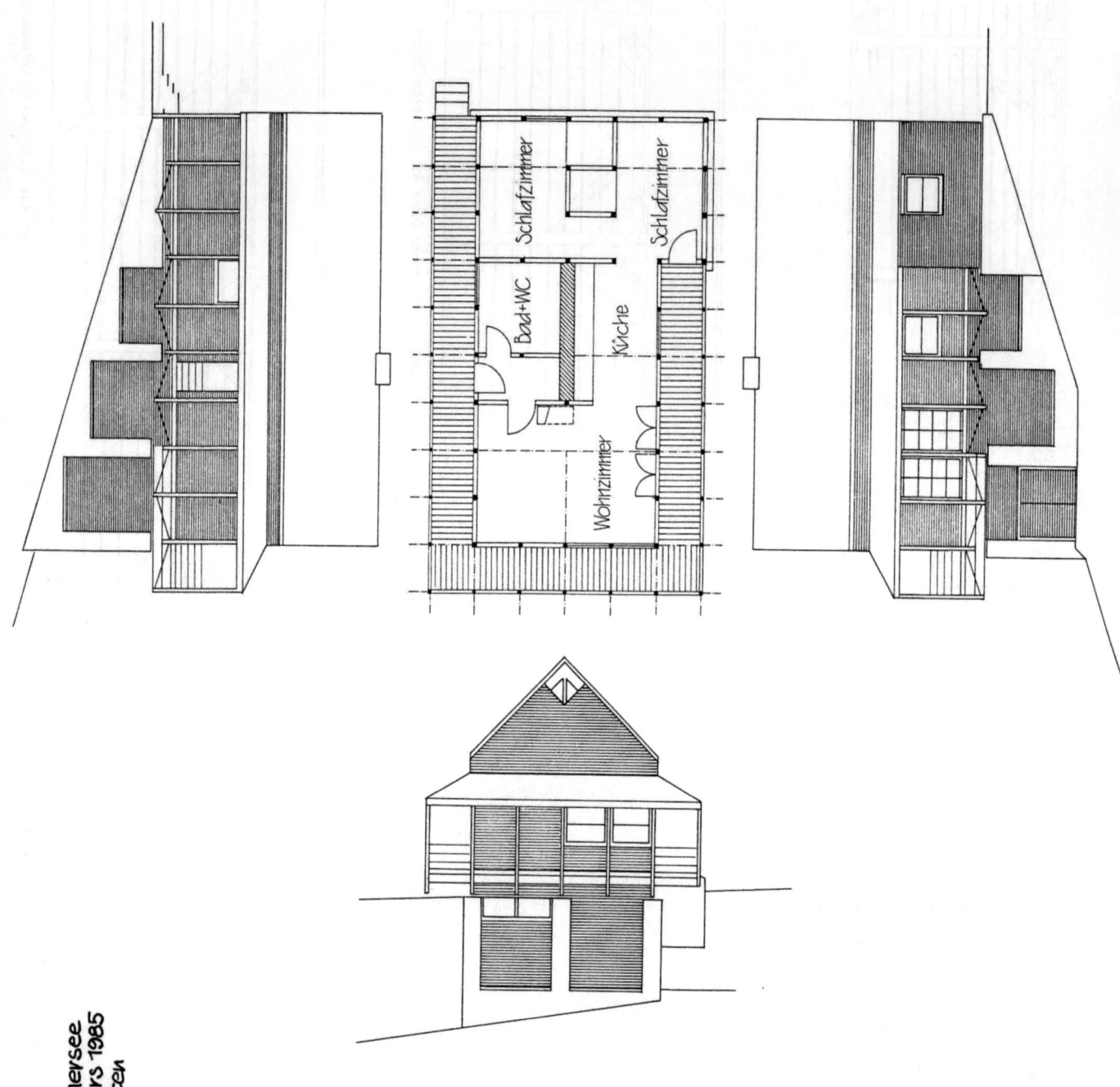

Stab – Stab
Ferienhaus am Wörthersee
Entwurf des Verfassers 1985
Grundriss und Ansichten

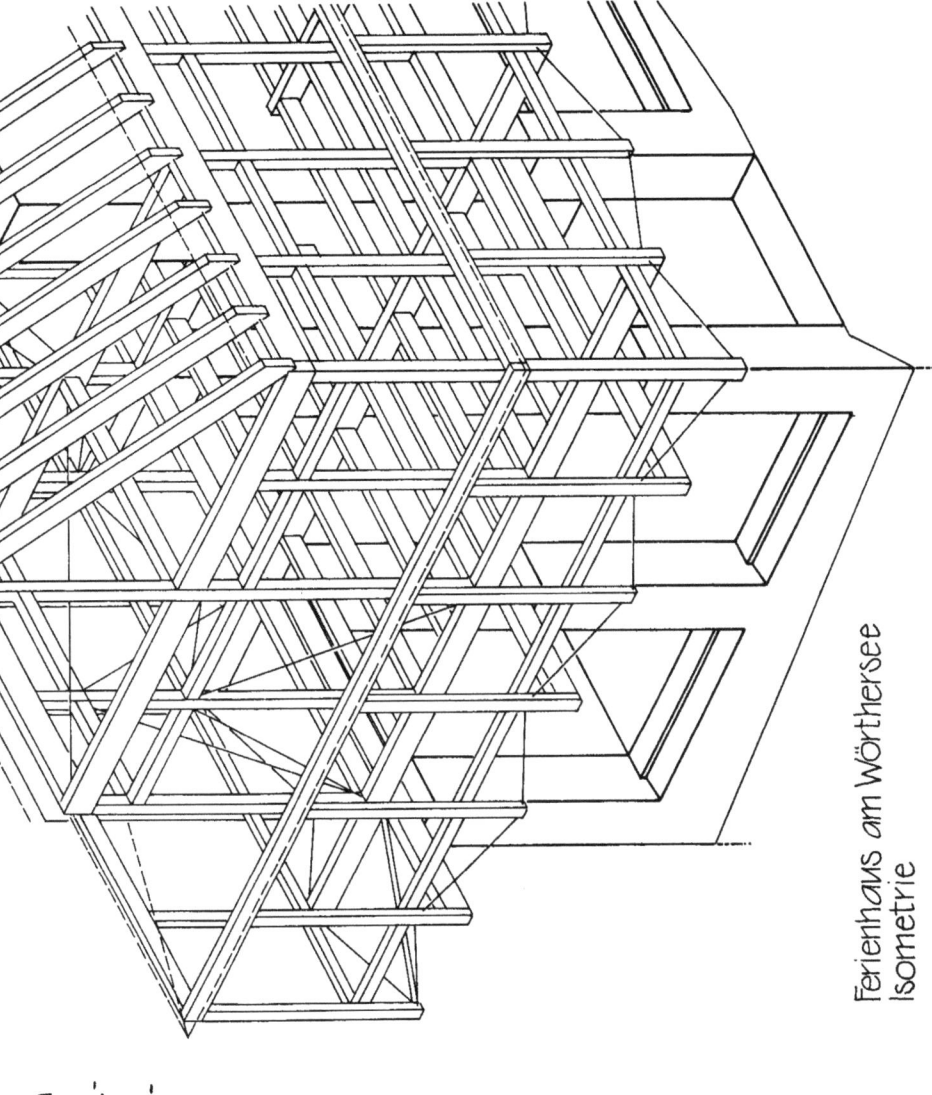

Ferienhaus am Wörthersee
Isometrie

Beispiel für Stab-Stab
Im Untergeschoss auch für Masse-Stab.

Die traditionelle Bauform und Konstruktion der Holzstadel in Südösterreich wurde aufgegriffen.

Im Untergeschoss bilden massige Mauerpfeiler das tragende und aussteifende Gefüge. Auf ihnen ruht ein Haupt- und Nebenträgersystem. (Masse - Stab)

Das Haupt- und Dachgeschoss besteht aus einem Holzfachwerk, bzw aus einem Prettendach. Die Aussteifung in allen drei notwendigen Ebenen erfolgt durch Stahlzugbänder.

Die Füllungen zwischen den senkrechten Stäben sind vorgefertigte Tafeln.

Der nahezu um das gesamte Gebäude herumlaufende Balkon trägt zwischen den Hauptträgern als unterspannter Träger.

Die Details werden in dem Band Rohbau - Holz behandelt.

O.2332 Konstruktive Grundelemente
Stab, Stab – Stab, Skelett

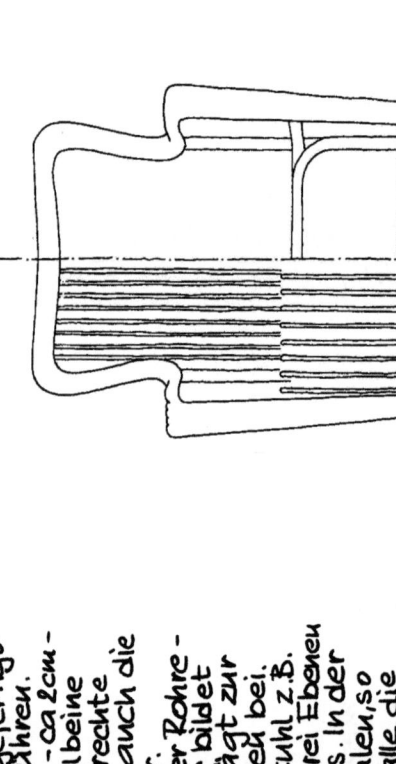
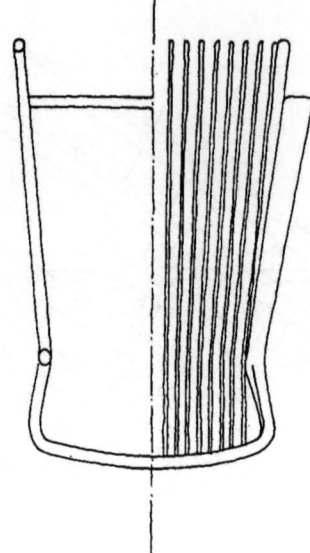

Josef Frank Korbstuhl 1927

Stab – Stab

Die Konstruktionsprinzipien sind unabhängig von ihrer absoluten Grösse. Ein Stuhl und ein Hochhaus folgen demselben Prinzip.

Was liegt also näher, als einen Korbstuhl, der ausschliesslich aus gebogenem Rohr gefertigt ist, als Beispiel anzuführen. Die sehr dünnen Stäbe – ca 2 cm – bilden sowohl die Stuhlbeine (Stützen für die senkrechte Lastabführung) als auch die waagerechten Träger.
Die Ausrundung der Rohre – ein und dasselbe Rohr bildet Stütze und Träger – trägt zur Aussteifung der Ecken bei.
Auch für einen Stuhl z.B. gilt, dass er in den drei Ebenen ausgesteift sein muss. In der Regel erfolgt bei Stühlen, wie im vorliegenden Falle, die Aussteifung über eine "Rahmenwirkung".

Konstruktive Grundelemente

O.2333 — Stab, Stab – Scheibe

Stab – Scheibe

In der absoluten Konsequenz des dargestellten Beispiels nicht allzu-häufig anzutreffen, da neben den Stützen meist auch Scheiben als senkrechte Bauglieder herangezogen werden (vornehmlich für die Ableitung der Horizontalkräfte.

Aus diesem Grunde sind die Beispiele für diese Kombination meist ein- oder zweigeschossig. Hauptsächlich verwendetes Material: Stahl-Stahl und Stahl-Stahlbeton. Ähnliche Beispiele wurden vor allem von Mies van der Rohe gebaut. (z.B. Haus Farnsworth).

Philip Johnson
Glashaus, New Canaan, Connecticut

nach Ph. Jonson

O.2333 Konstruktive Grundelemente — Stab, Stab – Scheibe

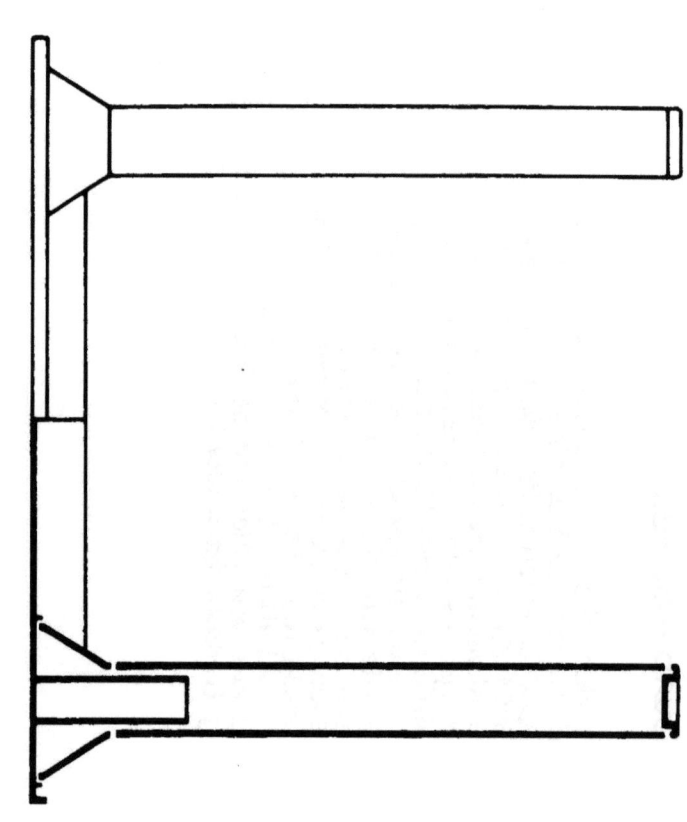

Stab – Scheibe

Es gibt wohl kein typisches Beispiel für diese Kombination als den Tisch, der hier in der vorliegenden Form gänzlich aus Kunststoffgussteilen zusammengefügt ist. Die Wirkungsweise lässt sich im Schnitt guterkennen - ebenso die sinnvolle Kapitellbildung der Tischbeine

Kastell 4300
Des. Anna Castelli Ferrieri
entnommen dem Ausstellungskatalog
Möbel aus Italien - Stuttgart

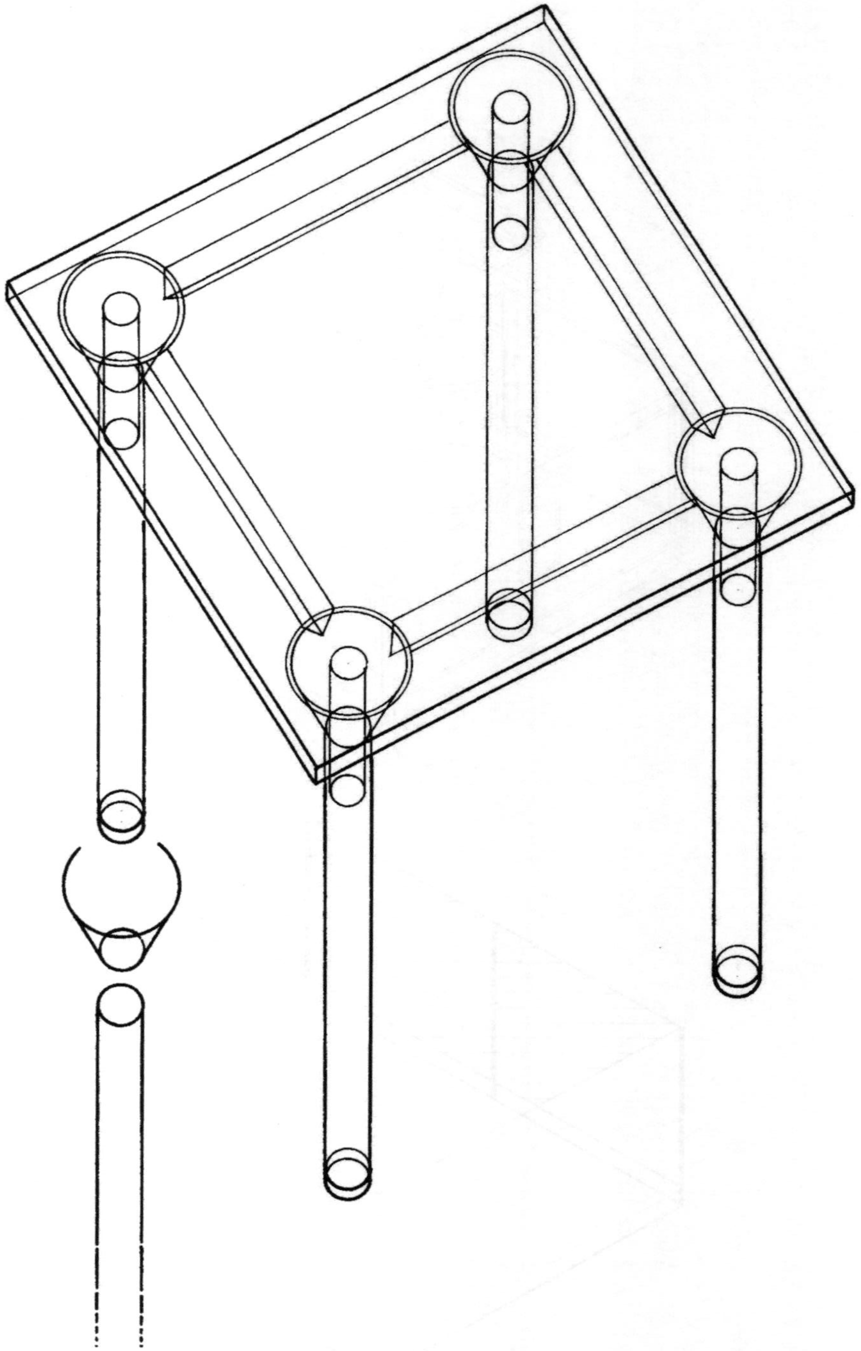

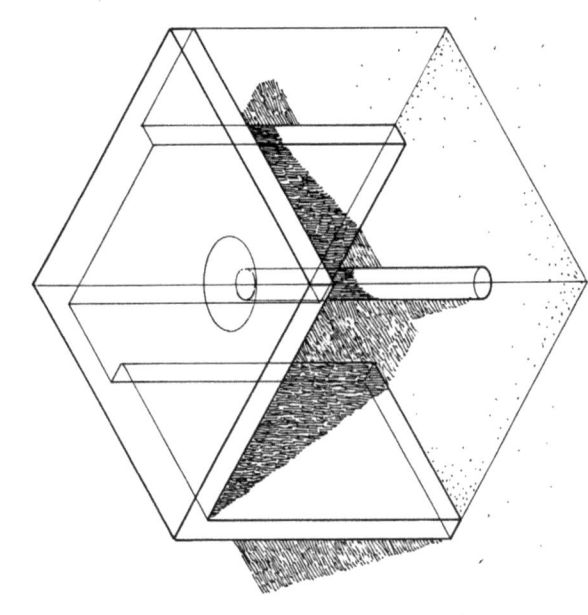

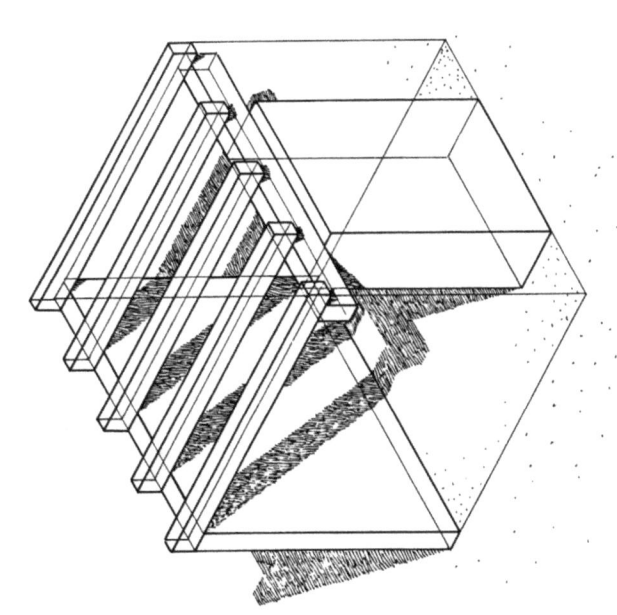

Kombinationen dritter Ordnung

Masse/Scheibe – Stab

Ein schwerer Massenkörper übernimmt in beiden Vertikalebenen die Aussteifung (Kern – dieser kann wieder in Scheiben aufgelöst sein). Die Scheibe dient nur der Ableitung senkrechter Kräfte.

Masse/Stab – Scheibe

In anderer Kombination, aber in derselben Wirkung wie das vorangegangene Beispiel.

Scheibe/Stab – Scheibe

Die Scheiben müssen zusätzlich zur Ableitung der senkrechten Kräfte auch die Aufgaben der Längs- und Queraussteifung übernehmen.

O.2401 Konstruktive Grundelemente — Kombinationen dritter Ordnung

76

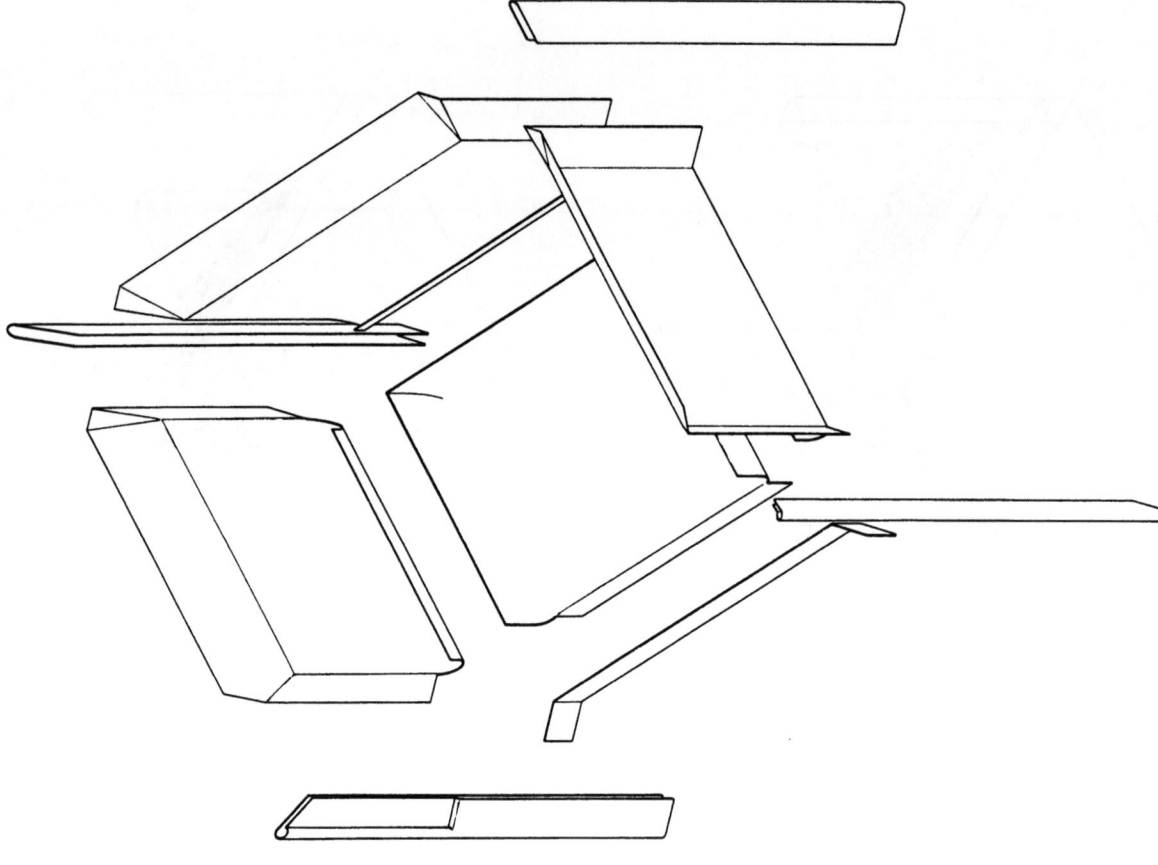

Poltrona Frau - Interlude, Des. Marco Zanuso 1982

Stab/Scheibe-Scheibe

Ein Kombinationsprinzip, das neben der Anwendung im Hochbau, besonders bei der Konstruktion von Möbeln angewandt wird, wie die beiden Beispiele zeigen. Die Scheiben, die meist horizontal und vertikal angeordnet sind, übernehmen die Aussteifung, sodass die Stäbe wenig bis gar nicht durch Rahmenwirkung dazu beitragen.

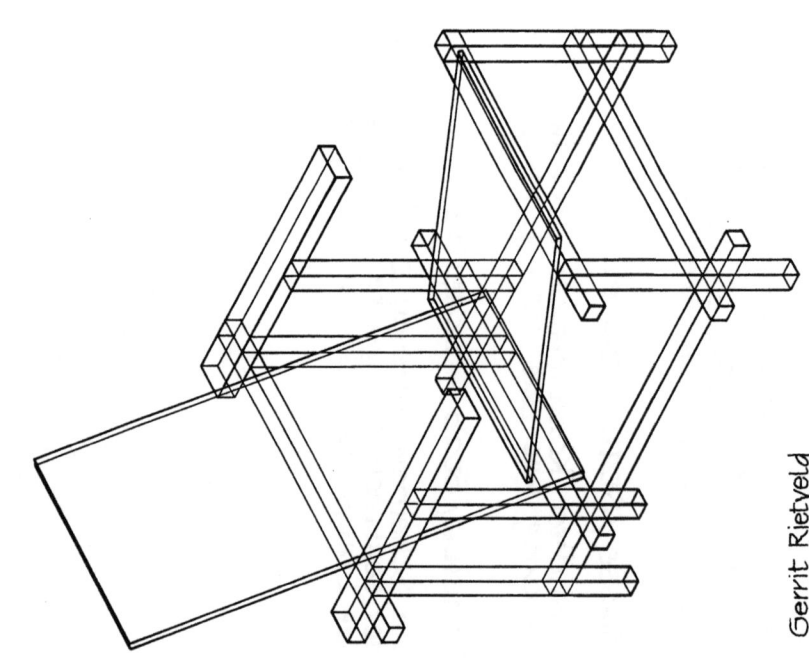

Gerrit Rietveld
Holzstuhl 1917

Konstruktive Grundelemente

MASSE   SCHEIBE   STAB

Konstruktive Elemente

Die Menschheit bedient sich seit Jahrtausenden dreier konstruktiver Elemente, aus denen sie Bauwerke und Einrichtungsgegenstände zu fertigen versteht. Ausser diesen Elementen sind es nur noch die Materialien, die die Variablen für all die architektonischen und künstlerisch wertvollen Ereignisse darstellen. (Natürlich sind sie es auch, aus denen Unbedeutendes entsteht, entstand und auch weiterhin entstehen wird, aber dies wollen wir ausser Acht lassen.)

Die drei Elemente sind in dem " Masse-Raum " enthalten, von dem wir ausgehen wollen. Die Masse selbst, die zwar massig, jedoch nicht den gesamten Raum ausfüllend auftritt; die Scheibe mit flächiger Ausdehnung und nur geringer Dicke und der Stab mit grosser Längen- (Höhen-) Entwicklung und geringen Querschnittsabmessungen. Alle drei also können als " Extrakte " aus der begrenzten Masse angesehen werden.

Masse, Scheibe und Stab sind mit vorherrschenden Dimensionen logisch verknüpft. Die Masse hat drei ausschlaggebende Richtungen - Länge, Breite und Höhe - die Scheibe zwei, nämlich Länge und Breite, oder auch Länge (Breite) und Höhe und der Stab gar nur mehr eine, entweder die Länge oder die Breite oder die Höhe.

Das soll nicht bedeuten, dass die anderen, hier nicht ausgesprochenen Dimensionen verschwindend klein oder gar null sind; sie treten nur gegenüber der ausschlaggebenden in den Hintergrund.

Erst in unserem Jahrhundert sind noch weitere und vertiefte Kenntnisse über Tragwerke hinzugekommen, wie ebene, gekrümmte und räumliche Fachwerke, Seilnetze und Membranen, Pneus und das weite Feld der Schalen. Diese auch hier zu beschreiben, hiesse den Umfang des vorliegenden Buches zu sprengen - ich möchte in diesem Zusammenhang auf den Band I TRAGWERKE hinweisen, der sich ausschliesslich mit dem Themenkreise befasst.

Senkrecht - waagerecht

Es klingt so einfach und wäre es auch, wenn man es nicht im Laufe der Zeit so kompliziert hätte. Senkrecht sind in der Regel die seitlichen Begrenzungen der Innen- (Zwischen-) Räume. Den Landlebewesen ist der Sinn für Gleichgewicht angeboren; alles was senkrecht steht weist eine relative Standfestigkeit auf und bleibt in diesem Beharrungszustand, vorausgesetzt es steht auf der " Stützfläche " und es treten keine unvorhersehbaren Zwischenfälle auf. Die Bandbreite für senkrecht stehende Scheibe (stabil) über die senkrecht stehende Scheibe (die Stabilität ist jedenfalls fraglich) bis zum Balanceakt des senkrecht stehenden Stabes (instabil).

Alleine die Stabilitätsprobleme lassen sich aus der Wahrnehmung und der Erfahrung nicht richtig abschätzen; die Standfestigkeit der ruhenden Masse ist noch einsehbar und damit auch überschlägig (aus Erfahrung) dimensionierbar, Scheibe und Stab entziehen sich aber dieser Anschaulichkeit. (Lernen durch Irrtum und das Einbeziehen aller verfügbaren Randbedingungen als Parameter ist erforderlich.)

Waagerecht muss auch sein, wenn man Innenräume (Volumina) schaffen will. Der obere Abschluss des Raumes, auch dann, wenn er in irgendeiner Weise geneigt oder gekrümmt ist, bedeutet einen letztlich waagerechten Bauteil. Die angeborene Erfahrung aus dem Gleichgewicht und der Stützebene hilft nicht, im Gegenteil, der Bauteil liegt nicht auf der Stützebene auf, er schwebt grösstenteils und ist über senkrechte Bauglieder nur mittelbar mit der Stützebene verbunden.

Waagerecht ist wie schon gesagt ein Wagnis, eine stete Herausforderung gegen unser angeborenes Gefühl, das muss ganz deutlich ausgesprochen werden, denn nirgends verstossen wir so generell gegen unseren Instinkt. Die geistige Evolution wird gegen unseren Paradoxie mit Sicherheit ein Ende bereiten - soferne man uns dazu überhaupt die notwendige Zeit lässt. Das Widersinnige liegt vor allem darin, dass wir von jenem Waagerechten einen berechtigten Schutz erwarten, wenn es darum geht, die Geschlossenheit des Raumes zu vervollständigen.

O.2 Konstruktive Grundelemente

Das ist bei den Betrachtungen über die Erfordernisse des Waagerechten bei der Bildung der horizontalen Ebene - Fussboden, er entspricht der Stützfläche dann, wenn er viele Geschosse über der eigentlichen Erdoberfläche liegt - und der Decke über dem Kopf angesprochen.

Erstaunlicherweise hat der Mensch für das überschlägige Dimensionieren von waagerechten Baugliedern ein ziemlich sicheres Gefühl entwickelt. Er ist sich im Hinblick darauf jedenfalls wesentlich sicherer, als bei der Beurteilung von senkrechten Bauteilen.

Masse

Es hat eine Zeitlang gedauert, ehe der Mensch das Bauglied Masse entdeckt hat und es sich für das Errichten von Bauwerken zunutze machte. Es blieb den frühen Hochkulturen Vorderasiens und Afrikas vorbehalten den Massebauteil M a u e r aufzuschichten. War es die leichte Verfügbarkeit der Massebaustoffe Stein und Lehm (Ton) und die Tatsache, dass Holz als Stab-Baustoff eher rar war, die zu der Bauweise führte, wir vermuten es und die Wahrscheinlichkeit ist gross, dass es so gewesen sein könnte, aber einen stichhaltigen Beweis haben wir nicht, soferne solch einer überhaupt erkundbar ist.

Jene Kulturen, die das Bauglied Masse entdeckten, haben auch gleichzeitig die Bauform Masse entwickelt - Pyramiden in Ägypten, Zikkurat in Mesopotamien. (Raum als Form um seiner selbst Willen, ohne dass die Masse Innenräume umhüllt; die Grabkammern innerhalb der Pyramiden können nicht als der für die äussere Erscheinung formgebende Hohlraum (Zwischenraum) angesehen werden.)

Es dauerte nochmals ca drei Jahrtausende, ehe man sich der Masse auch für die Bildung der Waagerechten zu bedienen wusste. Die ersten Schritte hin zu Gewölbeformen wurden ca 1500 v.Chr. gemacht. In den weiteren Jahrhunderten verfeinert, war es bis in die neueste Zeit die einzige Methode auch grosse Innenräume nach oben abzuschliessen, ja auch in der heutigen Zeit hat sich daran wenig geändert.

Die grossen Ingenieurleistungen unserer Zeit sind entweder Gewölbekonstruktionen (Bogenhallen mit Spannweiten bis zu 150 m), oder aus der Kehrfunktion des Stützgewölbes abgeleitet (Hängebrücken, für die Spannweiten im Kilometerbereich kein unüberwindliches Hindernis mehr sind und Seilnetzkonstruktionen, die, wie bei dem Dach über dem Olympiastadion in München, eine Stadionhälfte stützenfrei überdachen.)

Der Stabilisierungseffekt der Masse

Die Gravitation bewirkt, dass sich Massenteile gegenseitig anziehen. Alle Bauteile unterliegen demnach der Anziehungskraft des Planeten Erde - wenn sie auf diesem stehen. Je massiger ein Körper ist, desto deutlicher wirkt sich diese Anziehungskraft aus. Das heisst, dass vor allem das Massenbauteil der Schwerkraft besonders ausgesetzt ist.

Natürlich wirkt diese Kraft auch auf die anderen Konstruktionselemente in gleicher Weise, lediglich ihre geringere Masse lässt sie weniger schwer erscheinen; und das ist in vielen Fällen ganz gut so, denn die Waagerechte über unserem Kopf darf, ja muss von dem Gefühl her "leicht" sein.

Andererseits verdanken wir der Schwerkraft, dass unsere Machenschaften (Bauten und alles der Gerät u.ä.) stehen bleiben und nicht bei der leisesten Berührung umfallen, oder gar wegfliegen. Nur die schwere Masse ist in der Lage nicht senkrecht angreifende Kräfte durch eine Umleitung soweit zu kompensieren, dass unter Berücksichtigung dieser Tatsache kein Schaden entsteht.

Zu den sichtbarsten Eigenschaften der Wirkung der Schwerkraft zählt gewiss die Tatsache, dass Bauteile aus der Masse a u s k r a g e n können. Für die auskragenden Teile bedeutet dies Trägerwirkung, sie reichen aus dem Massebauteil heraus, liegen sozusagen nur an einer Auflagerseite auf und fallen trotzdem nicht herunter, ja können zusätzliche Nutzlast tragen, wenn alles richtig ausgeführt worden ist. Wichtig ist, dass über dem auskragenden Bauteil noch genügend Masse liegt.

Konstruktive Grundelemente

Oft wird man die stabilisierende Masse gar nicht gewahr, da sie in der Stützebene liegt und es sich um die Erde selbst handelt - im einfachsten Falle der in die Erde eingeschlagene Rundstab, in vielen anderen Fällen wird auf oft raffinierte Weise das Gewicht der Masse Erde aktiviert. Auskragungen lassen sich auch umlenken, wenn es an den Knickpunkten nur gelingt gleichzeitig Druck und Zug zu übertragen.

Scheibe

Der Übergang zwischen der M a s s e n m a u e r und der W a n d s c h e i b e ist fliessend, bestimmt doch alleine die Dicke darüber, zu welcher Kategorie der Bauteil zu rechnen ist. Trotzdem können wir ein ganz einfaches Unterscheidungsmerkmal herausfinden : die M a s s e n m a u e r steht ohne weitere Hilfsmittel auch dann, wenn in dem üblichen Umfang seitliche Belastungen angreifen (z.B. Windkräfte); die W a n d s c h e i b e kann in jedem Falle sich selbst tragen, braucht aber für Belastung durch seitliche Kräfte eine zusätzliche Unterstützung, die A u s s t e i f u n g . So besehen spielt die Länge der Wand oder der Mauer keine Rolle, sondern nur das Verhältnis von der Höhe zur Dicke. Dieses Verhältnis nennen wir Schlankheit. Für druckbelastete Bauglieder, und das sind sowohl Mauern als auch Wände, spielt es eine Rolle auch bei ausschliesslicher Druckbelastung, also auch dann wenn keine horizontalen Lasten auftreten. (Druckbeanspruchte Bauteile sind einer Knickbeanspruchung ausgesetzt, für die Euler eine Theorie aufgestellt hat. Siehe dazu Band I TRAGWERKE.)

Neben natürlichen und künstlichen Steinen, Ton und Geflechten mit Überzügen wird heute vor allem der Baustoff Beton bzw Stahlbeton als Wandbaustoff verwendet. Die Stahlbewehrung ermöglicht dabei sehr grosse Schlankheiten.

Die Scheibe ist jedoch nicht nur ein senkrecht zu verwendendes Bauteil. Gerade im heutigen Baugeschehen wird sie als horizontal liegende Scheibe - als Decke - besonders gerne verwendet. Die horizontale Scheibenwirkung ist dabei ein wesentlicher Bestandteil der Aussteifungsmechanismen. Vor dem Grosseinsatz des Stahlbetons, musste diese Horizontalaussteifung durch die in der Regel verwendeten Holzbalkendecken übernommen werden. Eine Aufgabe, der sie nur in beschränktem Masse gerecht werden konnten.

Für das Gerät und die Einrichtungsgegenstände gilt das gleiche und hier wieder vor allem für den Schrankmöbelbau. Spanplatte, Paneelplatte und auch der Rahmen mit Füllung sind typische Scheiben, die zu einem in sich ausgesteiften Korpus zusammengefügt werden, ja man kann ohne Einschränkung sagen, dass vor allem der Korpusbau bei den Möbeln die typischste Anwendung für Scheiben darstellt.

Stab

Wer wann zuerst erkannt hat, dass ein horizontal liegender Stamm eines Baumes einen Träger darstellt oder ein senkrecht stehender eine Stütze bzw Säule, lässt sich heute nicht mehr ausmachen. Es ist nicht einmal herauszufinden, ob zuerst die Trägerwirkung oder die Stützenwirkung erkannt worden ist. Fest steht jedoch, dass die prinzipiellen Einsatzmöglichkeiten des Stabes lange vor der Massenmauer bekannt waren. Die frühen Kulturen bedienten sich ja gerade der beiden Elemente, der Masse für das Senkrechte und des Stabes für das Waagerechte. Nur an wenigen und ausserordentlichen Stellen wurde der Stab ebenfalls als senkrechtes Bauglied, als Stütze oder Säule, eingesetzt.

Der Stab macht den Fluss der Kraft deutlich sichtbar. Nur in seiner Längsachse ist es möglich Kräfte abzuleiten - selbst dann, wenn er als Träger eingesetzt wird. In dieser Hinsicht lässt der Stab jede Konstruktion, die er in Verbindung mit anderen Stäben bildet, als logisch erscheinen. Ja selbst die Kraftrichtungen Z u g und D r u c k sind bei der Anfertigung deutlich zu erkennen. Ausserdem ist die Art der Kraftübertragung im Stab vollkommen unabhängig von seiner Lage im Raum. Nur bei dem Stab, der als Träger dient, tritt sowohl Druck als auch Zug gleichzeitig auf; diesen Sonderfall nennen wir Biegung und werden in Kürze darauf zurückkommen.

O.2 Konstruktive Grundelemente

Der Einsatz von Zugstäben erst in der neuesten Zeit rührt wohl daher, dass zwar in der Vergangenheit hochzugfeste Materialien (Schmiedeeisen) bekannt waren, dass aber diese zu kostbar waren, um in Bauten eingesetzt zu werden. Abgesehen von Zugstangen in Gewölbekonstruktionen, ist keine verbreitete Verwendung bekannt.

Kombinationen

Masse, Scheibe und Stab können sowohl für senkrechte Bauglieder als auch für waagerechte verwendet werden. Bedenkt man, dass über viele Jahrtausende hinweg nur diese drei Bauglieder und letztlich nur zwei Materialien (Stein und Holz, den Ziegel und Putz sind nur Abkömmling des Steines) zur Verfügung standen, so ist die Vielfalt der Erscheinungsformen, in denen sich Baustile vergangener Epochen manifestiert haben, höchst erstaunlich. Mehr als die aufgezeigten Kombinationsmöglichkeiten gab es nicht.

Drei Möglichkeiten haben sich aus einem viel breiteren Angebot heraus entwickelt. Man sage nicht, dass diese drei die einzigen Lösungswege gewesen seien. Tiernester, die genauso den Gesetzen der Schwerkraft unterliegen, haben andere Konstruktionswege beschritten.

Masse, Scheibe, Stab sowie senkrecht und waagerecht bilden die Variablen für die Permutation, wobei alle Elemente sich an der Bildung der Kombinationen beteiligen können, egal an welcher Stelle sie zu stehen kommen.

Diese uneingeschränkte Permutationsmöglichkeit ist faszinierend. Als Kombinationen erster Ordnung werden jene angeführt, die aus demselben konstruktiven Element sowohl senkrecht als auch waagerecht zu bilden in der Lage sind. Kombinationen zweiter Ordnung sind demnach jene, die für senkrecht ein anderes konstruktives Element verwenden, als für waagerecht. Kombinationen dritter Ordnung verwenden alle drei Elemente (Masse, Scheibe, Stab), um senkrechte und waagerechte Bauglieder zu bilden; dann jeweils zwei Elemente wahlweise in einer Richtung.

Es mag auf den ersten Blick nicht sehr einfach erscheinen, die unterschiedliche Tragwirkung von Gewölbe und Träger zu erkennen. Im Idealfall treten im Gewölbe nur Druckkräfte auf. Besteht das Gewölbe aus einer Vielzahl von aneinander gereihten Elementen (Steinen), wobei die Tatsache, ob sich zwischen den einzelnen Steinen eine Mörtelfuge befindet, oder ob sie dicht aneinanderliegen, keine Rolle spielt, so werden auch dann, wenn im Gewölbe durch Verformung oder Abweichung von der Bogenlinie unter der gegebenen Belastung Zugkräfte auftreten, nur Druckkräfte übertragen. Die auftretenden Zugkräfte bewirken ein Klaffen der Fugen.

Anders bei dem Träger; in ihm treten grundsätzlich Zug- und Druckkräfte auf, die den Träger zu verbiegen trachten. Diese gleichzeitig auftretenden Kräfte werden durch die Materialeigenschaften des Trägers aufgenommen. Als Material für Träger eignen sich nur Baustoffe, die sowohl Druck- als auch Zugkräfte aufnehmen können. (Holz, Stahl, verschiedene Metalle, Stahlbeton und für nicht tragende Teile (z.B. Möbel und Geräte) faserverstärkte Kunststoffe.) Auch hier sei der Hinweis auf Band I TRAGWERKE gestattet.

Neben seiner Anwendung als Träger wird der Stab als Stütze eingesetzt. In der Regel hat sie die Aufgabe auf kleiner Querschnittsfläche gebündelt senkrechte Lasten in die Stützebene abzuleiten. Diese Bündelung der Kräfte sollte man " sehen " können. Die Ausbildung des Kapitells und des Stützen- oder Säulenfusses muss formal dieser Tatsache gerecht werden. Diese Logik hat in der Baukunst der Antike zu den schönsten Formen geführt, für die in der heutigen Zeit die formalen Mittel leider fehlen.

Auch ein Seil, das in das Tragwerk eingefügt ist und sich unter der Last spannt, ist ein Stab, ein Stab allerdings mit ganz eindeutigen Trageigenschaften - er kann nur Zugkräfte übertragen. Dafür hat er aber einen extrem kleinen Querschnitt. Während für die Druckstäbe dasselbe gilt, wie für die druckbeanspruchten Mauern und Wände (Knickbelastung), spielt dies bei Zugstäben keine Rolle. Der Einsatz solch extrem dünner Stäbe ist erst unserer Zeit vorbehalten geblieben.

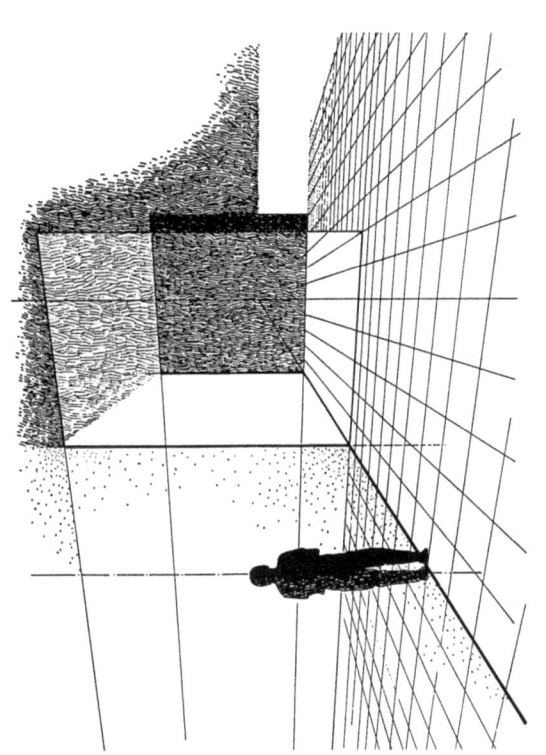 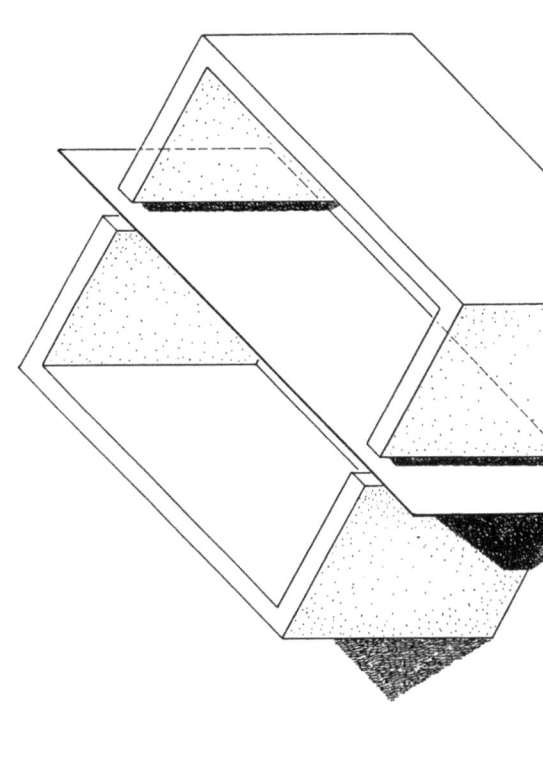

Achsen im Raum

Seitdem die Baukunst besteht, das Bauen von Räumen also der primären Bedarfsdeckung an Sicherheit enthoben wurde, spielen Achsen eine wesentliche Rolle. Dabei ist der Begriff ›Achse‹ für das Gedankenschema, das hier zugrundeliegt, nicht ganz richtig, da es nicht eindeutig ist.

Achsen an oder im Bau sind nur eine Vereinfachung der Darstellung räumlicher Vernetzungen. Ebenen entsprechen räumlich dem Begriff der Achse wesentlich besser, sind aber weniger prägnant in der Aussage.

Achsen in Bauwerken sind Spuren gedachter Ebenen, die diese auf gebauten Flächen zeichnen. Die gedachte - meist sogar empfundene - Ebene steht in der Regel (immer) lotrecht, da sie ein Teil unserer aufrechten Körperhaltung ist. (Die Ebene verläuft durch das Auge (Kopf) und den Fusspunkt des Körpers eines Betrachters.) Sie schneidet demnach alle Horizontalebenen in Horizontalachsen und alle Vertikalebenen in Vertikalachsen.

Die Horizontalachse

vermittelt im Raum überwindbare Distanz, den Weg (von A nach B), den Abstand also und damit auch den Zeitbegriff im Raum.

Sie ist die rationale, begehbare, erfahrbare, wenn auch imperiale Achse, die Öffnung und Grenze bedeutet - dabei oft nur Blickbeziehung sein kann.

O.302 Achsen im Raum — Horizontalachse

Achsen im Raum

Erscheinungsform der horizontalen Achse.
Die tatsächliche Entfernung kann selten mit dem Auge erkannt werden - es bedarf der Hilfswahrnehmung der Zeit, um sich ein einigermassen wahrscheinliches Bild zu machen.
  Die horizontale Distanz kann bewusst oder zufällig durch perspektive Verzerrungen verfälscht werden, dabei spielt der absolute und relative Massstab der raumbegrenzenden Elemente eine entscheidende Rolle.
  Perspektive Verzerrungen waren in der Spätzeit der Renaissance bis zum 17.Jh. ein gängiges Mittel das Erscheinungsbild zu steuern. Das berühmteste Beispiel ist wohl Palladios Teatro Olimpico in Vicenza aus dem Ende des 16. Jh.

Bei den beiden unteren Beispielen scheint die horizontale Distanz rechts länger, obwohl sie tatsächlich gleich gross ist. Dazu tragen die Architekturen, vor allem aber die am Ende stehende vertikale Achse bei, die optisch zur Horizontaldistanz hinzugezählt wird.

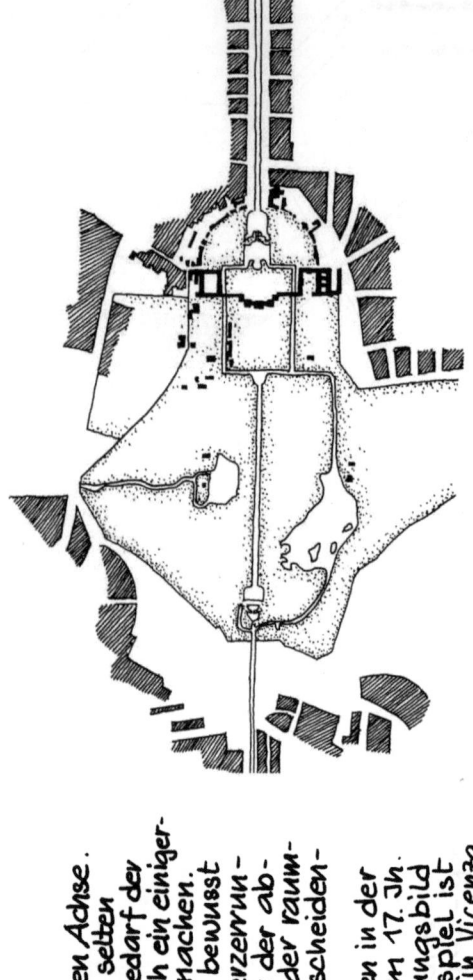

Schloss Nymphenburg München

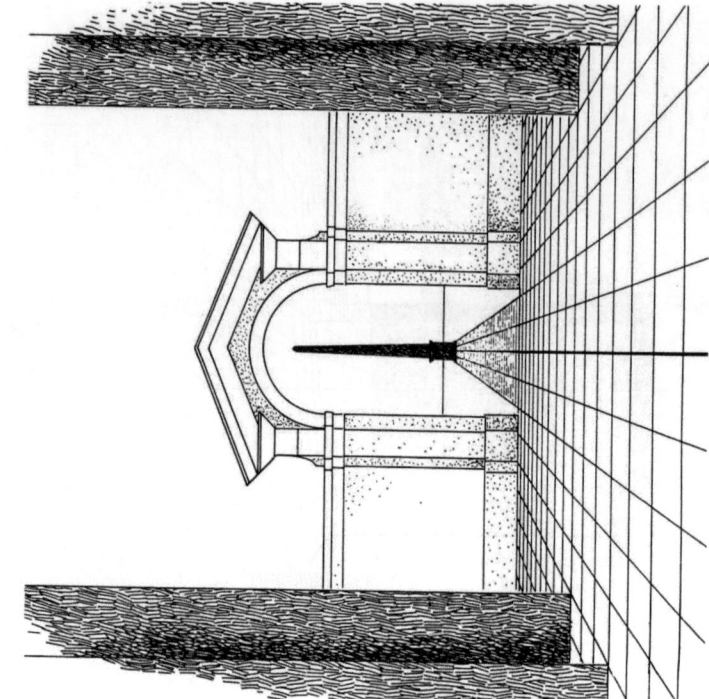

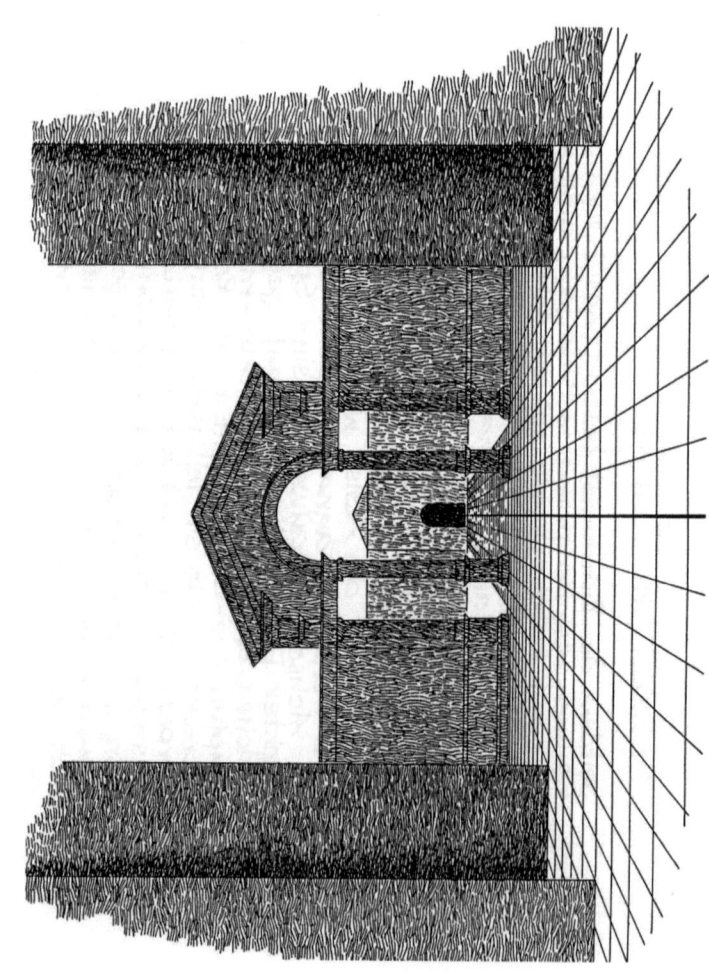

Achsen im Raum

O.304 Achsen im Raum — Vertikale Achse

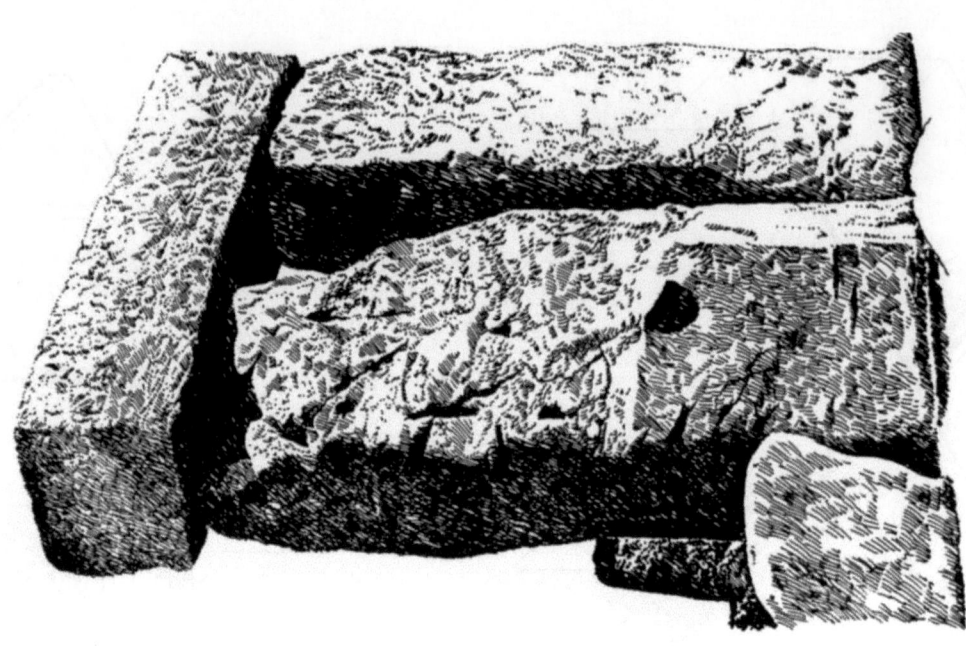

Stonehenge/England

Achsen im Raum

Die vertikale Achse ist die irrationale; sie vermittelt Höhe, die wir wesentlich stärker empfinden als die horizontale Distanz - dies mag sich unter anderem auch aus unserer Erdgebundenheit ableiten lassen.

Vertikalachsen sind zwar sichtbar, aber nie oder nur in den seltensten Fällen begehbar. (Eher möglich befahrbar mit dem Lift z.B.) Das heisst, die Erfahrung durch das Abschreiten, wie sie bei horizontalachsen möglich ist, ist ein äusserst rarer Ausnahmefall.

Sie bedeutet die Erhöhung, das Ausserordentliche, das Abheben von der irdischen Welt, zu guter Letzt das nicht Begreifbare.

Obelisk Karolinenplatz München

Achsen im Raum

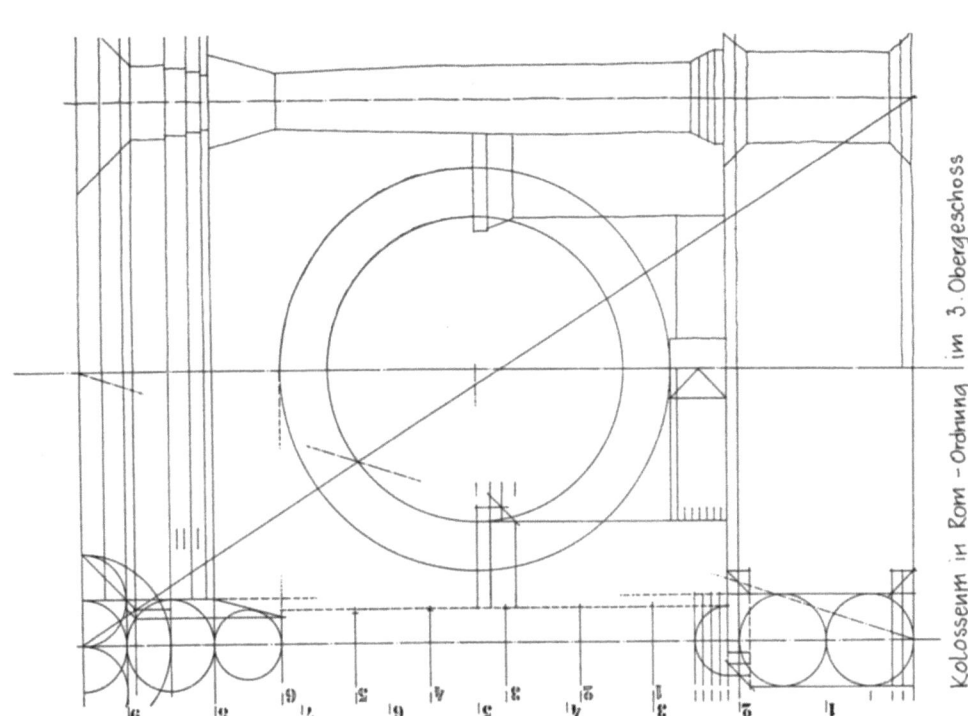
Kolosseum in Rom - Ordnung im 3. Obergeschoss

Achsen im Raum

Um Achsen zu spüren, ihr gewolltes Vorhandensein zu begreifen, bedarf es eines Zeichens, eines Hinweises. Dies gilt vor allem für Vertikalachsen, ist aber auch für Horizontalachsen notwendig.

Vertikalachsen können auch Ordnungen bedeuten. Die Ordnung wird durch zwei Vertikalachsen auf senkrechten Wandteilen begrenzt und ist die rhythmische Wiederholung gleichartiger oder ähnlicher Elemente.

Als Zeichen für die Vertikalachsen wurden meist Säulen, Halbsäulen, Pfeiler und Pfeilervorlagen verwendet, die damit ein integraler Bestandteil der Ordnung wurden. Das Wort Ordnung wurde zum Begriff für die Säule (dorische, ionische, korinthische, tuskanische .... Ordnung.).

Achsen, sowohl horizontal als auch vertikal, können Symmetrie bedeuten, ohne dass Ordnungen vorhanden sind. Es sind nur Strukturen aus symmetrischen, also einfachen geometrischen Grundformen notwendig.

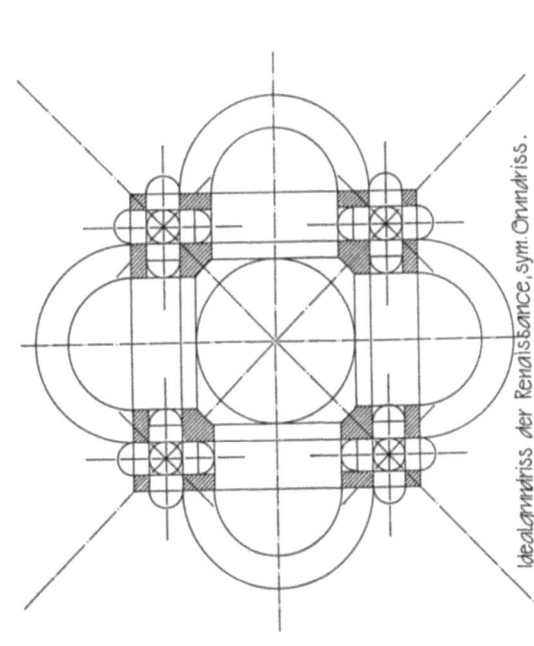
Idealgrundriss der Renaissance, sym. Grundriss.

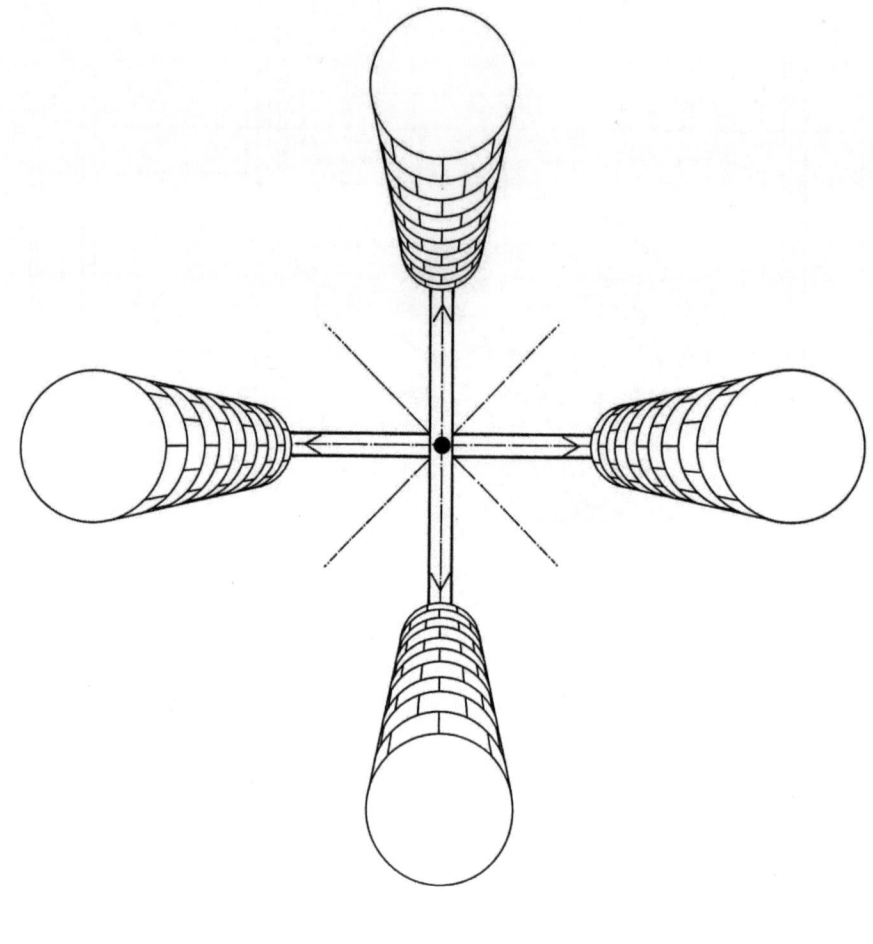

Achsen im Raum

Durch Strukturen oder auch konstruktive Elemente ist die Interpretation von Achsen oder axialen Ebenen möglich, die bei dem gezeigten Beispiel drei Lösungen zulassen.

Beispiel A –

Ist monumental, die Mitte zwischen den vier Säulen wird als Vertikalachse-Schnittgerade der axialen Ebenen – wichtiger, als die gebauten vorhandenen vertikalen Achsen, nämlich die Säulen. Konstruktiv ist es die schwächste Lösung, denn das weitere Abdecken zwischen den sich kreuzenden Balken ist wegen der unterschiedlichen Spannweite problematisch.

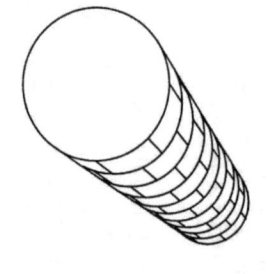
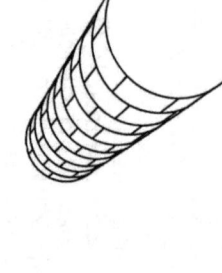
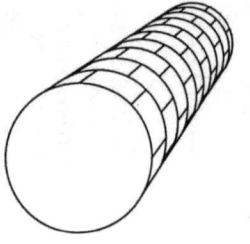
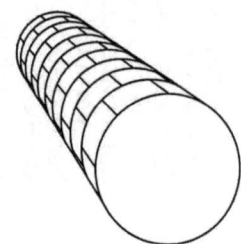

Achsen im Raum

Beispiel B –

ist räumlicher, letztlich auch selbstverständlicher und leichter zu erfassen. Durch die Richtung der konstruktiven Elemente – der Balken – wird dem Quadrat die unausgesprochene Richtungslosigkeit genommen. Es stellt sich eine Vertikalebene in der Mitte quer zu den Balken ein, die in der Grundebene als Spur eine Horizontalachse zeichnet.

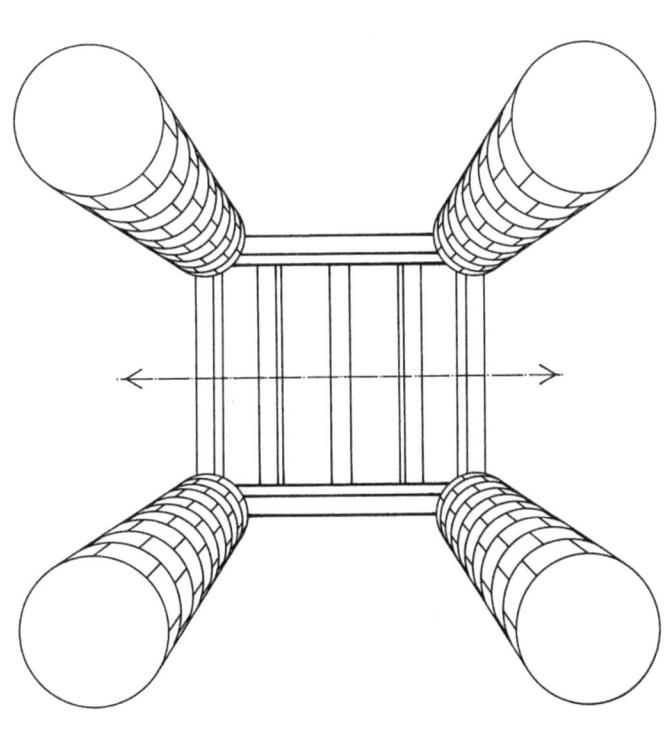

Beispiel C –

hier wird die eine Richtung durch die Querbalken wieder aufgehoben. Der sich bildende Raum wirkt auf den ersten Blick richtungslos, gewinnt aber bei der Einführung der beiden Ebenen wieder an Spannung, die durch die Winkeldrehung noch intensiviert wird. Die Vertikale, nur gedachte Achse in der Raummitte erscheint wieder.

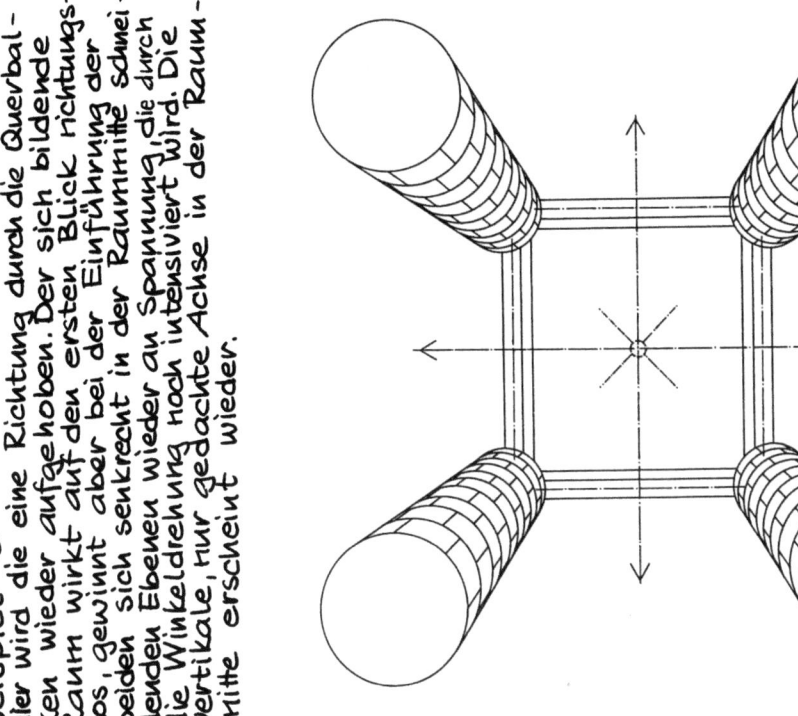
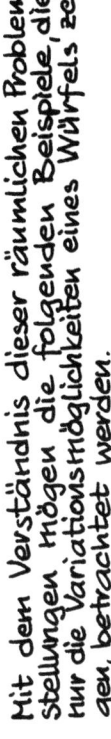

Mit dem Verständnis dieser räumlichen Problemstellungen mögen die folgenden Beispiele, die nur die Variationsmöglichkeiten eines Würfels zeigen, betrachtet werden.

O.307 Achsen im Raum — Strukturen, Kombinationen

Kombinationen - Achsen

Stütze - Balken - Ausfachung.

Stütze: sie ist trotz ihrer vorherrschend linearen Ausdehnung ein Massenbauteil in diesem Beispiel. Für die Beurteilung ob Massenbauteil oder Stabbauteil ist die Schlankheit ausschlaggebend (Höhe : Dicke)

Balken: einfacher Stab als Linienträger, liegt auf den Stützen auf.

Ausfachung: Stoff als völlig nichttragendes Element.

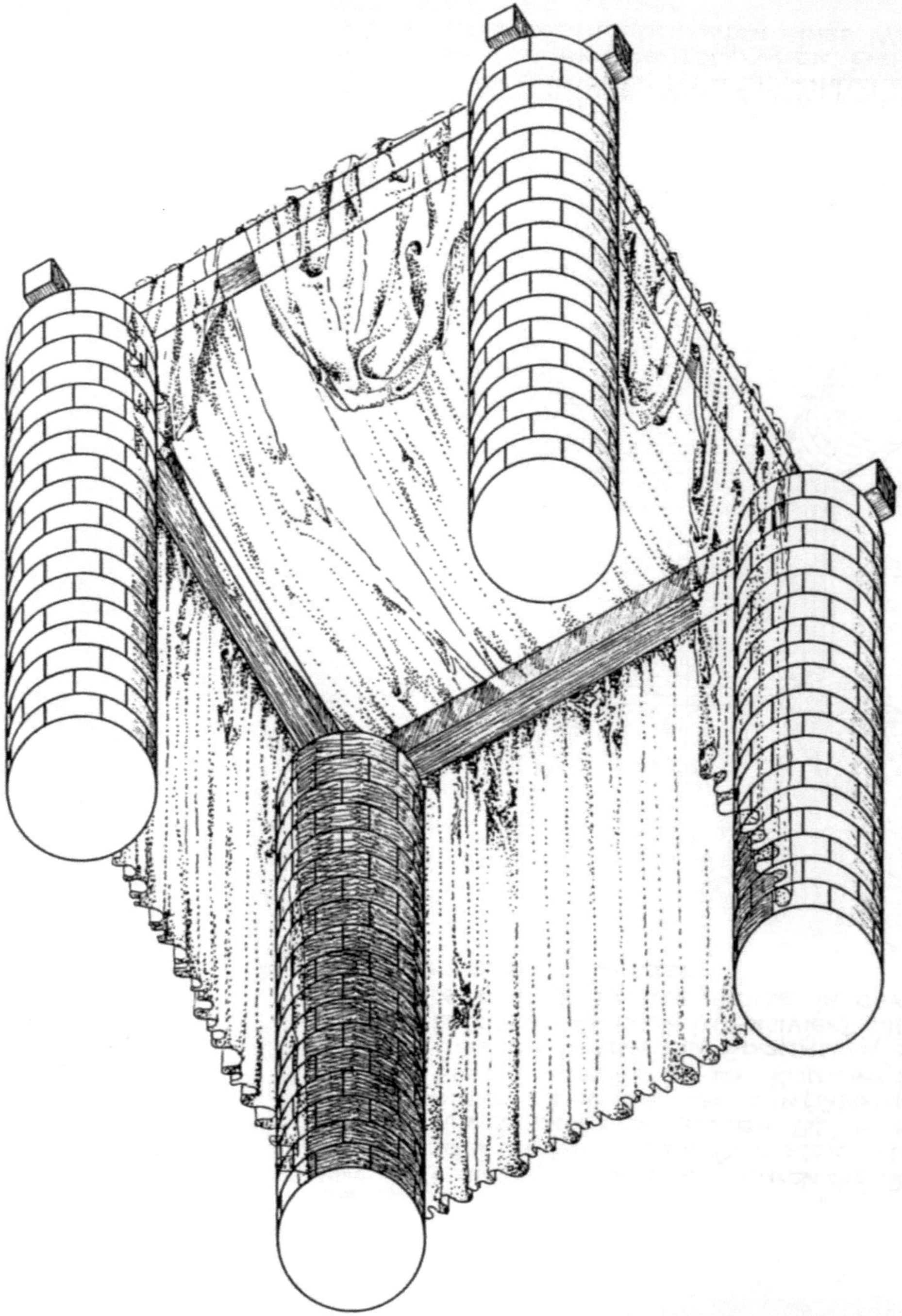

Strukturen, Kombinationen — Achsen im Raum — O.307

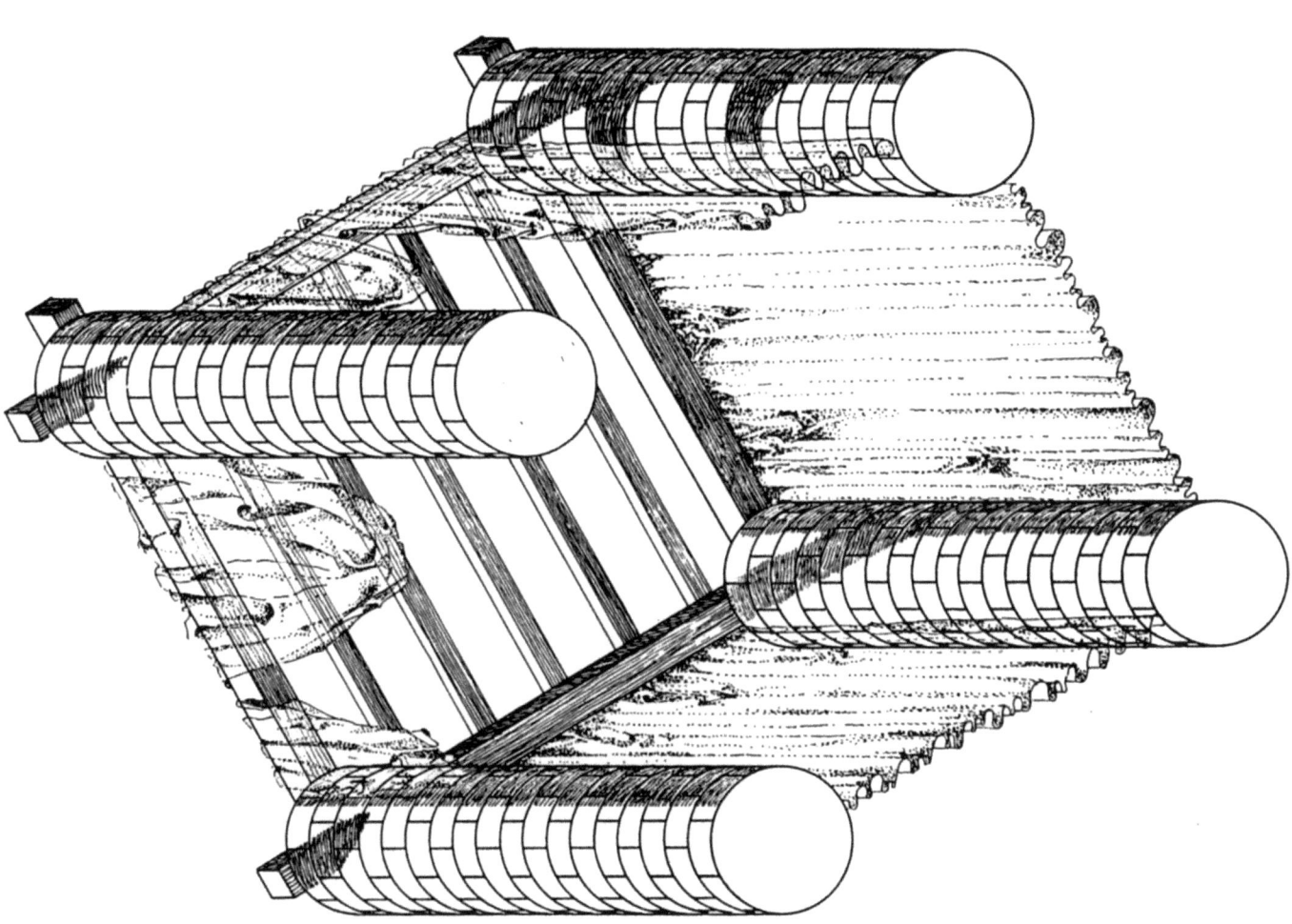

Kombinationen - Achsen

Stütze - Balken - Ausfachung

Stütze: trotz Stabelement als Massenbauteil (Verhältnis Höhe zur Breite.)

Balken: Linienträger als parallele Balkenlage.

Ausfachung: transparent, leicht, nichttragend (keine Schutzwirkung als Wand.)

O.410 Der Würfel — Modulare Teilung

Modulare Teilung des Würfels

Die Masse ist in regelmässige kleinteilige Masseuteile teilbar. Aus diesen modularen Bausteinen sind bei gegebener allgemeiner Passung, die verschiedensten Raumelemente bzw konstruktiven Bauteile herstellbar.

Rahmen = Stütze-Balken-Verbundsystem

Füllungen = tragend, aussteifend.

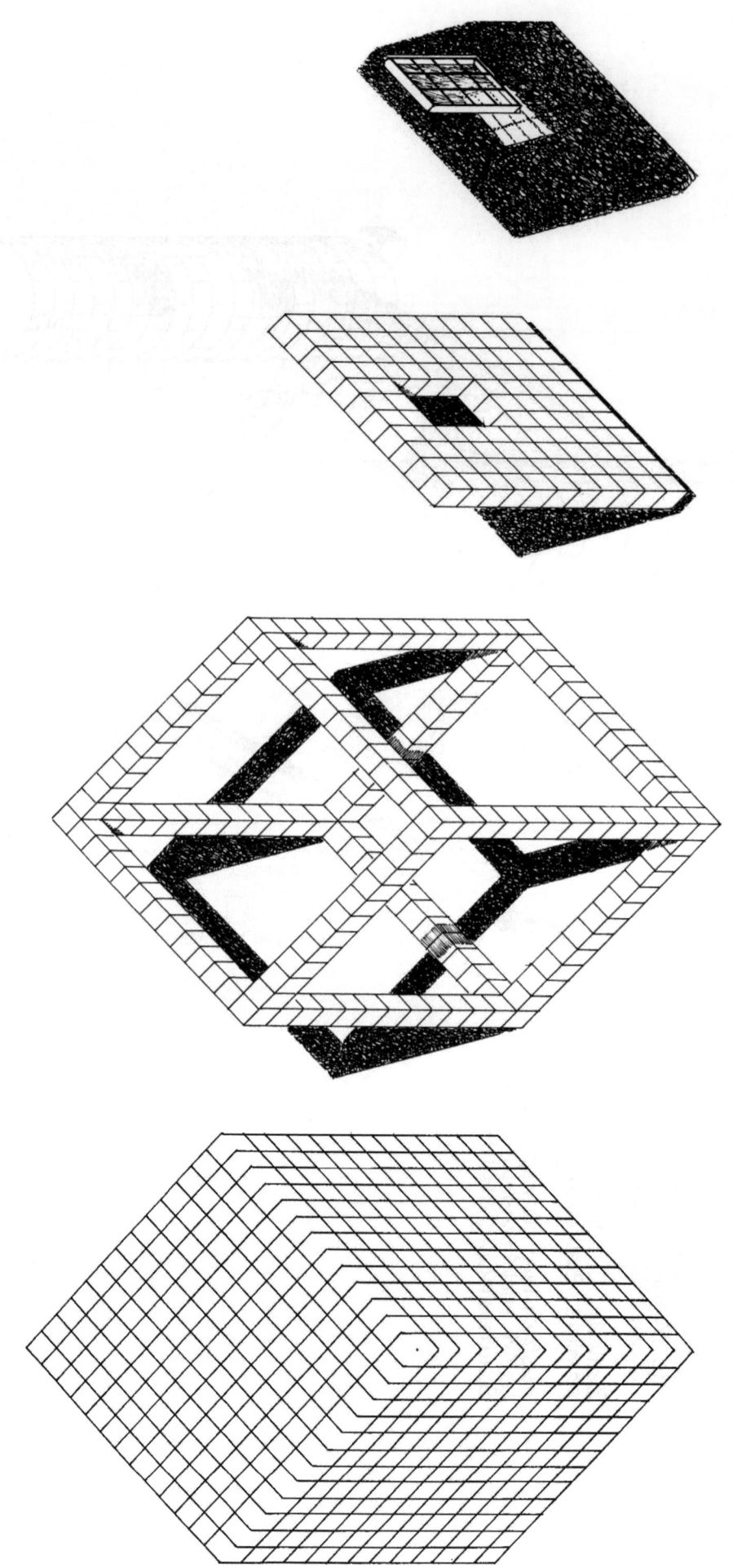

Das Quadrat

Zusammenhang Diagonale und Halbierung der Seitenlänge

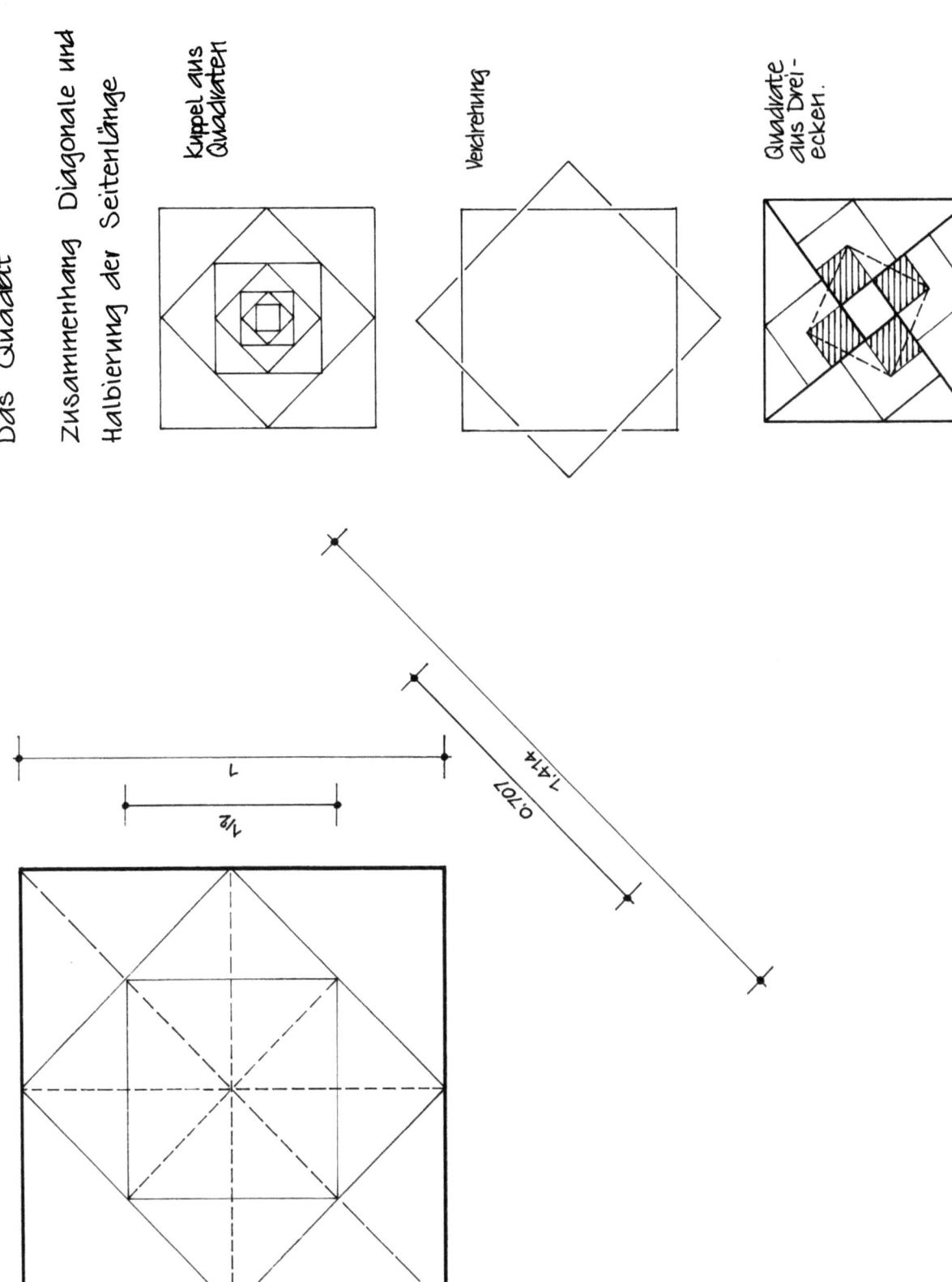

Kuppel aus Quadraten

Verdrehung

Quadrate aus Dreiecken.

Aussteifung des Würfels

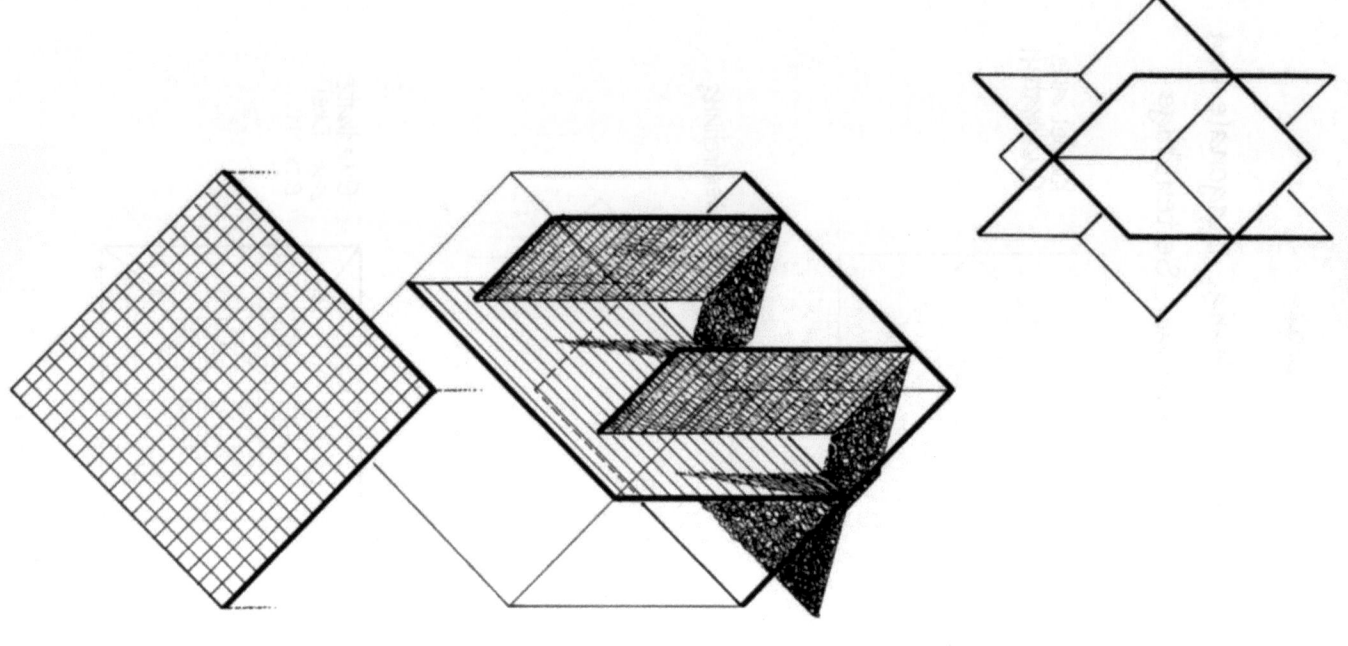

Aussteifung des Würfels

Alle hohlen Körper müssen in den drei Hauptrichtungen (x,y,z) ausgesteift sein, um eine Seitenstabilität zu erreichen. (Siehe dazu auch Tragwerkslehre - Stabilitätsprobleme.)

Die Aussteifung wird dadurch erreicht, dass in zwei meist zueinander rechtwinkeligen, lotrechten Ebenen steife Scheiben angeordnet werden. Die steifen Scheiben können aus Wandscheiben (vollflächige massive Bauteile) in Ausnahmen (geringe Höhe) aus Rahmentragwerken, oder aus diagonal versteiften Stabtragwerken bestehen.

Je weiter der Schnittwinkel der Scheiben von 90° abweicht desto weicher wird der Körper Richtung des stumpfen Winkels.

Die Scheiben sollten sich tatsächlich schneiden, da in dieser Form eine zusätzliche Biegung in der dritten, der Horizontalscheibe entfallen kann; dies ist aber keine unbedingte Forderung.

Zu den beiden lotrechten Scheiben wird ausserdem noch eine Horizontalscheibe notwendig, die fest miteinander verbunden sind. (Deckenscheibe)

Räumliche Bildung des Würfels aus konstruktiven Elementen
Der Würfel — O.4211

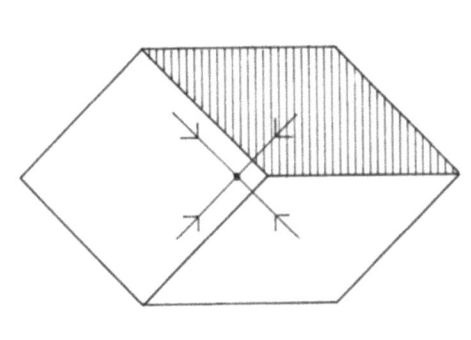

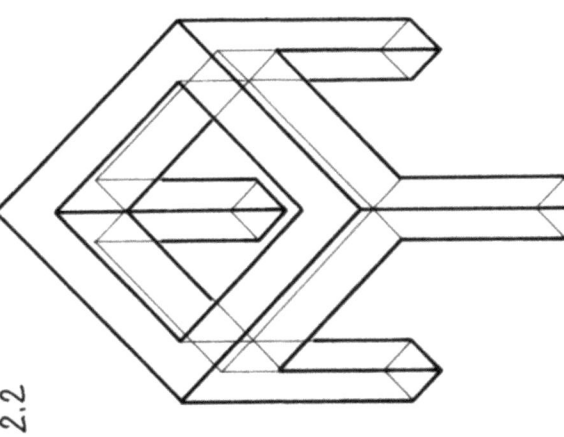

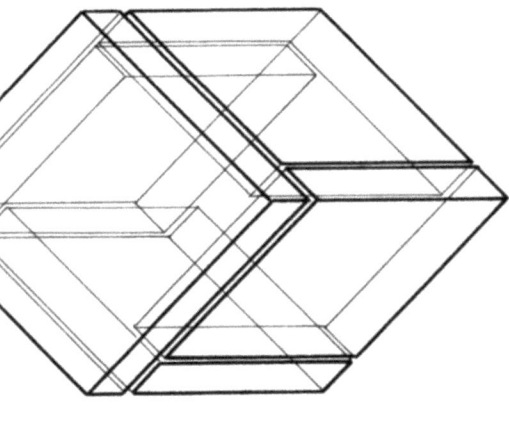

2.1

2.2

Darstellung des Würfels aus konstruktiven Elementen

1. Die sechs quadratischen Begrenzungsflächen

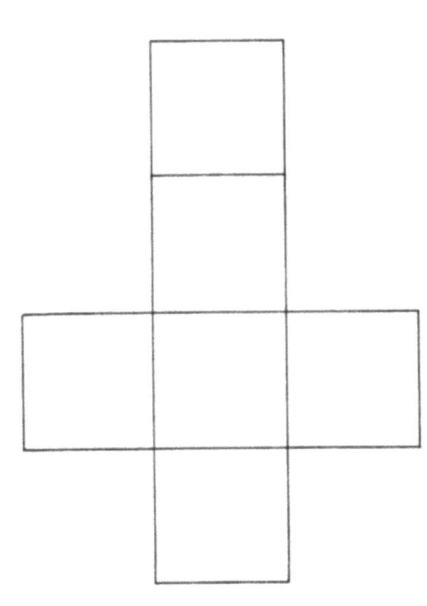

2.1 Vier massive Wände und eine massive Deckenplatte – Wandkonstruktion
Kennzeichen: Wandfläche überwiegt, Öffnungen sind im Rahmen der materialbedingten Gegebenheiten möglich.
(Material: Mauersteine, Beton, Lehm, Holz)

2.2 Vier Stützen an den Raumecken tragen vier Balken, die jeweils zwei Stützen horizontal verbinden.
Kennzeichen: die Masse der tragenden Konstruktion ist klein gegenüber der des verbleibenden Raumes – die Wand besteht aus der Öffnung (Material: Beton, Holz, Metall)

O.4212 Der Würfel — Räumliche Bildung des Würfels aus konstruktiven Elementen

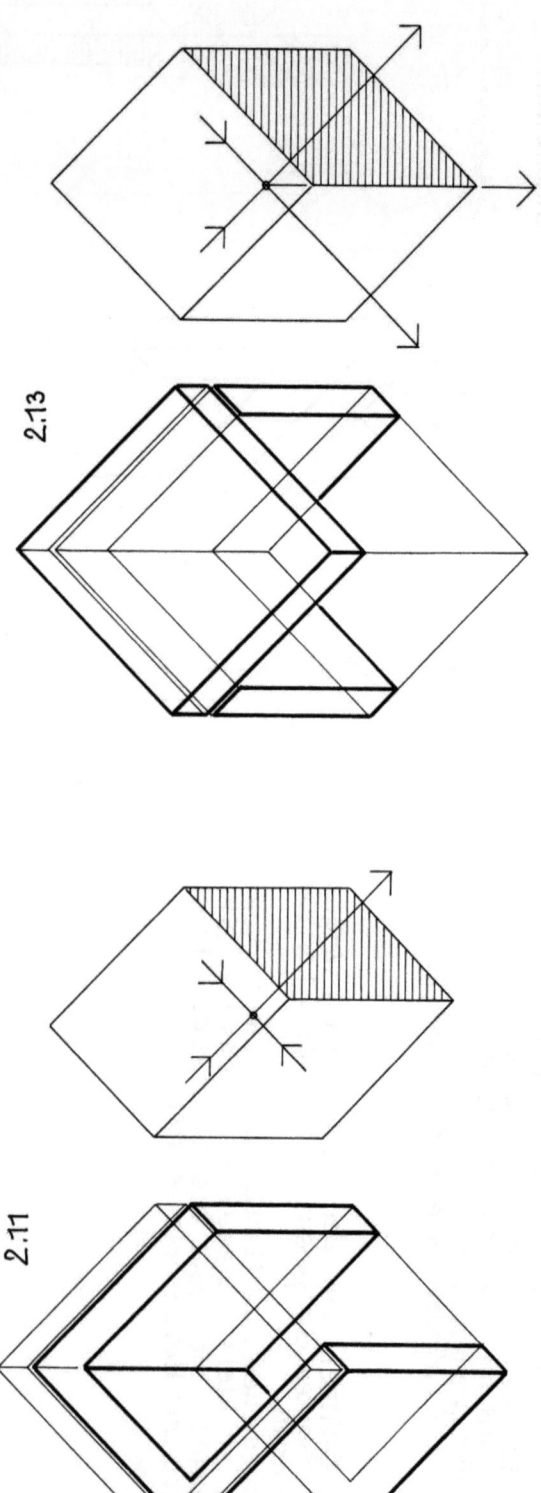
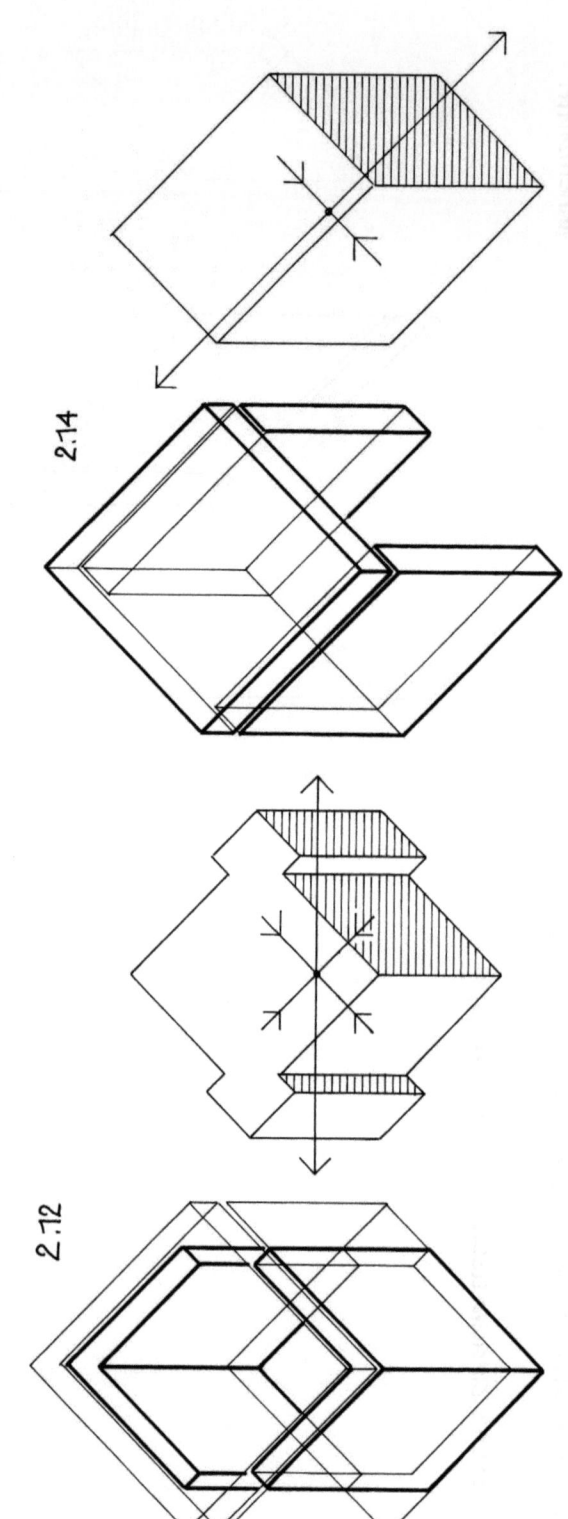

Räumliche Bildung durch Wände – Wechselbeziehung Öffnung und Wand

Räumliche Bildung des Würfels aus konstruktiven Elementen — Der Würfel — O.4213

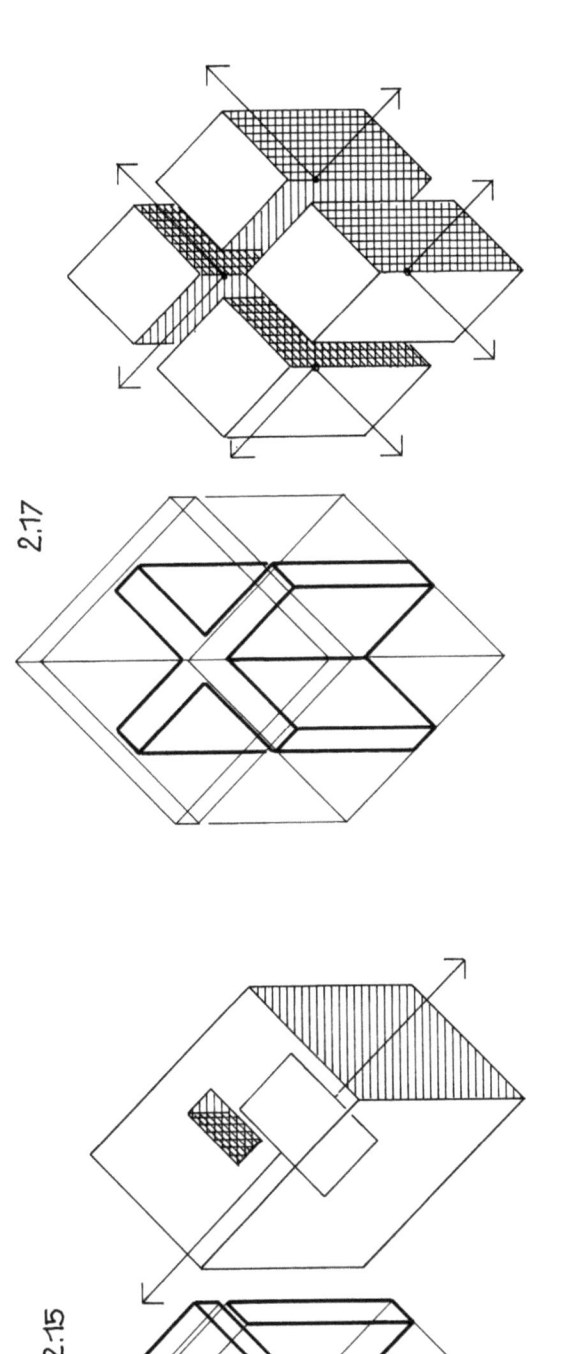
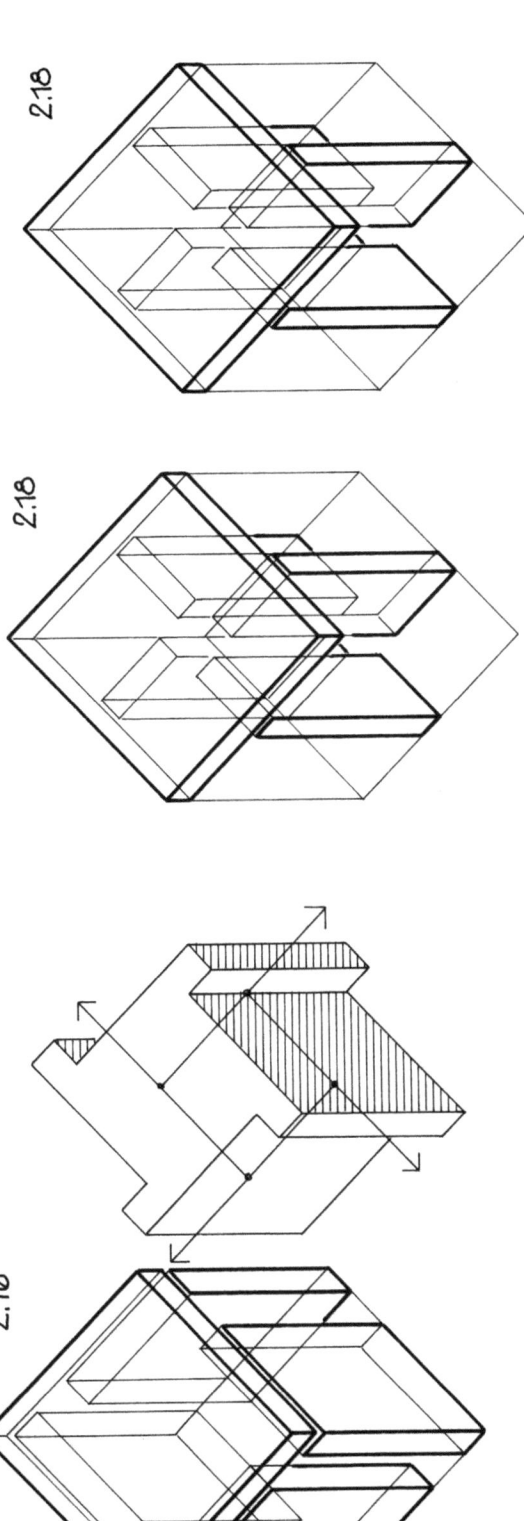

2.11 Drei Wände sind u-förmig zusammengefügt, sodass sie sich gegenseitig abstützen; eine zusätzliche aussteifende Wirkung durch eine Deckenplatte ist nicht erforderlich.
Die freien Wandenden sind nur dann unbedenklich, wenn die Wand aus Beton besteht. Gemauerte Wände müssen entweder so dick sein, dass sie nicht kippen können, oder bedürfen einer zusätzlichen Aussteifung. (Kurze Wandscheiben)

2.12 Zwei winkelförmige Wandstücke, die sich gegenseitig aussteifen. Ausgesprochen diagonale Raumorientierung. Sonst wie in 2.11 beschrieben.

2.13 Zwei sich berührende Wandscheiben und die Deckenplatte steifen sich gegenseitig aus. Das freie Ende der Deckenplatte ist biegeweich und für die freien Enden der Wandscheiben gilt dasselbe wie bei 2.11.

2.14 Zwei gegenüberliegende Wandscheiben werden durch die Deckenscheibe verbunden. Gegen horizontale Kräfte nur dann genügend ausgesteift, wenn die Wände entweder ausreichend dick (und schwer) sind oder mit der Deckenplatte eine Rahmenwirkung bilden - nur in Stahlbeton möglich.

2.15 Wie 2.14 jedoch mit einer querstehenden Zwischenwand, die über eine biegesteife Deckenplatte zur Aussteifung beiträgt.

2.16 Pfeilring aus Wandscheiben und einer biegesteifen Deckenplatte ergibt ein ausgesteiftes System.

2.17 Kreuz aus Wandscheiben - Teilung des Raumes in vier nicht zusammenhängende Räume. (Viermal der Fall 2.13)

2.18 Pfeilring aus Wandscheiben, die nicht an der Raumgrenze liegen. Nicht so gut ausgesteift wie 2.17 aber mit erhaltenem, räumlichen Zusammenhang.

Die räumliche Orientierung - Öffnung (Aus- und Einblick) und Abschluss durch die Wand (Abprallen, Sicherheit - Geborgenheit) ist durch Pfeile angegeben.

Räumliche Bildung durch Stützen und Balken

Wechselbeziehung zwischen Stützenstellung und Raumöffnung.

2.21 enge Stützenstellung – dünne Stützen, die entweder im FB. oder horizontalen Balken eingespannt sein können (Rahmenwirkung – Aussteifung gegen horizontale Belastungen.)
In der Schrägansicht schliesst sich die Wand, im senkrechten Durchblick öffnet sie sich.

2.22 weite Stützenstellung, wobei die Ecken frei bleiben (Eck-Konflikt). Ecken der Balken können etwas biegeweich werden, wenn die Auskragung zu gross wird.

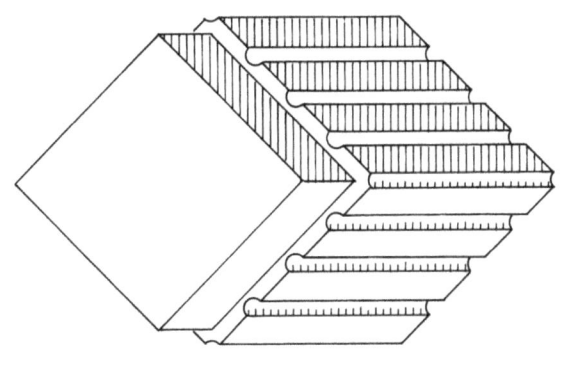

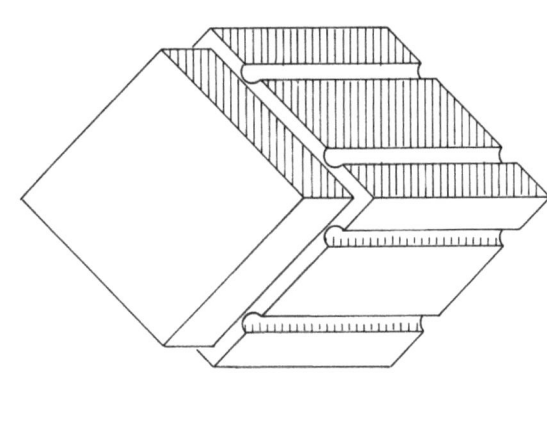

2.21
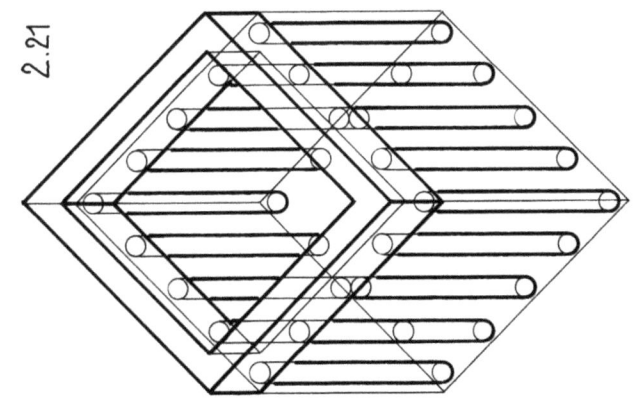

2.22
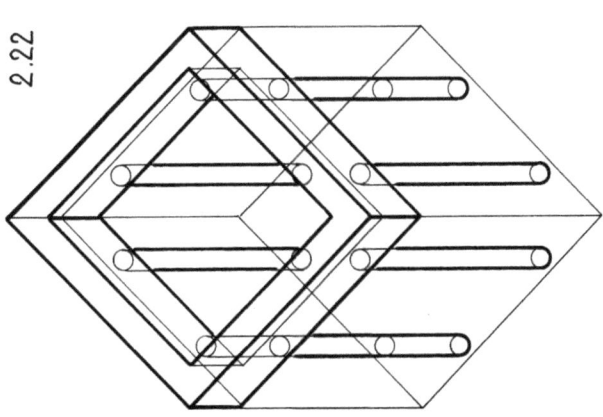

2.23 Schirmkonstruktion - eine Mittelstütze trägt Arme und Balken.
Die Kragarme werden konstruktiv besser über die Diagonale angeordnet - stabilere Schirmkonstruktion.
Die Mittelstütze muss zur Aussteifung im FB. eingespannt sein.
Maximum an Öffnung des Raumes.

2.24 Vier Stützen in Seitenmitte, der Raum wird offener, als bei dem Grundtypus 2.2. Es entsteht ein Raumfeld im unter 45° verdrehten, eingeschriebenen Quadrat.
Aussteifung nur bedingt über eine Rahmenwirkung zu erreichen (zu biegeweich!).
Besser ist es die Stützen im FB. einzuspannen.

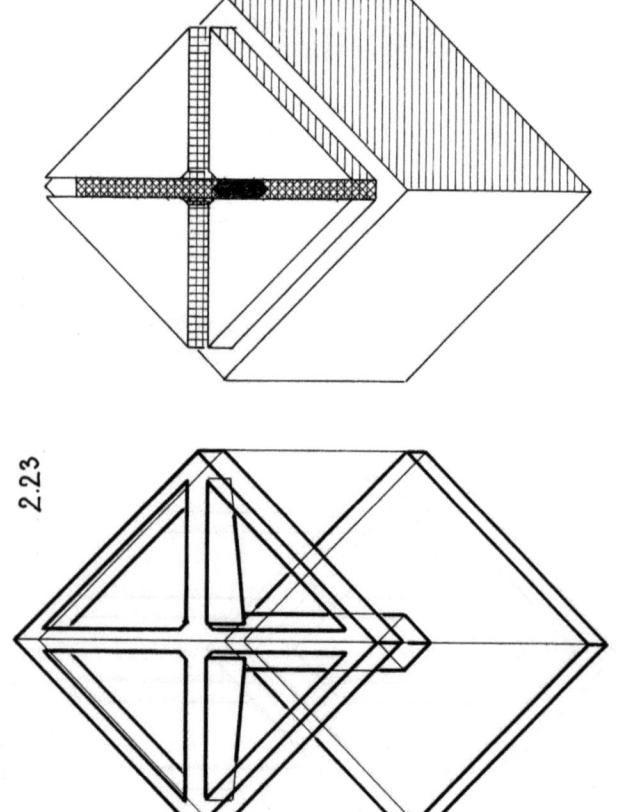

2.23

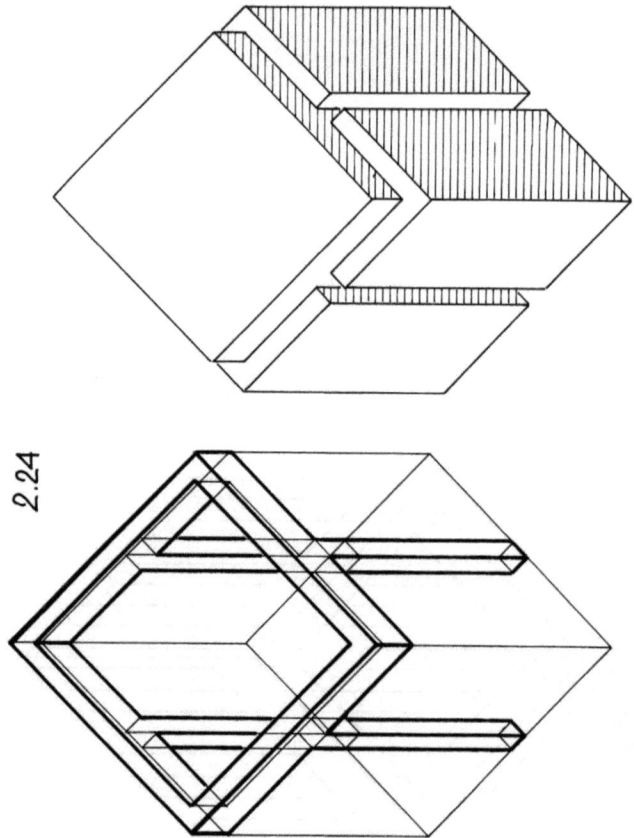

2.24

Räumliche Bildung durch den oberen Abschluss – Dach

Wechselbeziehung zwischen Dachkonstruktion und tragenden Wänden – Raumöffnung.

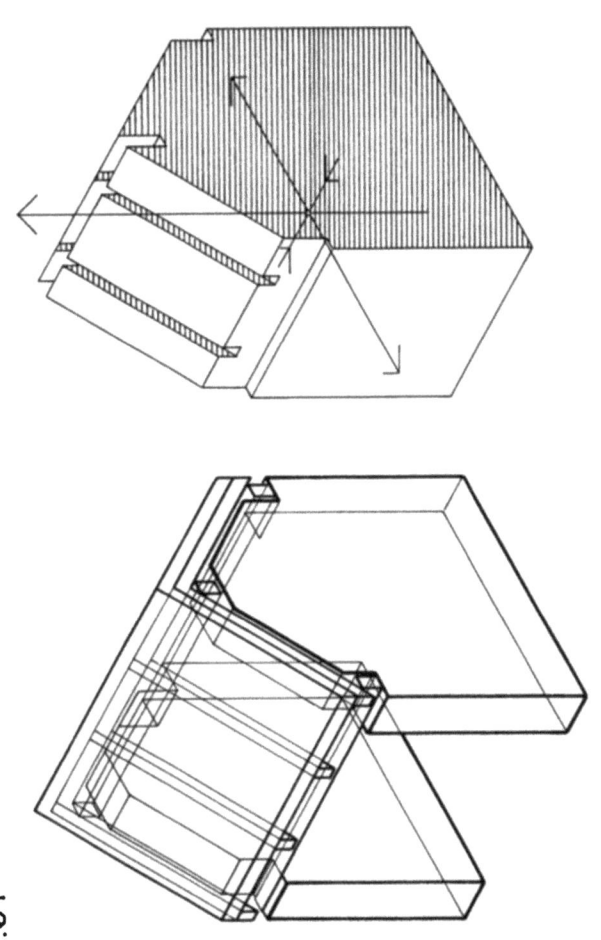

2.31

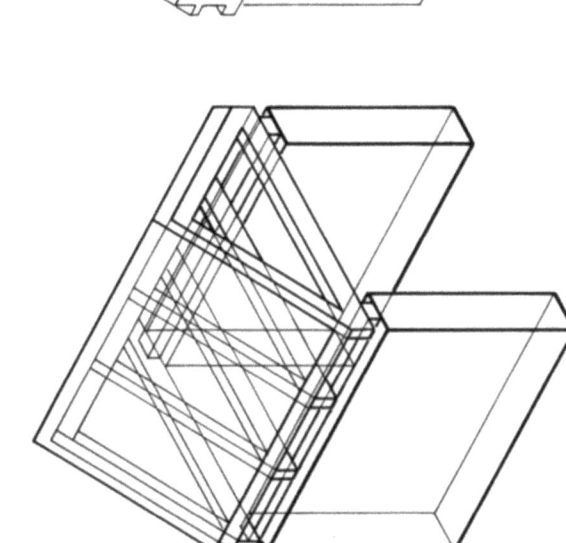

2.32

2.31 Pfettendachstuhl -tragende Scheiben für die "Dachbrücken", die Pfetten, parallel zu den Giebelseiten; daher Öffnung der Traufseiten möglich. Siehe dazu auch Kapitel Dachstühle und auch "Hochbaukonstruktionen, Band III A-1- Dachdeckungen.

2.32 Sparrendachstuhl -tragende Scheiben für die Bundträger, die Gespärre, an den traufseitigen Wänden und parallel dazu. Daraus ergeben sich offene Giebelseiten

O.4222 — Der Würfel — Räumliche Bildung des Würfels durch den oberen Abschluß, Dach

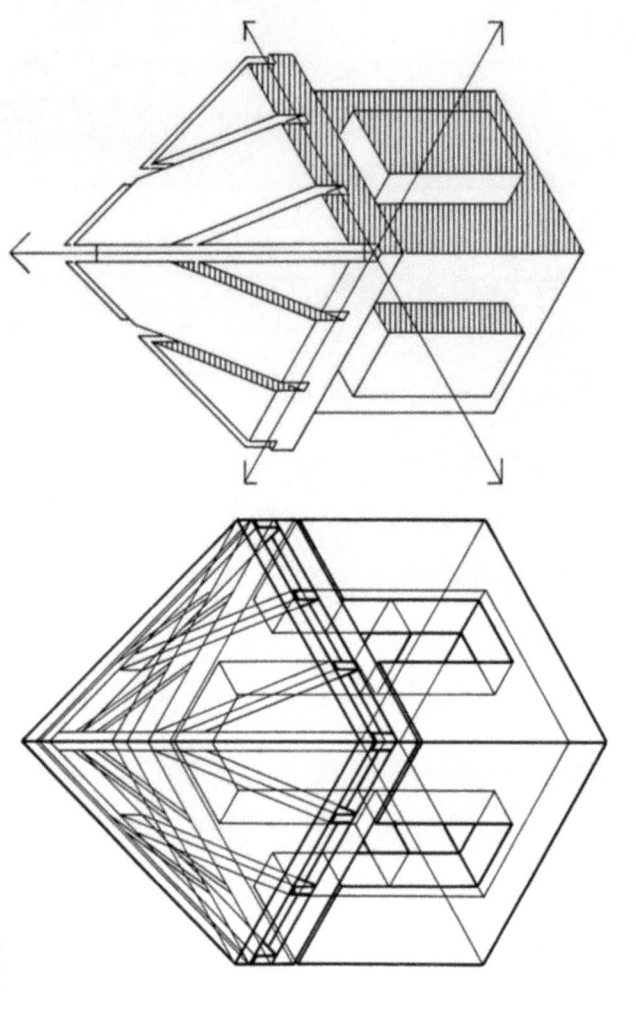

2.33

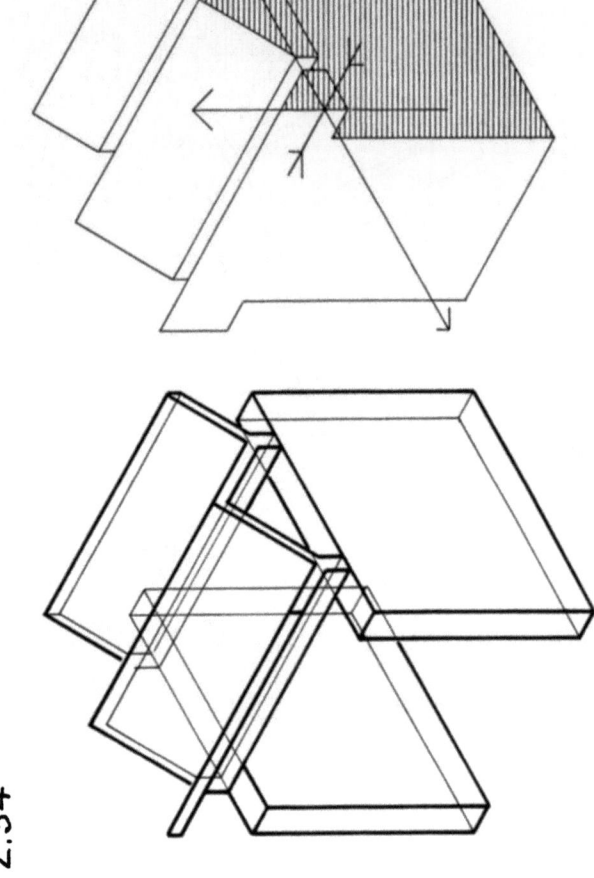

2.34

Räumliche Bildung durch den oberen Abschluss - Dach.

Die Beispiele dieser Seite sind Übergän zu Tragstrukturen aus tragenden Fläcl

2.33 Zeltdach über einem quadratisc Grundriss. Alle vier Aussenscheiben den zur Ableitung der Vertikalkräft nötigt. Zusätzlich tritt ein horizont: schub nach aussen auf (Sparrer wirkung), der durch einen Ringan! aufgefangen werden muss; daher € zur Unterstützung auch Mauerpfeile Lich - teilweise Öffnung der Wand.
Alternativ:
Mittelstütze, dann Wirkung wie das Prettendach, daher kein horizonta schub.

2.34 Faltwerk - tragende Fläche (Siehe dazu Band I Tragwerke).
tragende Scheiben sind quer zur Faltung erforderlich, eine Unterstützung der Falten, jedoch falsch Daraus ergibt sich eine grosszügig Raumöffnung.

Der Würfel — Räumliche Bildung des Würfels durch den oberen Abschluß, Wölbung

O.4223

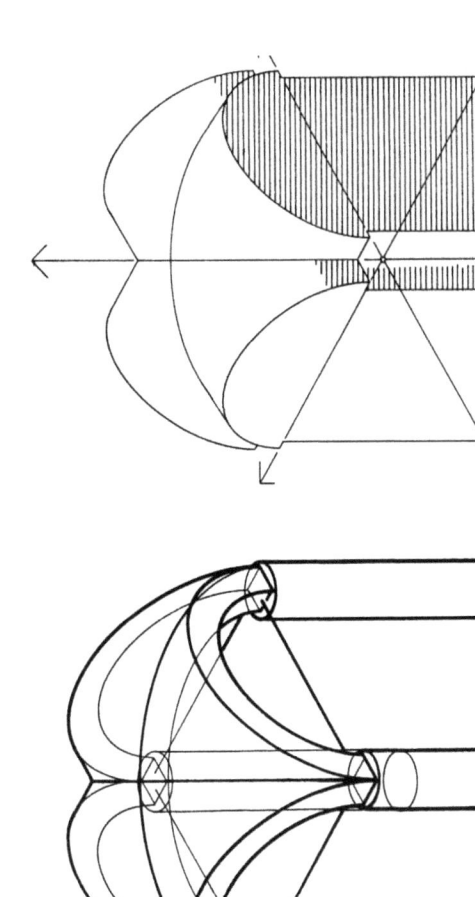

Räumliche Bildung durch den oberen Abschluss — Wölbung

2.41 Wölbung als Tonnengewölbe, seitliche tragende Wandscheiben erforderlich. Wegen des Gewölbeschubes entweder Masse oder Zugstäbe vorsehen.

2.42 Klostergewölbe – Tonnengewölbereste sich kreuzender Tonnen. Allseitige Unterstützung erforderlich. Entweder muss wieder ein massiger Bauteil – dicke Wand – oder ein am Fusspunkt eingefügter Zugstab den Horizontalschub aus dem Gewölbe aufnehmen.

2.43 Kreuzgewölbe – wie 2.42, jedoch die anderen Tonneurflächen. Tragweise und Öffnungsmöglichkeit wie bei 2.42. Während Beispiel 2.42 eher dem Abschluss von Einzelräumen diente, lässt sich Beispiel 2.43 beliebig orthogonal additiv aneinanderreihen. (Aneinanderliegende, sich kreuzende Scharen von Tonnengewölben.)

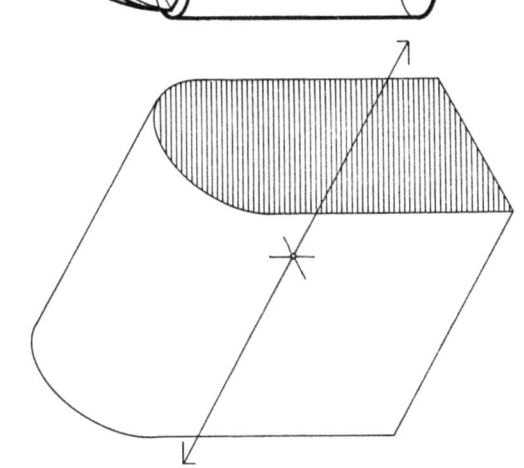

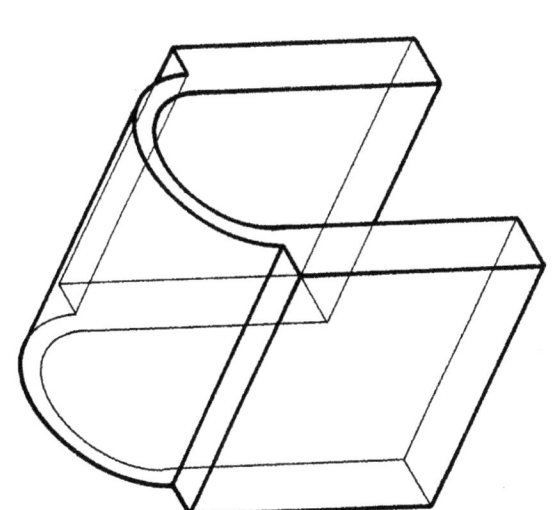

O.4224 Der Würfel — Räumliche Bildung des Würfels durch den oberen Abschluß, Wölbung

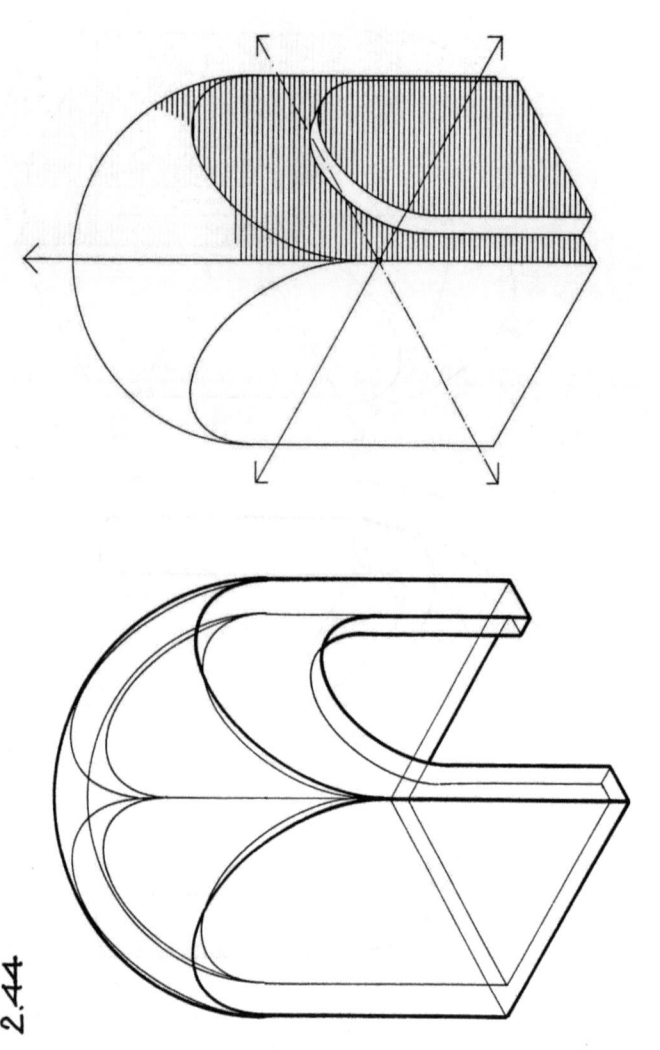

2.44

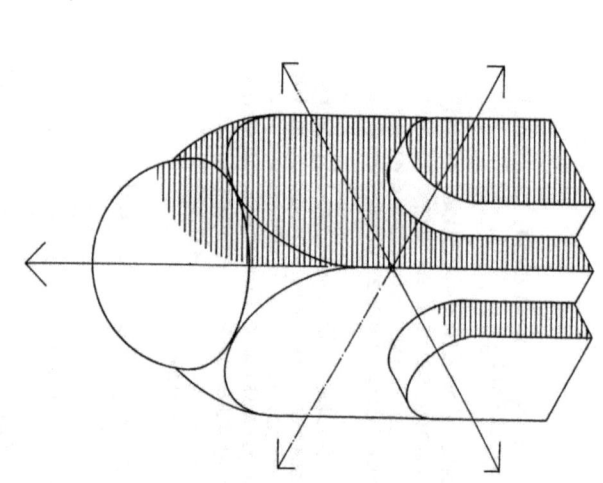

2.46

Räumliche Bildung durch den oberen Abschluss - Wölbung

2.44 Kuppel - Ausschnitt aus einer Halbkugel. Die allseitige Unterstützung ist nicht erforderlich - mit Zugbändern ausgestattet, ist eine Ausbildung wie bei 2.43 möglich.

2.45 Weiterentwicklung von 2.44 bestehend aus vier Kuppelrestflächen - sphärische Dreiecke oder Pendentifs - mit einer Halbkugel. Das klassische Beispiel einer Kuppel über quadratischem Grundriss. Statt der Aussenwände sind auch Gurtbögen auf Pfeilern möglich - Gewölbeschub berücksichtigen.

2.46 Flachkuppel - Übergang zur Schale bzw. zur flachen Decke. Geringe Konstruktionshöhe, dafür grosser Gewölbeschub.

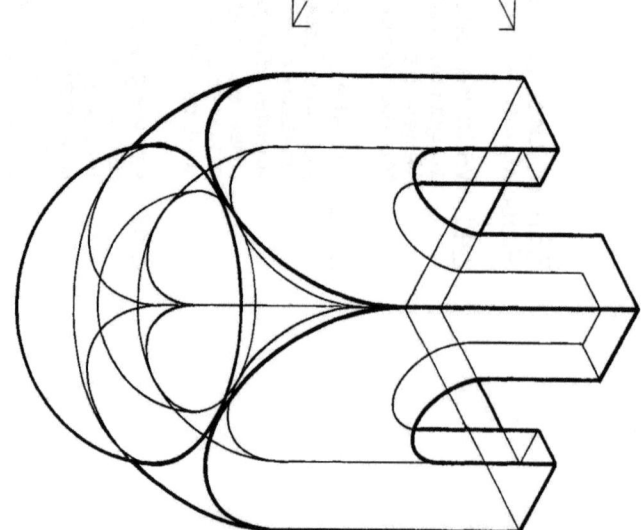

2.45

Der Würfel — O.4225

Räumliche Bildung des Würfels durch den oberen Abschluß, Schalen

Räumliche Bildung durch den oberen Abschluss – tragende Flächen – Schalen.

Zum Unterschied der vorangegangenen Beispiele sind hier sehr dünne Bauglieder möglich.

2.51 Tonnenschale – nicht zu verwechseln mit dem Tonnengewölbe! Endscheibe oder Wand erforderlich – keine Unterstützung am Fuss der Rundung. Wirkt wie Träger, siehe dazu Band I Tragwerke.

2.52 HP-Schale – doppelt gekrümmte Fläche in der Tragwirkung ähnlich dem Beispiel 2.51.

2.53 Sattelfläche – anderer Ausschnitt aus der Fläche vom Beispiel 2.52. Bei entsprechender Ausführung sind nur mehr zwei Stützen und ev. Zugbänder erforderlich.

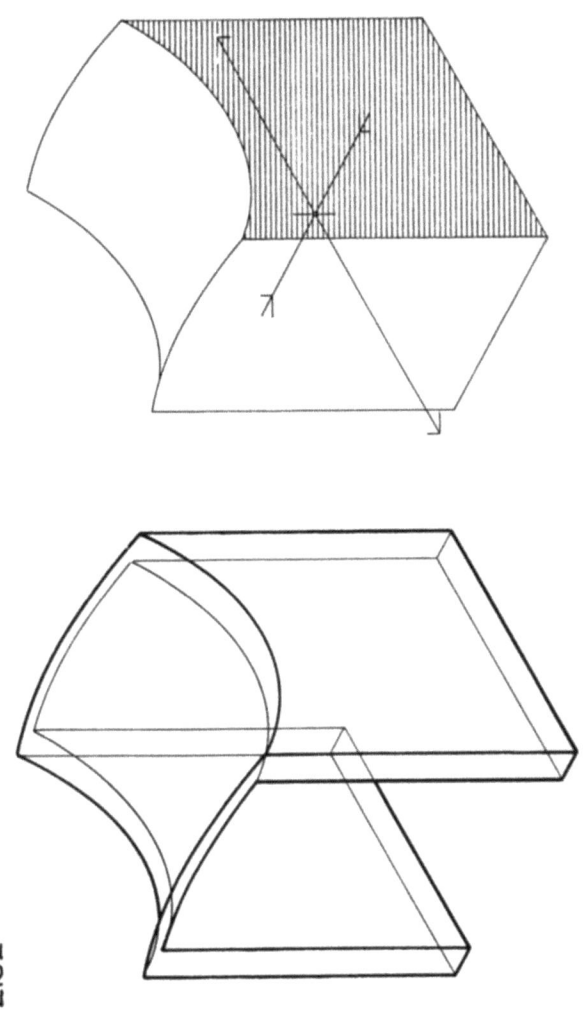

2.52

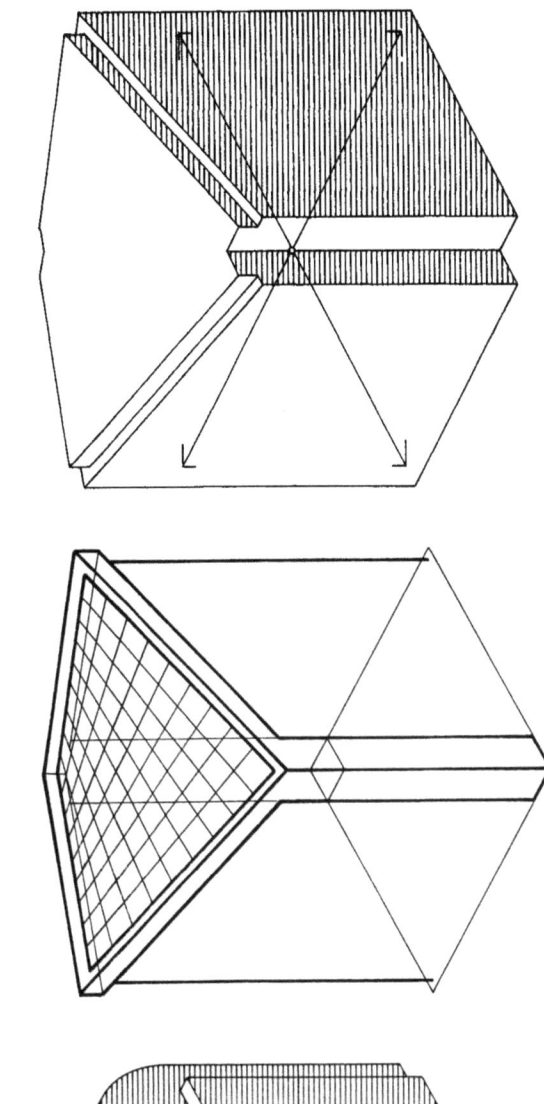

2.53

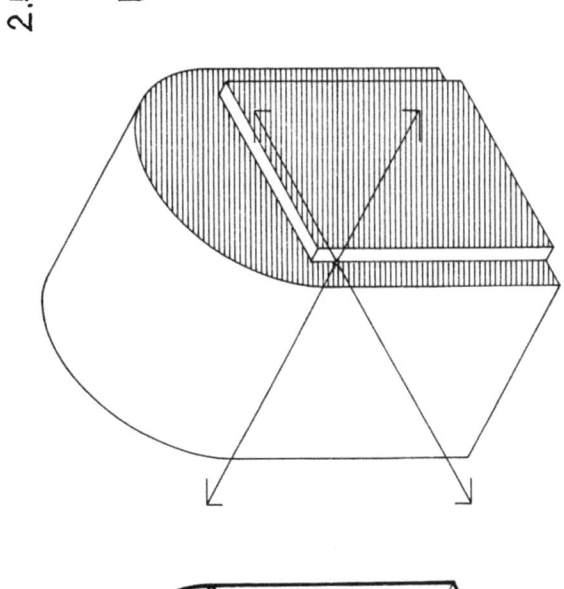

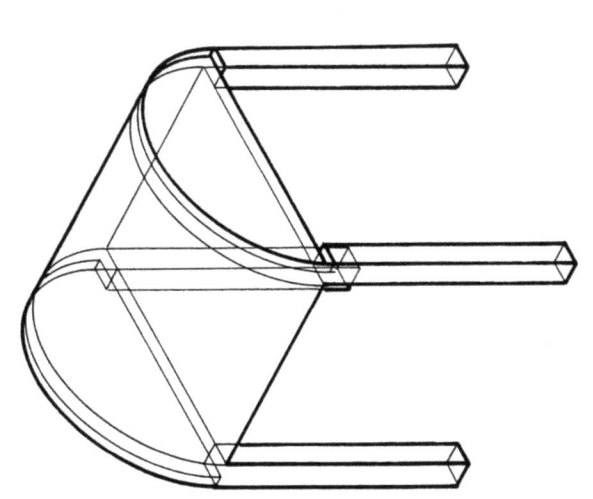

2.51

O.50 Geneigte Flächen — Allgemein

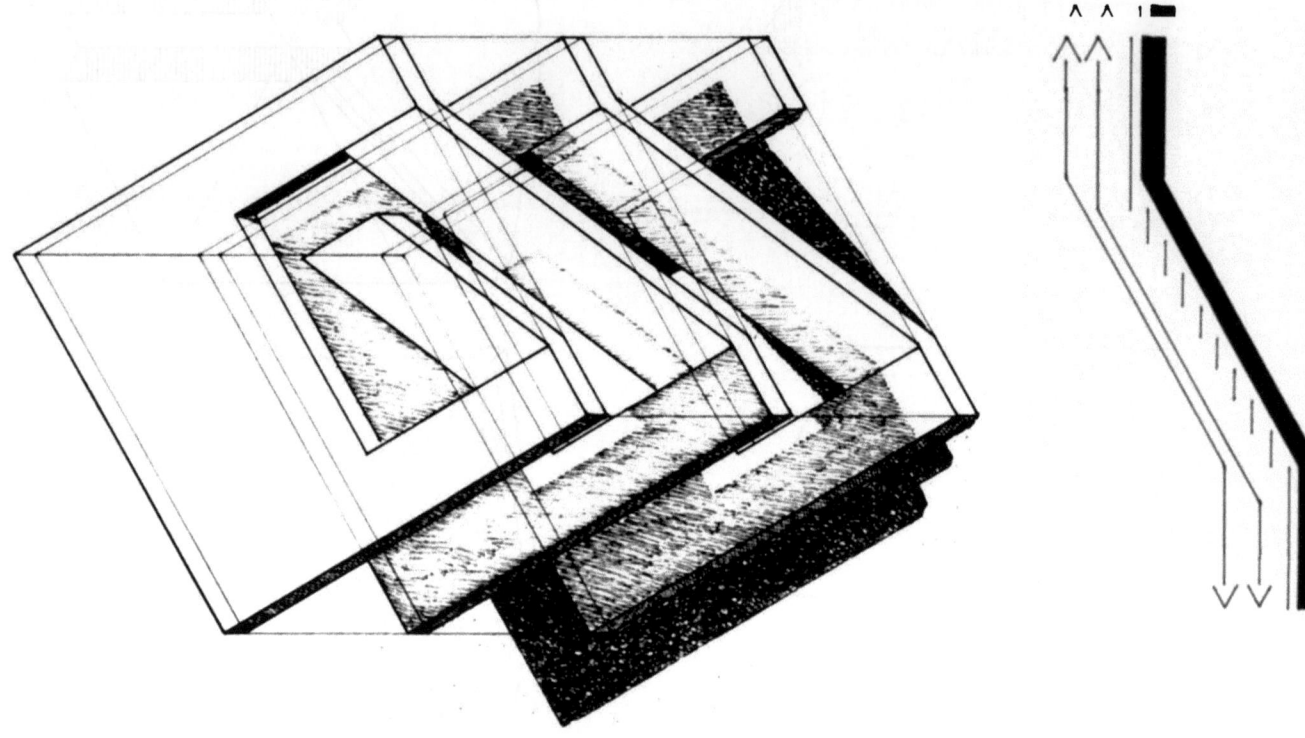

Geneigte Flächen

sind Verbindungen von horizontalen Flächen, die in verschiedenen Höhen liegen (Treppen oder Rampen), dienen also der Überwindung von Höhenunterschieden.

Über Treppen und Rampen schreitet oder steigt man – nicht nur physisch, sondern auch psychisch. Die Begriffe oben – unten, hinauf – hinab, hinaufblicken – herabblicken u.a.m. machen den Zustand des Seins und der Bewegung deutlich. Sie können Ausdruck der menschlichen Gesellschaft und ihrer Ordnung sein (barocke Schlosstreppe für Staatsraison, Repräsentation und öffentliche Wirksamkeit; Rolltreppe in der U-Bahnstation für Massenverkehr und schnellen Transport bei geringstem Platzbedarf).

› Jede Kultur- und Kunstepoche bringt ihre Leute nach geeigneter Weise die Etage hinauf ‹ (Bayer)

Für den formalen Ausdruck und das Raumerlebnis sind die Treppen von aussergewöhnlicher Bedeutung – vertikale Distanzen und vertikale Bewegungen werden viel intensiver wahrgenommen als horizontale. In der heute üblichen strikten Übereinanderschichtung der Geschosse sind sie die einzigen wahrnehmbaren vertikalen Durchdringungen.

Die Ausbildung der geneigten Flächen ist der der horizontalen gleich. Das untere Geschoss greift über die Treppe oder Rampe in das darüberliegende und umgekehrt. Oberflächen (Gehbelag und Untersicht) hängen über die geneigten Flächen zusammen.

Die sichere Begehbarkeit (die Stufen für die Füsse und Handlauf bzw Geländer für die Hand) stellt gleichwertig neben den formalen und konstruktiven Forderungen.

Weitere Angaben sind dem Band 3 Treppen der Reihe Hochbau-Konstruktionen zu entnehmen.

Treppen   Geneigte Flächen   **O.51**

Geneigte Flächen – Treppen

Die erste Treppe war wohl die „Leiter" aus einem Baum – später die Leiter mit zwei Holmen. Der Übergang zwischen Leiter und Treppe ist fliessend, dem wegen der leichteren Begehbarkeit und grösseren Sicherheit löst sich die geneigte Fläche in eine Vielzahl von horizontalen und vertikalen Flächen auf – in die Stufen.

   Auftritt   = horizontale Fläche
   Steigung = vertikale Fläche
   Holztreppe = Stufen sind die veredelten Sprossen der urtümlichen Leiter. Holztreppen überwinden nach dem „Brückenprinzip" des Balkens die Spannweite.

Bei der Massivtreppe können die Stufen aus der Herstellung, dem schichtenförmigen Aufbau entstanden sein. Massivtreppen früher nur mit dem System der Wölbung über grössere Spannweiten bzw mit dem Prinzip des Auskragens herstellbar, oft auch als Hügel aufgeschichtet.

Treppe Grado

Messnerhof St.Nikolaus/Matrei

O.5110 Geneigte Flächen — Innentreppen

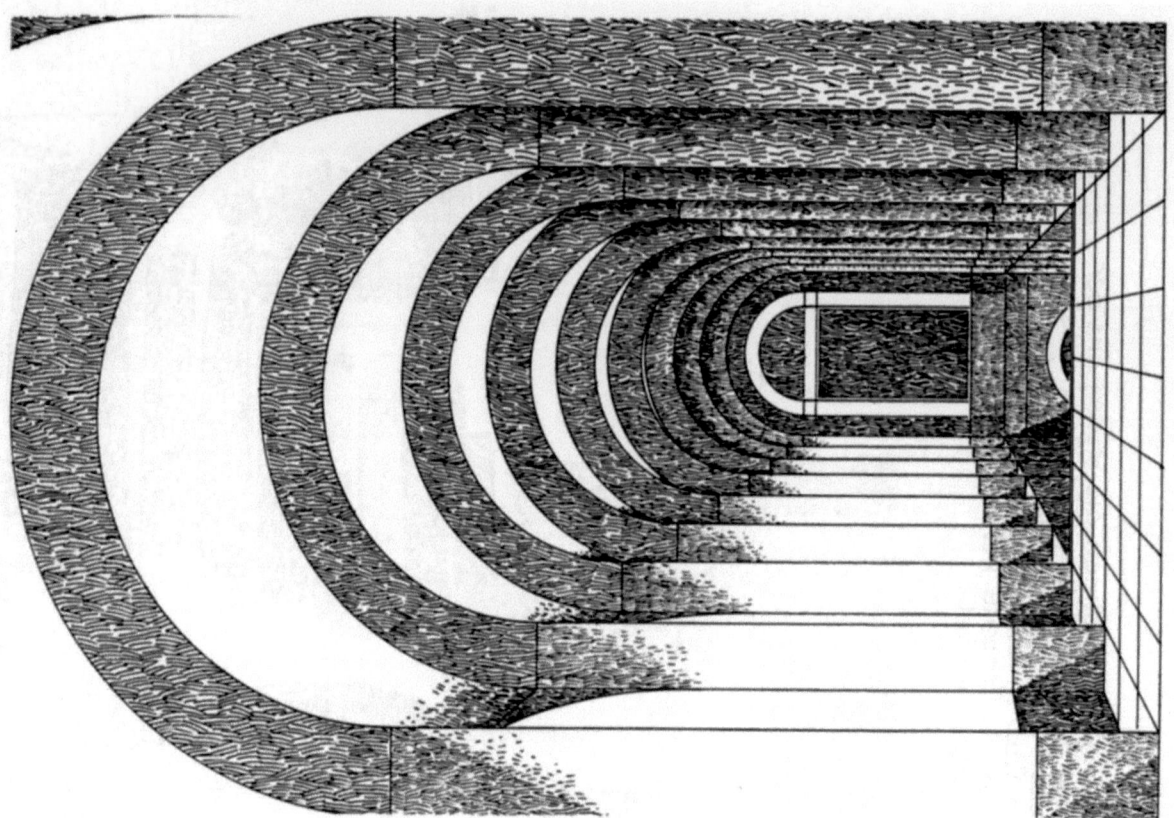

Die Gegenüberstellung der beiden an sich gleichen Situationen - einmal ungeschützte Absturzkante und einmal mit durchsichtiger Brüstung zeigt die Situation des hinunterleitenden Treppenarmes besonders deutlich. (Tiefenwahrnehmung nach James J. Gibson durch Kanten in der Stützebene.)

Treppen

Erscheinungsbild einer Treppe im Raum vom Obergeschoss aus - Phänomen der "Absturzkante"

Innentreppen Geneigte Flächen **O.5111**

klärt. Phänomen der verdeckenden Kante im Zusammenhang mit der Veränderung von Flächen und Kinästhesie. Paradoxie der "Wahrnehmbarkeit" einer unsichtbaren = versteckten Oberfläche.

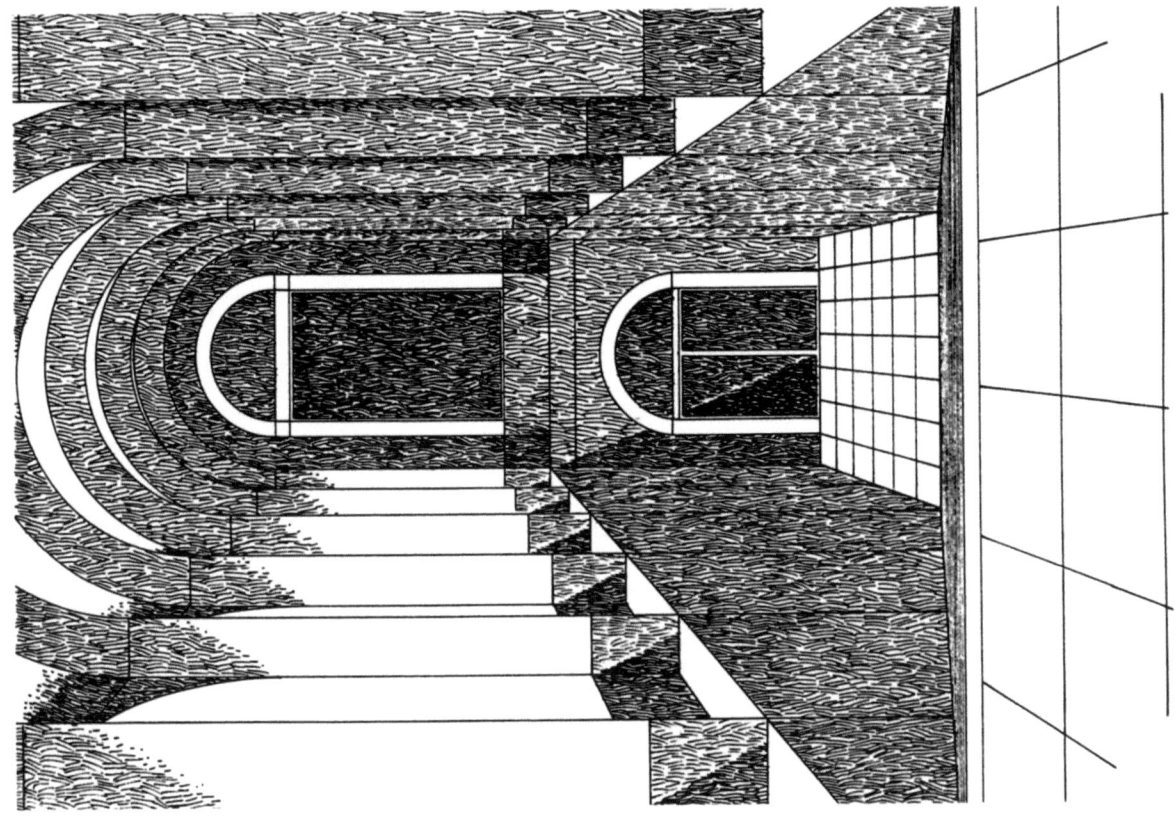

Treppen

Je weiter man sich der Kante nähert desto intensiver wird die Empfindung der Absturzkante, bis dann der Blick auf die schräge Treppenebene fällt und die Situation eindeutig

O.5112 Geneigte Flächen   Innentreppen

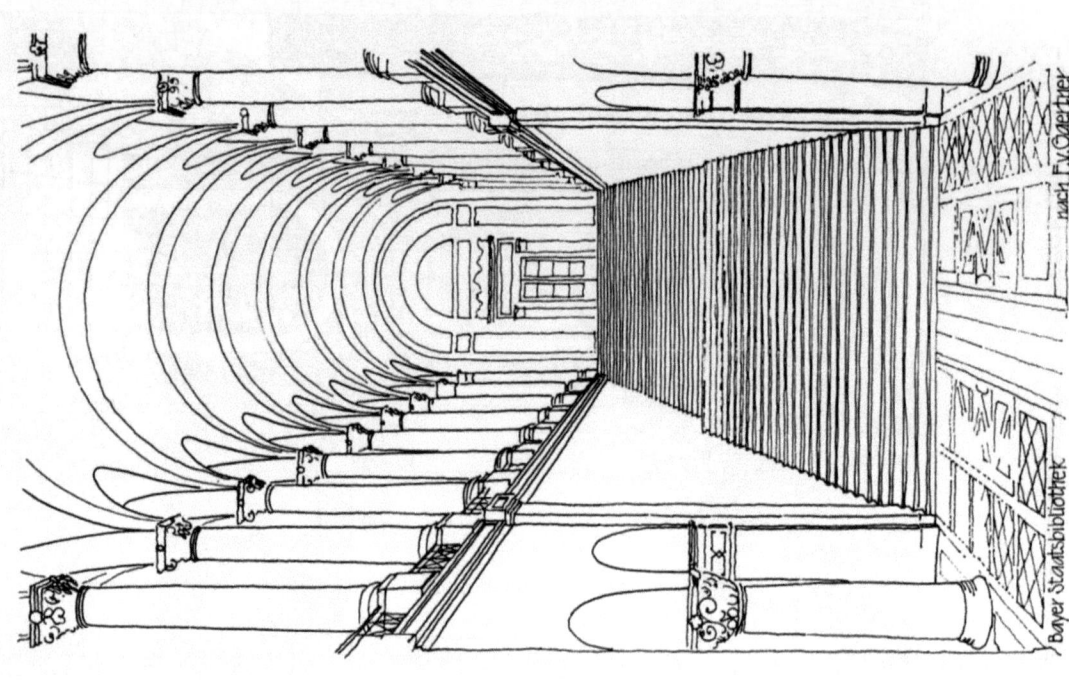

nach F.v.Gärtner
Bayer. Staatsbibliothek

Treppen
Treppenraum der Innentreppe

Lange vor der Definition der Stützebene, der verdeckenden Kante, Kinästhesie und der Fortbewegung in einer „verstellten Umwelt" und weiterer Erkenntnisse der Wahrnehmung waren die Wirkungsinhalte latent den Baumeistern vergangener Epochen geläufig.

Das „Interesse" bei Treppenräumen liegt neben der möglichen vertikalen Bewegung vor allem in der vielfältigen Erfahrbarkeit fester Oberflächen eben nicht nur in horizontaler Ausdehnung, sondern auch in vertikaler.

„Zu jeder Bewegung eines Beobachtungsortes, die vorher nicht verstechte Flächen verstecht, gibt es eine umgekehrte Bewegung, die sie wieder freilegt." (Gibson.)

An dem nebenstehenden Beispiel wird das Nichtvorhandensein (z.B. Fussbodenfläche des Obergeschosses), die versteckte Fläche und die nicht-versteckte Fläche deutlich. Welch ein Drang besteht in uns, die Vorahnungen, die im Hinblick auf das Aussehen der äusseren Wirklichkeit in uns vorhanden sein mögen, bei dem Emporschreiten bestätigt zu sehen.

Die Ereignisse werden für uns im reversiblen Vorgang sichtbar, wie bei der Erkenntnis, dass die Absturzkante eine geneigte Treppenfläche verdeckt, wie es im vorangegangenen Beispiel gezeigt wurde.

Innentreppen Geneigte Flächen **O.5113**

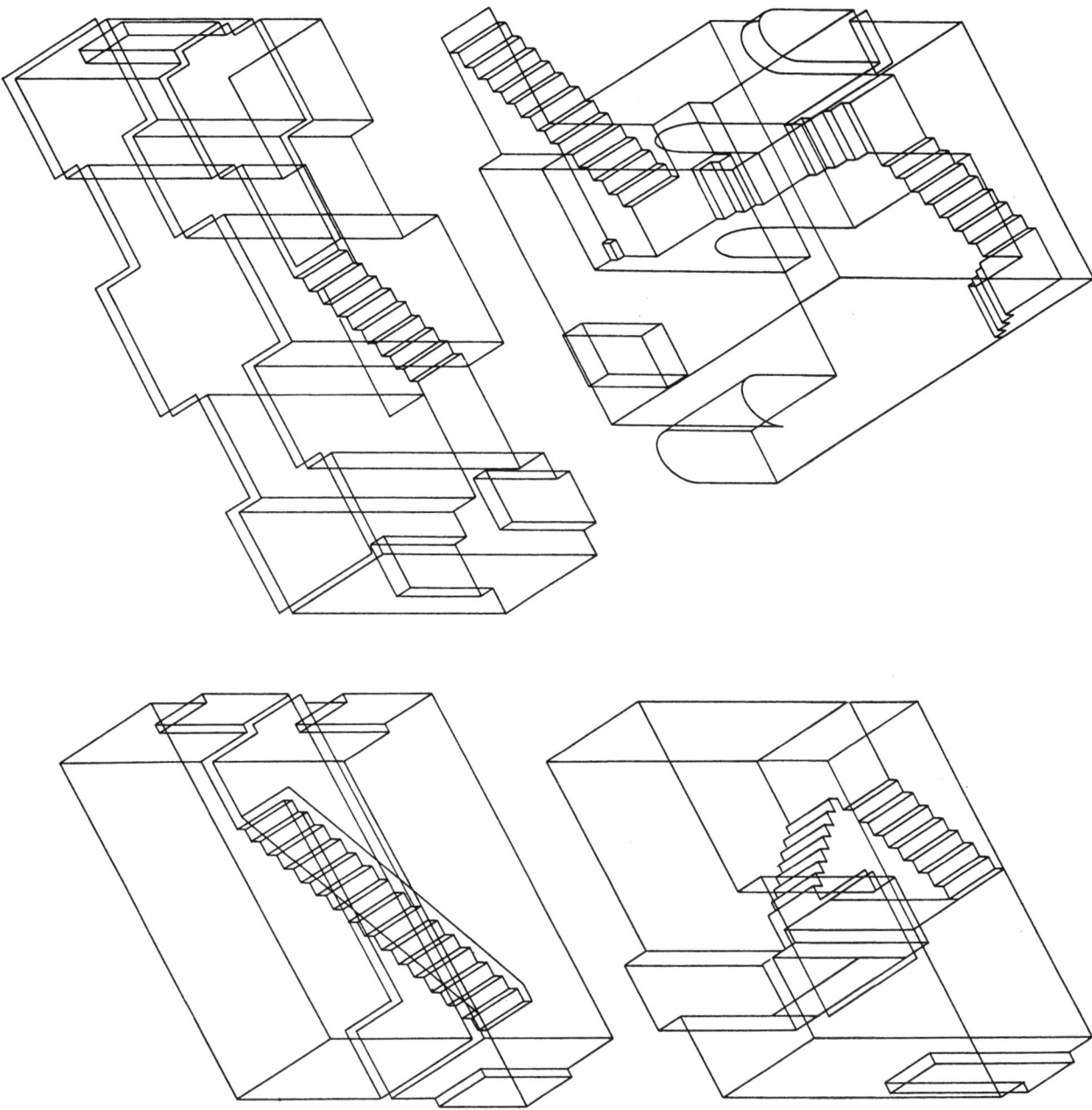

Treppen – Treppenraum Innentreppen

Jede Innentreppe befindet sich in einem Raum, der oft nur für sie konzipiert wurde. Die Raumform soll der Absicht und Aufgabe der Treppe folgen: Raum – Weg – Konzept.

In den Beispielen wird eine Folge von Räumen mit Treppen gezeigt, wobei die Komplexität und allerdings auch die Kubatur steigt.

Treppenräume erschliessen nicht nur die Höhe sondern auch andere Räume.

Die heutige Forderung nach abgeschlossenen Treppenhäusern (Fluchtweg im Gefahrenfall – z.B. Brand-Feuer-Rauch) lässt kaum mehr grosszügige Raumsituationen zu. Die Treppe wird mehr und mehr ihrer Bedeutung beraubt und verarmt zu einem notwendigen Verkehrsweg. Die letzte Konsequenz dieses Minimierungsprozesses ist letztlich der vertikal bewegte Kleinstraum – der Lift – wobei die Ablesbarkeit der Höhe nur mehr an Zahlen oder Leuchtpunkten möglich ist.

O.5114 Geneigte Flächen — Innentreppen

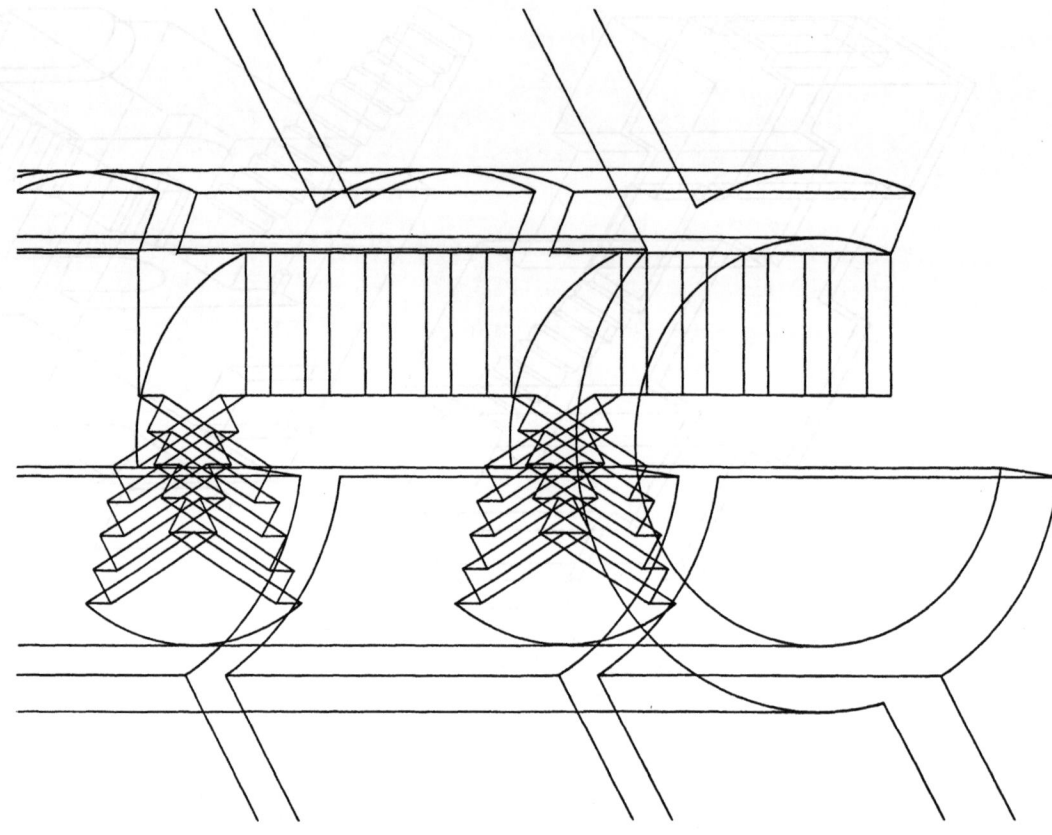

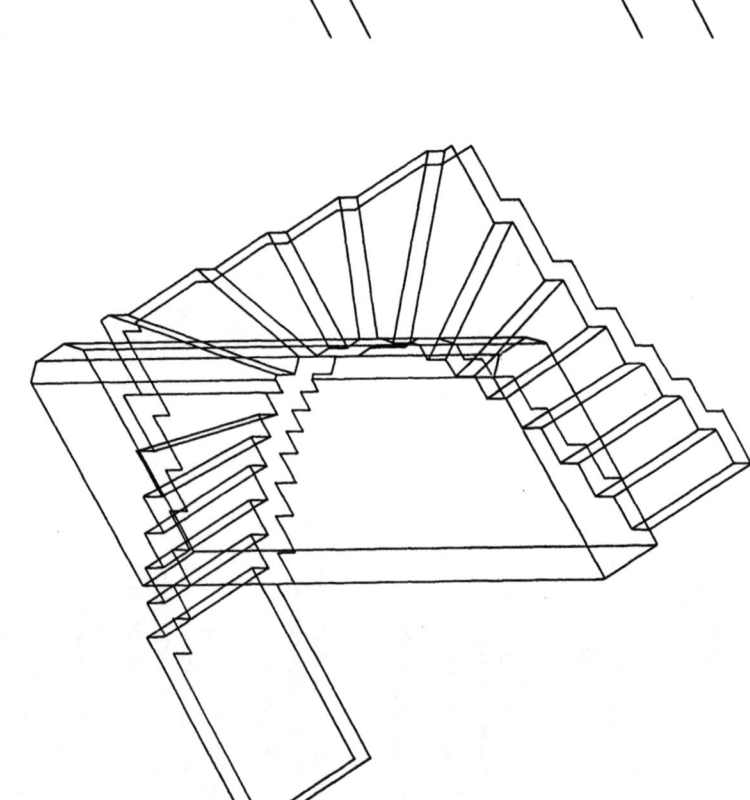

Treppen — Treppenraum Innentreppen

Die vertikale Erschliessung der Räume muss eine ablesbare Raumfolge ergeben; der Raum, in dem sich die Treppe befindet kommuniziert mit den Räumen der anliegenden Geschosse.

Eine gewisse Sonderstellung nimmt die Wendeltreppe ein. Ihre vertikale Achse dominiert im Raum — zentrische Raumbezogenheit. Der Standort einer Wendeltreppe ist nicht vollkommen frei wählbar.

Entweder tritt eine räumliche Kontraktion ein — röhrenförmiger Raum in dem sich trifft die Vertikalachse der Treppe befindet, oder der Raum expandiert und wird formal durch die Treppe gehalten.

Treppen – Eingang

Die Treppe als Weg zum Eingang; die Aussentreppe.

Äussere Zwänge – in Grado und den anderen Lagunenstädten der Adria ist das Erdgeschoss „Keller" wegen der Überflutungen und der Unmöglichkeit wirkliche Keller zu bauen – in dem Tessin sind es die extrem steilen Hänge, die nur sehr kleine Gebäudeabmessungen gestatten – führen zu aussenliegenden Treppen. Diese heben in der Regel den Eingang deutlicher hervor. (Privatheit der Eingangstür, sie ist aus der Zone der Öffentlichkeit herausgehoben, es gibt keine Zufälligkeit umgewollt vor der Tür zu stehen immer ist eine Willenshandlung dazu notwendig. Entzerrung der Schwellenangst.)

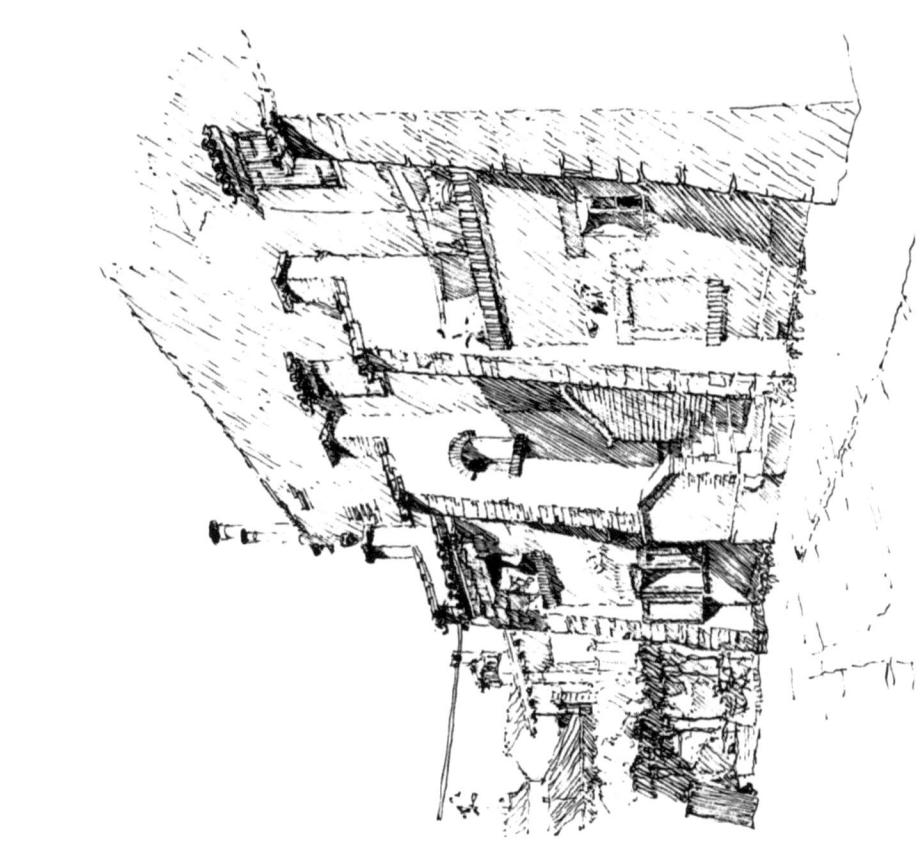

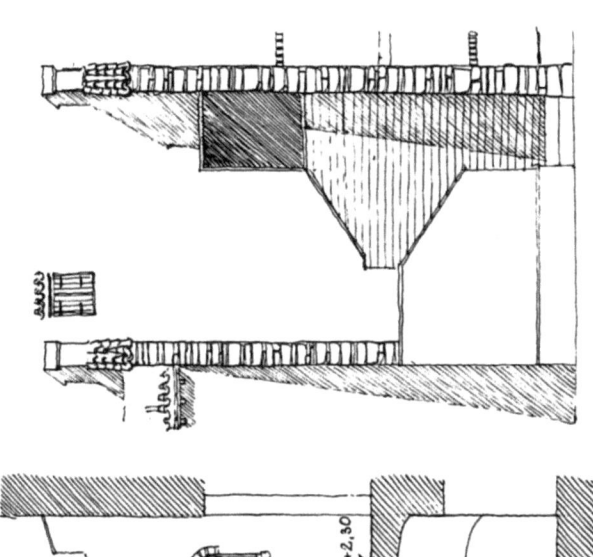

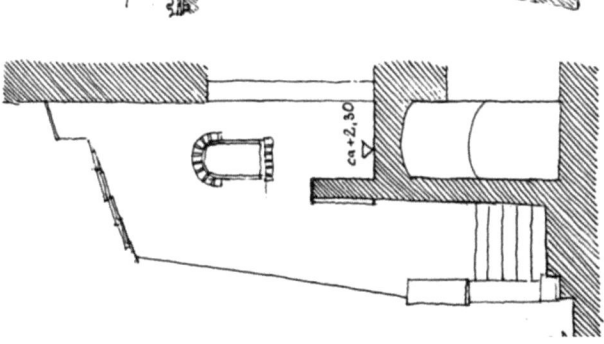

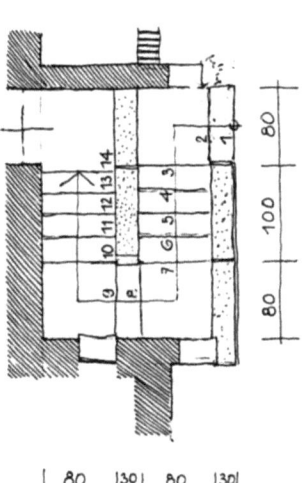

Grado, Eingangssituation in ei Wohnhaus
Grundriss, Schnitt und Ansichten

Außentreppen, Treppe – Eingang   Geneigte Flächen   O.5120

O.5121 Geneigte Flächen — Außentreppen, Treppe – Eingang

Treppen- Eingang

Treppe als Weg zum Eingang - Aussentreppe

Die Treppe liegt im Gelände und scheint nur ein steiler Weg zu sein. Gebäude und Treppe sind eine Einheit; die Treppe „umspielt" das Gebäude, das sich ihr mehrfach zuwendet.

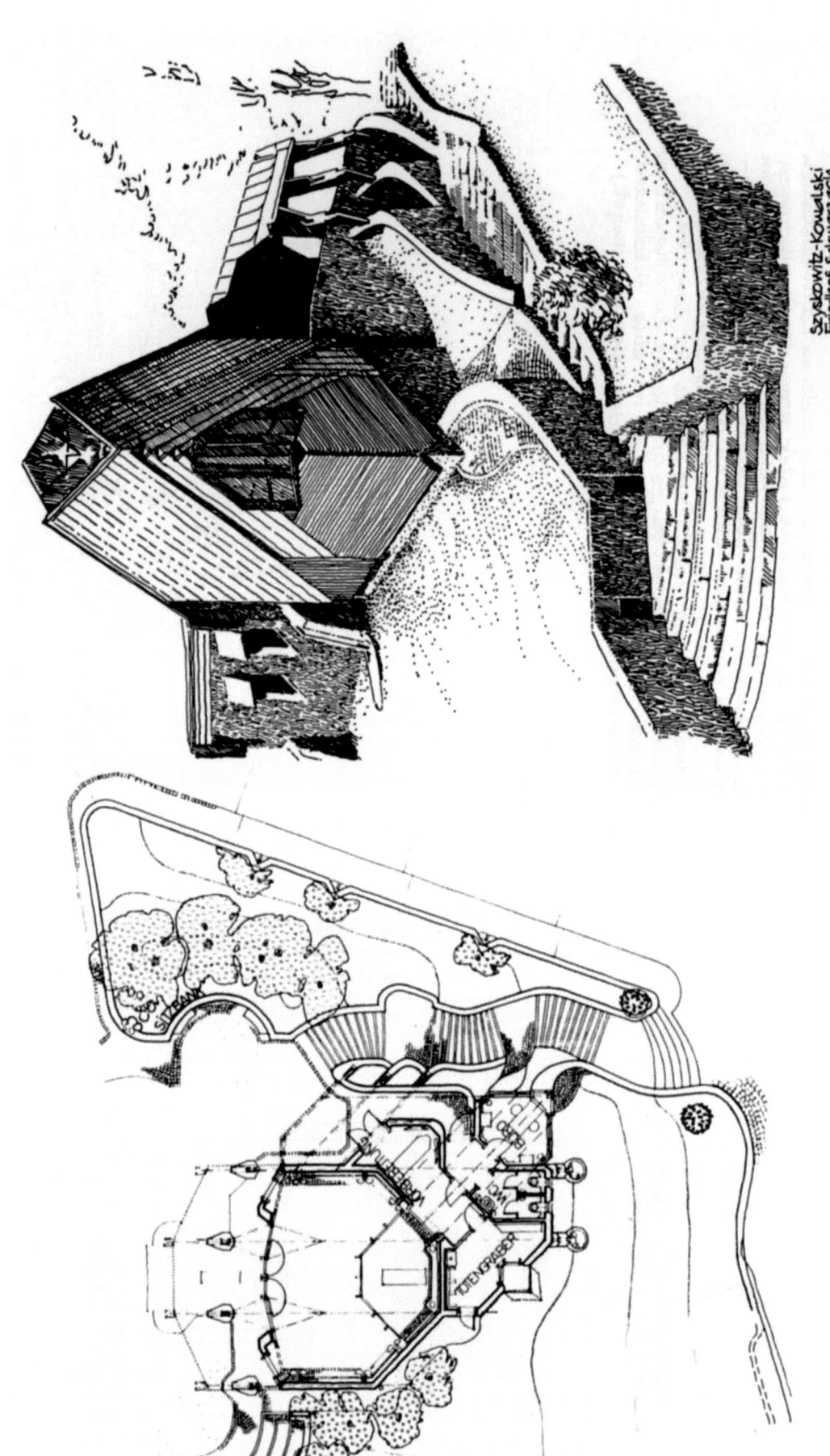

Szyskowitz-Kowalski
Friedhof Schwarzach

Treppen – Eingang

Zwei Beispiele – eines aus der Vergangenheit, das andere von heute – bei denen die grosse Aussentreppe ein räumliche und erscheinungsmässige Erweiterung der Eingangssituation darstellt.

Die Freitreppe ist die „Verlängerung" der oberen Geschossebenen in das Gelände. Oben und unten ist in die Übergangszone vor dem Haus verlegt.

Villa Piovene Lonedo

Schule Grosslobming, Szyszkowitz - Kowalski

O.51 Geneigte Flächen   Treppen

Treppen

Reduziert man die Treppe als ein Architekturglied, das lediglich zwei verschiedene Geschossebenen miteinander verbindet, dann hat man das Problem nur auf einer sehr trivialen Ebene erfasst. Gewiss, die Treppe ist nur ein Teil des gesmten Bauwerkes und folgt man der Ganzheitstheorie, dann ist das Ganze mehr als die Summe der Teile; an dieser Erkenntnis soll auch nicht gerüttelt werden.

Die Treppe benötigt für ihre Realisierung immer einen Raum. Dieser Raum ist im Kontext mit den anderen Räumen des Bauwerkes zu sehen, wobei der Treppenraum einen grösseren Einfluss auf das räumliche Gefüge ausübt, als irgend ein Raum in einem üblichen Bauwerk sonst - der Treppenraum ist ein Erschliessungsraum. Er ist kein Raum statischer Ruhe, sondern ein Ort der Bewegung.

In der Bewegung manifestiert sich das Bewusstsein, sich von einer Ebene in eine andere zu begeben. Nun mag man einwenden, dass man auch die anderen Räume, um sie zu nutzen betreten muss, und das bedeutet Bewegung; aber letztlich doch eine ganz andere Art der Bewegung und auch eine andere Zuordnung des Gehenden zu dem Raum, als bei der Treppe.

Die übliche horizontale Bewegung im Raum erfolgt auf der Stützebene und der in der Bewegung des Gehens zurückgelegte Weg bedeutet eine horizontale Distanz. Und mag der beschrittene Weg auch noch so polygonal verlaufen sein, das Auge nimmt die Distanz zwischen dem Ausgangspunkt und dem (vorläufigen) Endpunkt als horizontale Achse wahr. Eine kleine Rückblende zu dem Kapitel über die Achsen im Raum kann die Bedeutung nochmals verdeutlichen.

Die Treppe verbindet Ebenen, die in einer unterschiedlichen Höhe im Vergleich zu der Grundebene liegen. Die unterschiedliche Höhenlage der Ebenen ist der Ausdruck ihrer Inhalte; die Treppe ist nun das Angebot sich von der einen Ebene zu der anderen zu bewegen. In der fortschreitenden Bewegung auf der Treppe erfolgt nicht nur eine Bewältigung einer horizontalen Distanz, sondern auch einer vertikalen.

Welch ein Unterschied liegt jedoch in der räumlichen Erfahrung zwischen h o r i z o n t a l und v e r t i k a l , dem erdgebundenen Lebewesen Mensch eröffnet sich die Möglichkeit eine vertikale Bewegung gefahrlos und relativ mühelos zu vollziehen. Für die räumliche Tiefenwahrnehmung (horizontale Distanz) hat James J. Gibson die Kante in der Stützebene (Absturzkante, Stufenkante) als Kriterium eingeführt und sprach dabei von einem Angebot für ein Verhalten. Die Treppe, egal in welcher Richtung man sie beschreitet, sie bricht in einer Weise mit diesem Verhaltensangebot, sie macht die " Gefahr " zu einer kalkulierbaren Bewegungsmöglichkeit.

Das mag erst einmal etwas abstarkt klingen. Wenn man sich jedoch mit einem einfachen Beispiel behilft, dann wird das, was in den Zeilen zuvor geäussert wurde vielleicht deutlich. Man stelle sich einmal einen Raum vor, in dem eine gerade, einläufige Treppe von einer Geschossebene zur nächsten führt. Ausserdem wollen wir annehmen, dass die Treppe die gesamte Raumbreite beansprucht. (Derartige Treppen findet man sehr häufig in grossem Stile bei älteren Bauten. Manchmal bestehen derartige Treppenhäuser aus zwei sich gegenüberliegenden geraden Treppenarmen.)

Kehren wir nun zu unserem gewählten Treppe-Raum-System zurück und versetzen uns in Gedanken auf die obere Geschossebene. Wir gehen ausserdem davon aus, dass zwischen dem Treppenaustritt und einem angenommenen Standort für unsere Betrachtung eine ausreichende Distanz gegeben ist.

Wenn man sich vorstellt, dass man mit einigem Abstand zu dem Treppenaustritt den Raum und hier vor allem die " Stützebene " betrachtet, dann erlebt man die Absturzkante ganz intensiv. Die seitlichen Wände reichen jenseits der Absturzkante tiefer hinunter, als die Stützebene auf der wir stehen. Entgegen unserer Erfahrung fehlt das schützende (raumbegrenzende !) Geländer und mag es auch noch so wenig Masse aufweisen. Das Angebot zu einem Verhalten wird sehr deutlich empfunden. Vom Standpunkt der Sicherheit sich keiner Gefahr auszusetzen, wird man sich entweder nur langsam vorbewegen, oder still verharren.

Treppen Geneigte Flächen O.51

Jeder Schritt vorwärts bedeutet, dass sich der Abstand zu der Absturzkante verkürzt. Je nach der Neigung der Treppe wird man erst relativ nahe an der Kante erkennen können, dass sich nicht ein vertikaler Abgrund auftut, sondern eine Treppe zum Hinabgehen einladet. (Bei einer bequemen Treppe muss man sich der Absturzkante bis auf ca 2,5 m nähern, ehe man die Treppenwahrnehmung hat, bei einer, mit dem Steigungsverhältnis 18/27 cm reduziert sich der Abstand gar auf ca 2,2 m - eine normale Aughöhe vorausgesetzt.) Zusammenfassend kann man sagen: je flacher die Neigung, desto eher gewahrt man sie, wenn man sich der Kante nähert und je steiler die Neigung, desto weiter muss man sich der Kante nähern, um die Treppe wahrzunehmen. Die sicherere und flache Treppe tritt früher in das Gesichtsfeld, als die steile und weniger sicher zu begehende Treppe, wenn Raum und Bewegung/Zeit zu einer Einheit verschmelzen.

" Das Treppensteigen überwindet die Schwere der Erdgebundenheit, um in andere Bereiche vorzustossen; der Steigende nähert sich einer höheren Ebene. Die Treppe überbrückt nicht die Geschosse, sondern erhebt zu ihnen - oder senkt sich auf sie herab. Die Niveaudifferenz im lokalen wie im übertragenen Sinne begründet ihre Existenz." (Friedrich Mielke, Die Geschichte der deutschen Treppen; Berlin,München 1966)

Dem hier angesprochenen " übertragenen Sinne " wollen wir uns noch etwas zuwenden. Wie so oft ist dieser Sinn in den Worten, die ihn beschreiben, in vielfältiger Bedeutung enthalten, z.B. oben/unten, hoch/tief, über/unter, überlegen/unterlegen, Oberhaupt- Oberschicht - Obmann - Oberhand / Untergebener-Untertan, obenauf - hochstehend / unterstehend - unterdrücken - unterjochen, übergeordnet / untergeordnet, Ober- und Unterstufe, Untergang, Hochachtung u.a.m.

Soziale Unterschiede werden deutlich und Rangunterschiede treten hervor, die sich immer in einer vertikalen Differenzierung äussern. Das erreichbare und auch das unerreichbare O b e n " Achsen im Raum " als was schon in dem Kapitel Achsen im Raum angedeutet wurde. Mag die Überwindung der Horizontalen auch noch so erniedrigend wirken, man steht doch auf derselben Stufe.

Die Absturzkante gewinnt in ihrer Bedeutung nun auch noch einen Doppelsinn und das Verhalten des Menschen einmal Erreichtes (relative Höhe) zu bewahren, drückt sich auch in der vertikalen Ordnung unserer Gebäude aus.

Kehren wir nun nochmals zu dem Kontinuum Raum-Treppe zurück. Die Treppe, der engere Raum, den sie für ihr Bestehen benötigt, die weiterführenden, angrenzenden Räume, das Angebot für die Erschliessung und die erforderliche Bewegung ergeben ein zusammenhängendes System.

Über die Treppe, die Bewegung auf der Treppe und den Treppenraum, der ein vertikal geprägter Raum ist, wurde zuvor das Wesentlichste schon gesagt. Ein paar Betrachtungen zur Erschliessung stehen noch aus.

Die horizontalen Bewegungsmöglichkeiten in einer ebenfalls waagerechten räumlichen Anordnung sind meist sehr vielfältig - oder anders ausgedrückt, der horizontale Bewegungsraum ist nur durch äussere Grenzen eingeschränkt, innerhalb dieser Grenzen besteht relative Bewegungsfreiheit; die Stützebene begleitet die Bewegung.

Ganz anders verhält es sich bei der erwünschten, oder erforderlichen vertikalen Bewegung. Sie ist in ihrem Ablauf an die Treppe (oder an mechanische Hilfen) gebunden. Die Treppe ist eine Bewegungskonzentration auf einen, in der Relation zu der übrigen räumlichen Anordnung, kleinen Raum - oder auch kleine Fläche. Eine Treppe erschliesst infolgedessen immer, ja selbst dann, wenn sie zu einer Kanzel in einer Kirche führt.

Das Zusammenfassen der Bewegungsläufe, die Konzentration auf der Treppenfläche selbst und das Auseinanderstreben der Bewegungen nach dem Verlassen der Treppe muss sich in der Konzeption des erweiterten Treppenraumes manifestieren, wie es beispielhaft im englischen Landhaus mit seiner Halle, in der, oder auch an der Treppe liegt, gelungen ist. Nicht nur die Treppe ist für die Erscheinung wichtig, sondern auch der erweiterte, sie umgebende Raum.

O.51 Geneigte Flächen — Treppen

Freitreppen - Aussentreppen

In der Überschrift werden zwei Begriffe gegeneinandergesetzt, die bei oberflächlicher Betrachtung dieselbe Bedeutung haben, nämlich eine Treppe ausserhalb der gebauten Umfassungen des Hauses. Dies mag aber auch schon die einzige Gemeinsamkeit sein.

"Die Aussentreppe ist die Weiterbildung der Leiter. Ihr Standort ist weder durch die Raumbildung des Hauses noch durch die Absichten seiner Architektur zwingend bestimmt. Sie ist ein Aufgang, dem selbst bei massiver und kostbarer Ausführung insgeheim der Charakter des Zufälligen anhaftet. Da sie nur über einen Lauf verfügt, kann sie lediglich asymmetrisch wirken. Ihre einseitige Lage erweckt den Eindruck, sie könnte ebensogut auch an einer anderen Stelle stehen." (Friedrich Mielke, a.a.O.)

Jene Zufälligkeit bewirkt auch, dass es keinen eigentlichen räumlichen Kontext gibt. Die Bewegung führt am Hause entlang, ja fast möchte man meinen, am Hause vorbei. In ihrer Diktion ähnelt sie die Umgängen und Galerien. Verfolgt man die geschichtliche Entwicklung etwas weiter, dann könnte sich die Innentreppe gar aus der Aussentreppe entwickelt haben. (Auch die Räume in Obergeschossen waren im Altertum über einen Umgang im offenen Innenhof miteinander verbunden; die gerade Aussentreppe hat diesen Umgang erschlossen. Die Entwicklungsreihe geht über das spätrömische Baumodell der casa a torresele zum Haustyp des Oströmischen Reiches und von dort zum Venezianischen Haus, das in dem " Ingresso all' acqua " und dem " Portego " im Obergeschoss noch verballhornte Reste des Innenhofes und der Galerie besitzt. Hier ist vielleicht der Übergang zur innenräumlichen Anordnung am deutlichsten zu erkennen, waren doch die Eingangshalle im Erdgeschoss und Saal im Obergeschoss an zwei Seiten offene Räume, an deren anderen Seiten die zu erschliessenden Räume lagen. Verbunden waren diese beiden Ebenen entweder durch eine wirklich aussenliegende Treppe oder durch eine Treppe, die zwischen die seitlich angeordneten Räume verlegt worden war. So zufällig, wie die Lage der Aussentreppe, ist auch hier die Lage der Treppe, die nun als Innentreppe angesprochen werden muss.)

Für die Aussentreppe besteht mit der Innentreppe insoferne eine Gemeinsamkeit, als die Kriterien der Bewegung auf der Treppe und der Erschliessung durch die Treppe für beide gelten. Die für die Erschliessung bei den Innentreppen aufgestellte Forderung nach einer sinnfälligen Räumlichkeit muss hier zum grössten Teil entfallen.

Die räumliche Zuordnung zu Innenräumen, die man in ihrem Zusammenhang, ihrer Grösse und Lage im Gebäude von aussen nur vage erkennen kann, wird durch die Freitreppe deutlich gemacht. Die Form der Freitreppe ist im Bezug zu dem sich zu ihr öffnenden Innenraum immer symmetrisch. Ja die Freitreppe kann selbst der Ausdruck eines durch sie deutlich nach aussen wirkenden Innenraumes sein. (Villa Rotonda in Vicenza von Andrea Palladio).

Es ist demnach unerheblich, ob die Freitreppe aus einem, rechtwinklig zum Gebäude liegenden Treppenarm besteht, oder aus einer zweiarmigen (Schule in Grosslobming von Szyszkowitz/Kowalski) bzw einer vierarmigen Treppe (Villa Piovene Porto Godi in Lonedo, Vorhalle von Francesco Muttoni); wesentlich ist die Symmetrie zum Eingang.

Derartige Freitreppen gab es schon im Altertum, als die Innentreppe noch fehlte. Ihre Anordnung entsprang praktischen Erwägungen zu denen sich ein gestalterischer Wille gesellte. Ihre eigentliche Bedeutung erhielten sie erst, als der Bezug zu dem dahinter liegenden Raumgefüge zum dominierenden Einfluss wurde.

Die Freitreppe ist nun Symbol einer hohen Gerichtsbarkeit. (Entweder Lettner mit der Darstellung des Jüngsten Gerichtes im Mittelalter oder Rathäuser mit dem weltlichen Tribunal). Diese sinnbildliche Geltung wird in der späteren Zeit zum sinnfälligen Geltungsbedürfnis (Barock bis zum Anfang dieses Jahrhunderts).

Die Treppe als Geste und als Anspruch, und beides wird ausschliesslich durch die Form und die Lage bestimmt. Wen wundert es, dass diese Form auch für Innentreppen in grosszügigen Räumen übernommen worden ist.

Dächer   Geneigte Flächen   **O.521**

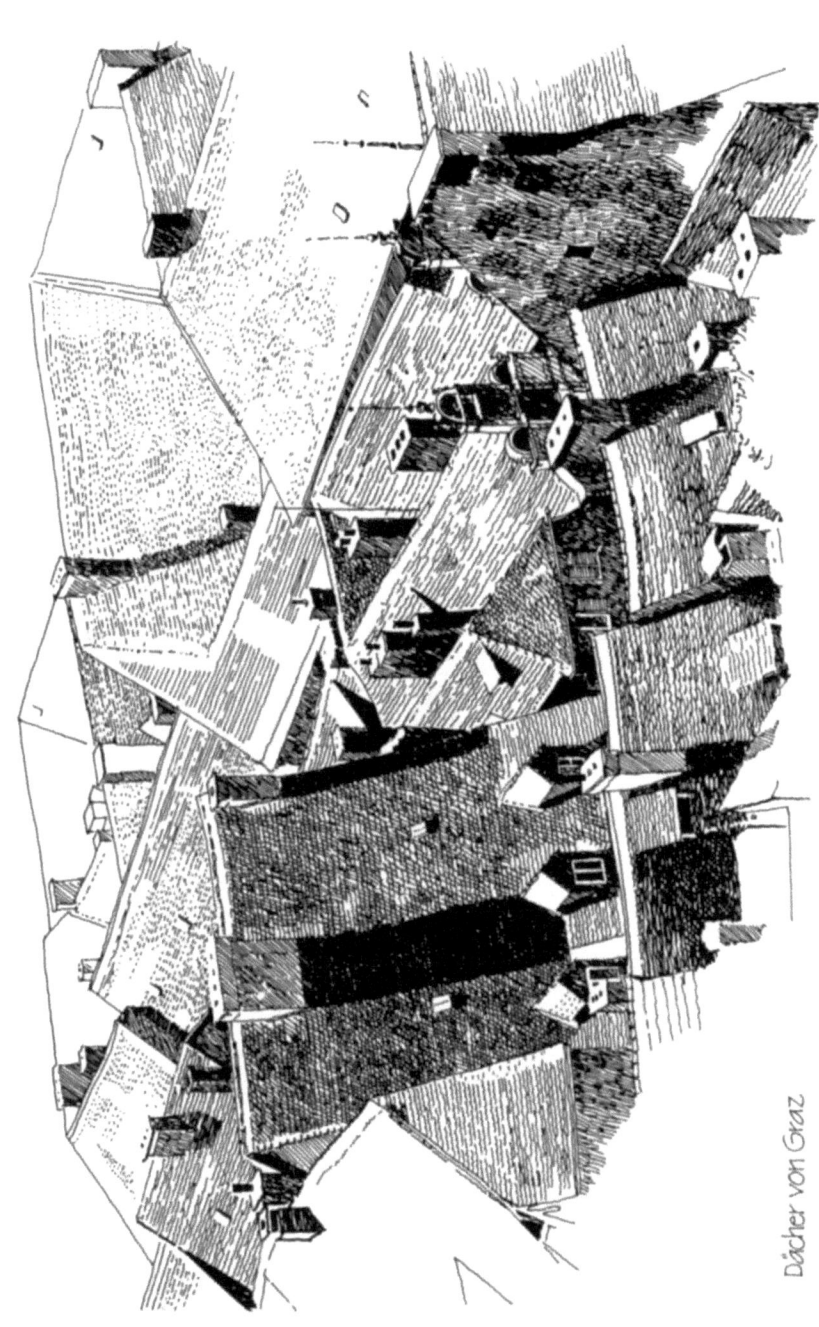

Dächer von Graz

O.521 Geneigte Flächen — Dächer

Dächer

Dachdeckung und Dachneigung bilden eine Einheit, die die Form der Baukörper mitbestimmen. In den regenarmen Gebieten des südlichen Europas herrschen flache Dachneigungen vor. Die Dächer sind mit Mönch-Nonne-Ziegeln ohne Dachvorsprung eingedeckt. Wegen des Holzmangels sind keine grossen Dachflächen möglich – alle diese Faktoren führen zu sehr einheitlichen Dachlandschaften von grossem Reiz.

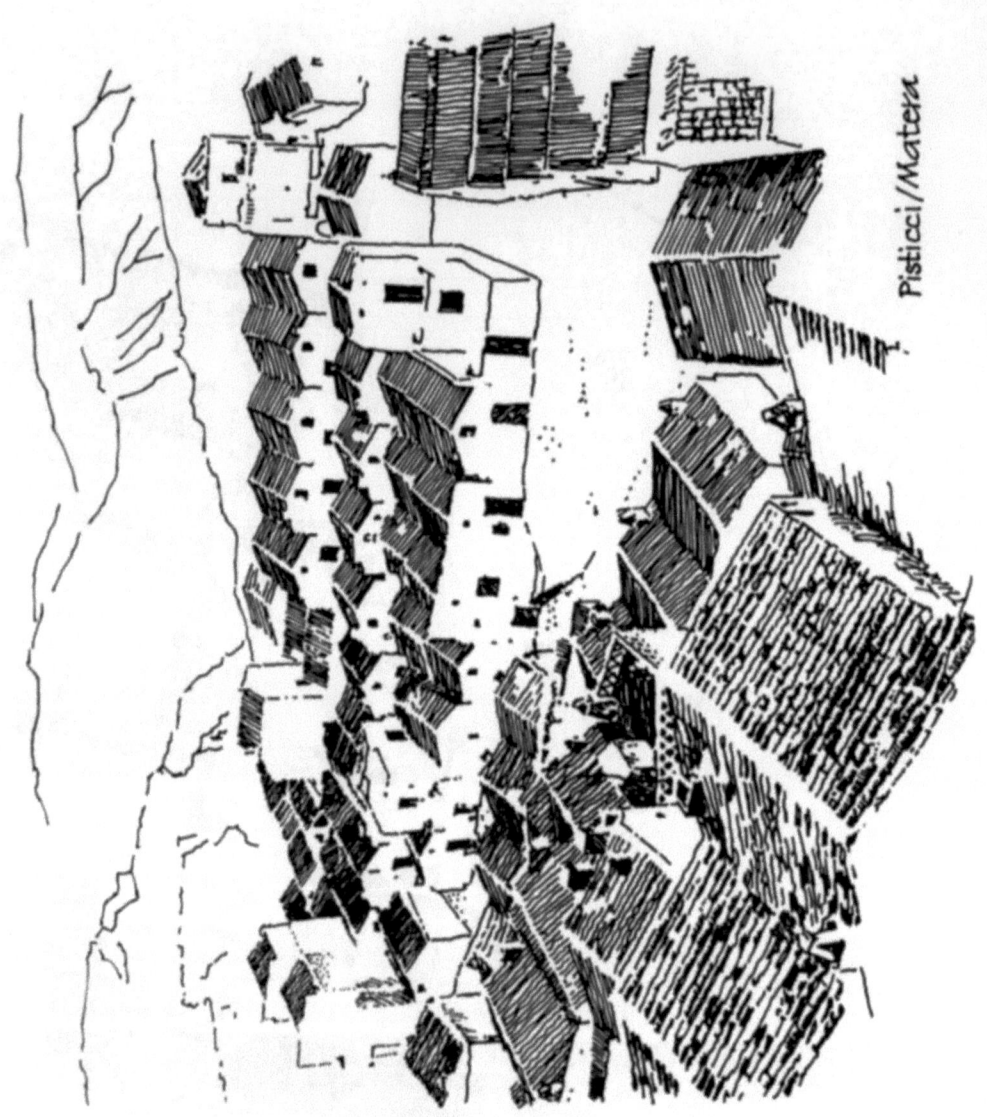

Pisticci/Matera

Dächer, Dach als Hut Geneigte Flächen **O.5201**

Das Dach als Hut

Die vereinheitlichende Wirkung eines Daches, das die Komplexität eines freien Grundrisses wieder zusammenfasst, wird seit langem in der Architektur angewandt.
Ein Architekt, der dies zu einem ganz bewussten Gestaltungsprinzip erhob, war Frank Lloyd Wright.
Der Eindruck des Hutes wird durch zwei Formelemente besonders hervorgehoben. Das Dach mit seiner gleichen Traufhöhe kragt weit über die Aussenmauern vor. (Übernahme traditioneller japanischer Dachform, wobei auch die gleiche Dachneigung von Hauptdach und Walm überkommen wird. In Mittel- und Nordeuropa ist in der Regel die Walmfläche steiler als das Hauptdach.)
Das bewirkt den Hutrand. (Ganz bewusst zum Unterschied südeuropäischer Dachformen, die zwar auch allseits gleiche Dachneigungen aufweisen, aber kaum einen nennenswerten Dachüberstand.)

Ein weiteres Merkmal besteht darin, dass die Dächer auf den Häusern zu schweben scheinen. Materialwechsel – und sei er auch nur in der Bekleidung der Oberfläche tragender, geschlossener Wände – und lange Fensterbänder knapp unter dem Dach bewirken diesen Eindruck.
Frank Lloyd Wright, der ein strikter Gegner von Vorhängen war, erreicht solcherart einen natürlichen Sonnenschutz.

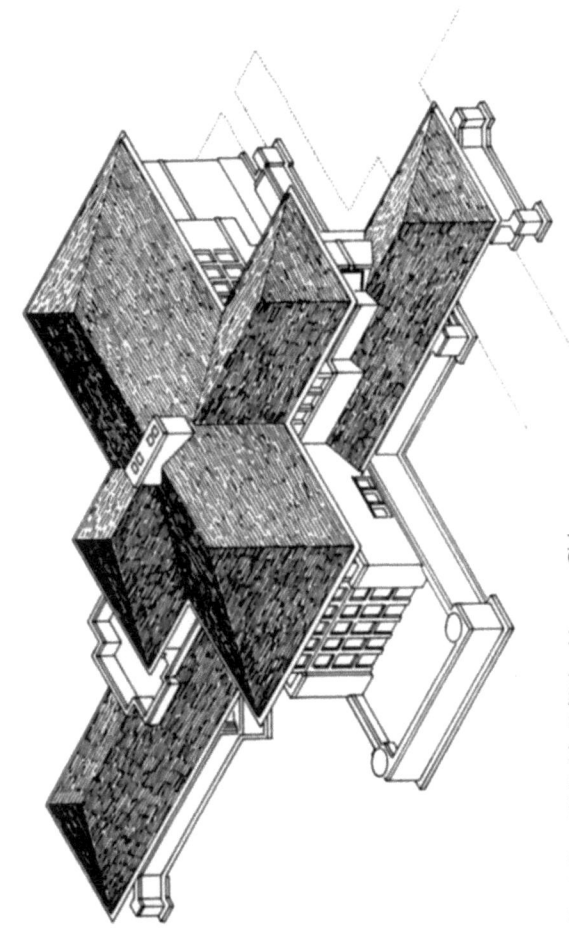

Frank Lloyd Wright, Willits House, Chicago

nach GA Frank Lloyd Wright

O.5202 Geneigte Flächen   Dachform

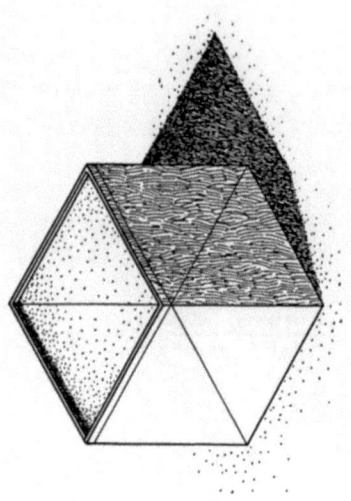 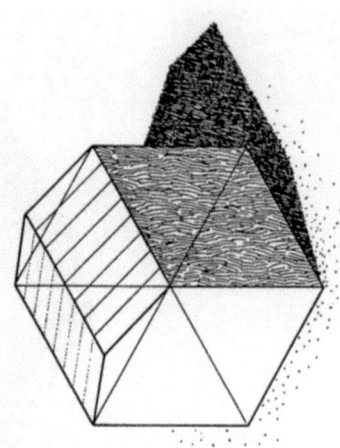 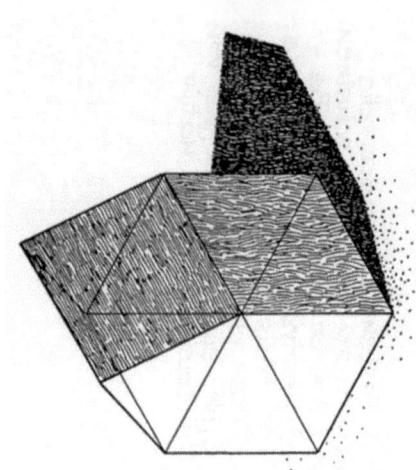

Dächer

Dachform

Der oberste Abschluss eines Bauwerkes kann die vielfältigsten Formen aufweisen – die Reihe der Möglichkeiten eines geneigten Daches auf einem Würfel in der Folge beweisen dies.

Ganz generell unterscheidet man drei Dachtypen, die auch archetypische Dachdeckungen aufweisen. Siehe auch Band III A-1 Dachdeckungen.

Ebenes Dach – Flachdach.

Die richtige Bezeichnung lautet horizontal-ebenes Dach. Die Dachdeckung dafür sind grossflächige Dichtungsbahnen. Die oberste Schicht ist in ihrer optischen Erscheinung vielfältig. Das Dach kann zur besseren Ableitung des Wassers eine geringe Neigung aufweisen. Beispiel: Zeichnung Kalifengräber in Kairo.

Flach geneigtes Dach

Dachdeckung mit grossflächigen Elementen; z.B. Dachdichtungsbahnen, Blech u.ä. Bei besonderen klimatischen Verhältnissen ist auch eine Schuppendeckung möglich. Beispiel: Zeichnung Pisticci bei Matera Italien.

Steildach

Dachdeckung mit kleinteiligen Elementen als Schuppendeckung - lebendige Dachhaut, die sich den Formen leicht angleicht. z.B. Dachziegel, Schiefer, Schindel, aber auch Blech. Beispiel: Zeichnung Graz Dachlandschaft.

Dächer

Dach und Raum

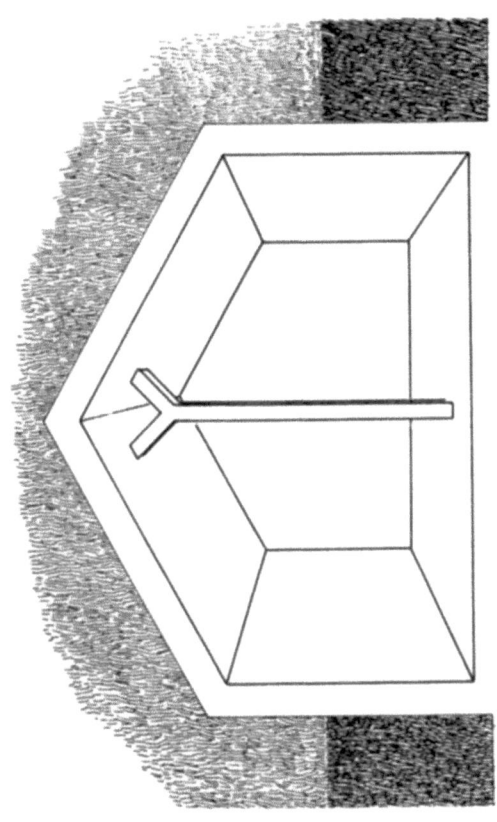

Die Dachform teilt sich dem darunterliegenden Raum nicht mit; der Raum, in seiner orthogonalen Begrenztheit, könnte irgendwo im Hause liegen. Nichts deutet auf seine ausserordentliche Lage hin.

Der bauphysikalische Vorteil eines kalten, ungenutzten Dachraumes (Wärmepuffer im Sommer, ungehinderte Dampfdiffusion im Winter) – Kaltdach – erweist sich als formaler Nachteil.

Der Dachraum ist dem darunterliegenden Raum zugeschlagen – Erhöhung der Erscheinungsform. Klare Orientierung auch aus dem Inneren, wo der Raum liegt. Gewinn an Raumhöhe und Luftraum. Nutzung der strukturellen Vielfalt des Dachgerüstes.

Die Nachteile sind ein erhöhter Energiebedarf bei der Heizung und die eventuelle Unsicherheit eines Warmdaches. Beides kann aber die zuerst aufgezählten Vorteile nicht aufwiegen.

O.5203   Geneigte Flächen   Dach und Raum

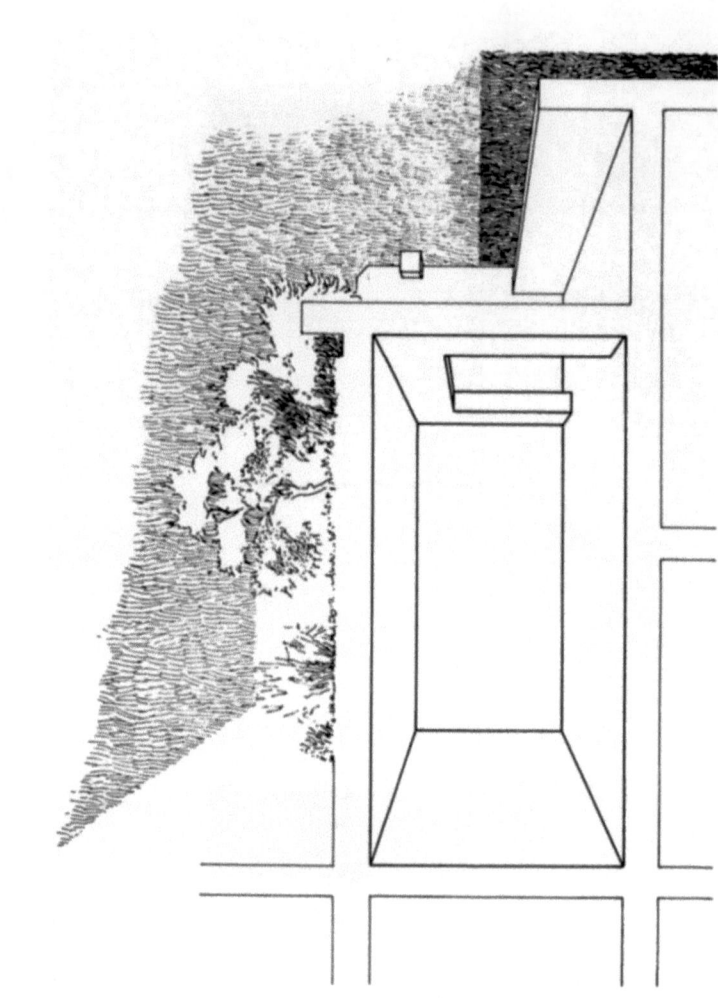

Dächer
Dach und Raum

Zwischen dem ersten Beispiel der vorhergegangenen Seite und diesen ist von Innenraum her gesehen kein Unterschied. Lediglich im Sommer und eventuell auch im Winter wird man über die Temperaturwahrnehmung zu der Erkenntnis gelangen, dass man sich „unter dem Dach" befindet.
So interessant die knappe geometrische Form des Baukörpers durch ein Flachdach sein kann, so trostlos bieten sich die „Schotterebenen" dar, wenn man auf solche Dächer blickt.

Alternativ dazu, auch für das Raumklima darunter wesentlich besser, ist das begrünte Dach, das einen Erholungswert für den bietet, der diesen „Garten" betreten kann. Einfacher, aber immerhin noch einen gediegenen Nutzen zugeführt sind die begehbaren Terrassendächer.
Zwischen begrünten Dächern und begehbaren Terrassendächern sind alle Übergänge möglich.
Für einen Anwohner an einem begrünten Dach entsteht der Eindruck, zu ebener Erde zu wohnen auch wenn es sich um das xte Stockwerk handelt.

Dach - Raum

Drei Beispiele für ausgeführte Räume unter dem Dach von dem japanischen Architekten Kazuo Shinohara, die die Lebendigkeit und Eigenart prismatischer Räume, die nicht auf dem Rechteck aufbauen, sehr deutlich machen.

Medical Center Higashu Tamagawa nach Techniques + Architecture Prismatisches Haus und das Haus in Ashitaka nach IAUS 17

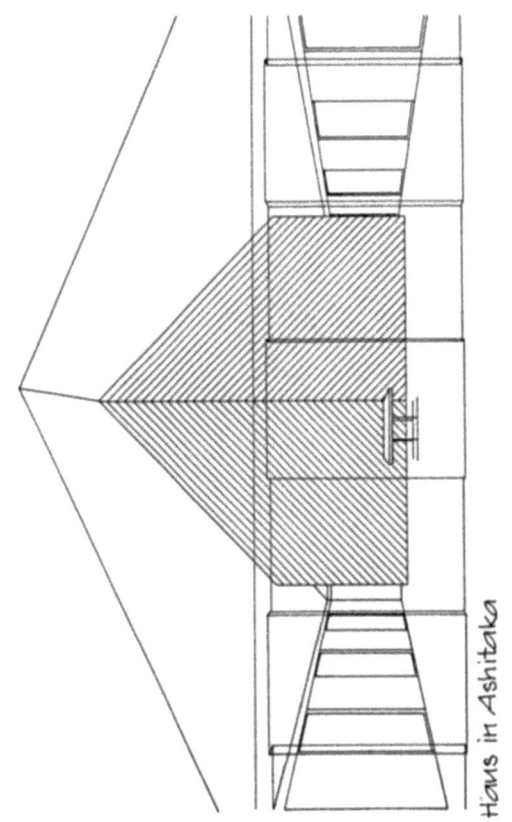
Haus in Ashitaka

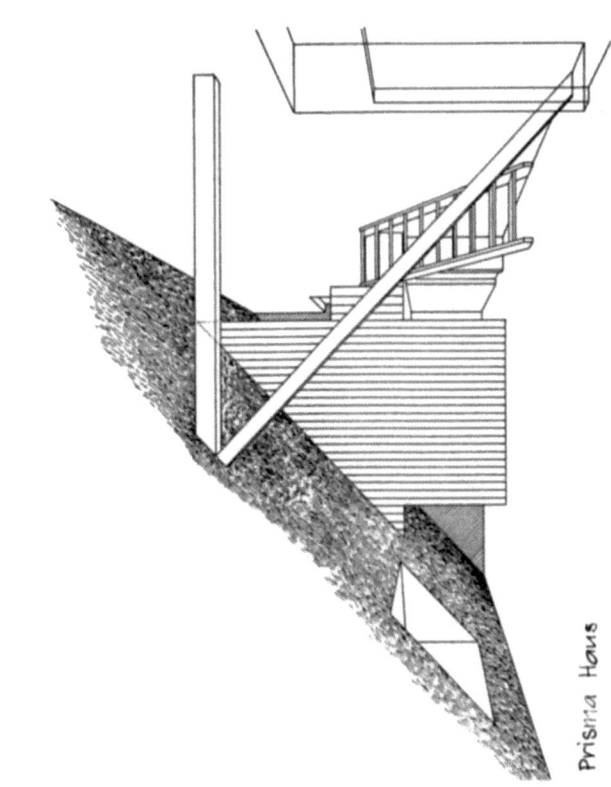
Prisma Haus

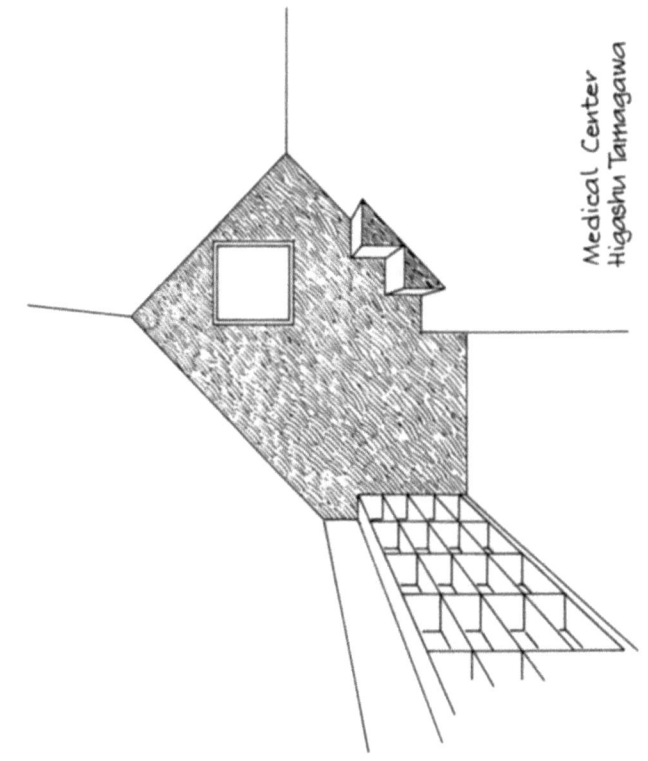
Medical Center Higashu Tamagawa

O.5221 Geneigte Flächen — Dachstuhl, Sparrendach

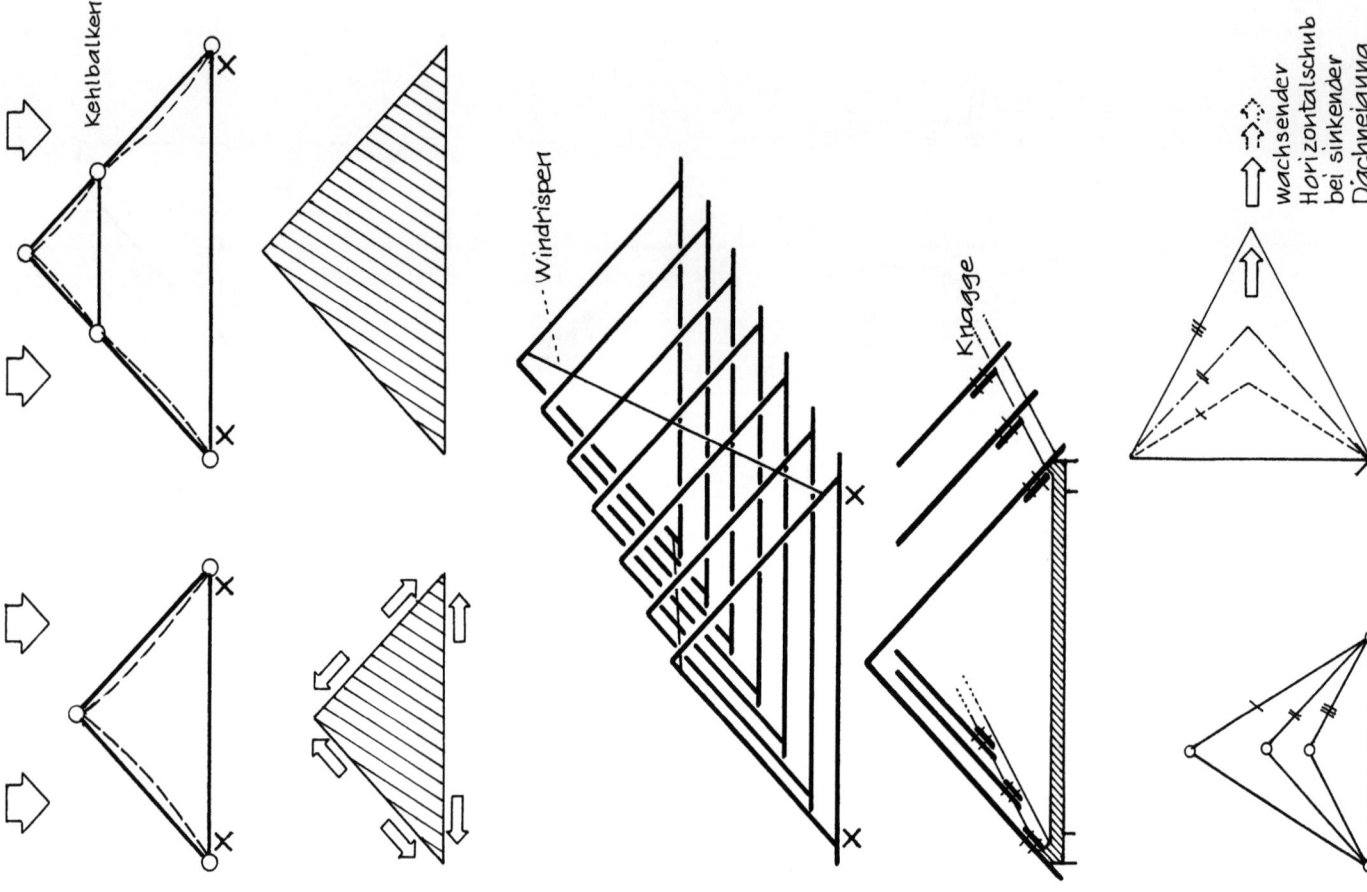

Dachstuhl Sparrendach

Sparrenpaar und der horizontale Bundbalken sind so miteinander verbunden, dass die drei Stäbe ein starres Dreieck bilden. (Holzverbindungen in den Knotenpunkten Zug- und Druckverbindungen, bei Stahl von vorne herein gegeben.)

Sparrenabstand ca 60 - 80 cm, daher auch in diesem Abstand die horizontalen Bundbalken.

Das starre Dreieck ist gegen alle angreifenden Kräfte ausgesteift (Vertikalkräfte und Horizontalkräfte), allerdings nur in der Dreiecksebene. Um eine Stabilität in der Längsrichtung (Firstrichtung) zu erreichen, ist eine zusätzliche Aussteifung erforderlich - die Windlatten oder Windrispen, die unter den Sparren gegenläufig angeordnet werden.

Statt der hölzernen (stählernen) Bundbalken kann auch die oberste Geschossdecke, sofern sie aus Stahlbeton besteht, denselben Zweck erfüllen. (Zusätzliche Zugbewehrung). In diesem Falle können die Sparren auch über Knaggen (Beiwölzer) die Kräfte in die Decke einleiten.

Mit wenigen seltenen Ausnahmen (sehr steile Dächer) treten neben Biegemomenten in den Sparren Druckkräfte auf, die im Bundbalken Zug bewirken. Je flacher die Dachneigung wird, desto grösser werden bei sonst gleichen Abmessungen und Belastungen die Stabkräfte, daher sollte die Dachneigung nicht unter 40° sinken. Wird die freie Sparrenlänge grösser als ca 4 - 4.5 m, werden die beiden Sparren durch einen Kehlbalken unterstützt (verbunden).

Sparrendächer: Steildach, kein Dachüberstand am Giebel möglich; mit zimmermännlichen Holzverbindungen an der Traufe möglich.

Dachstuhl

Pfettendach

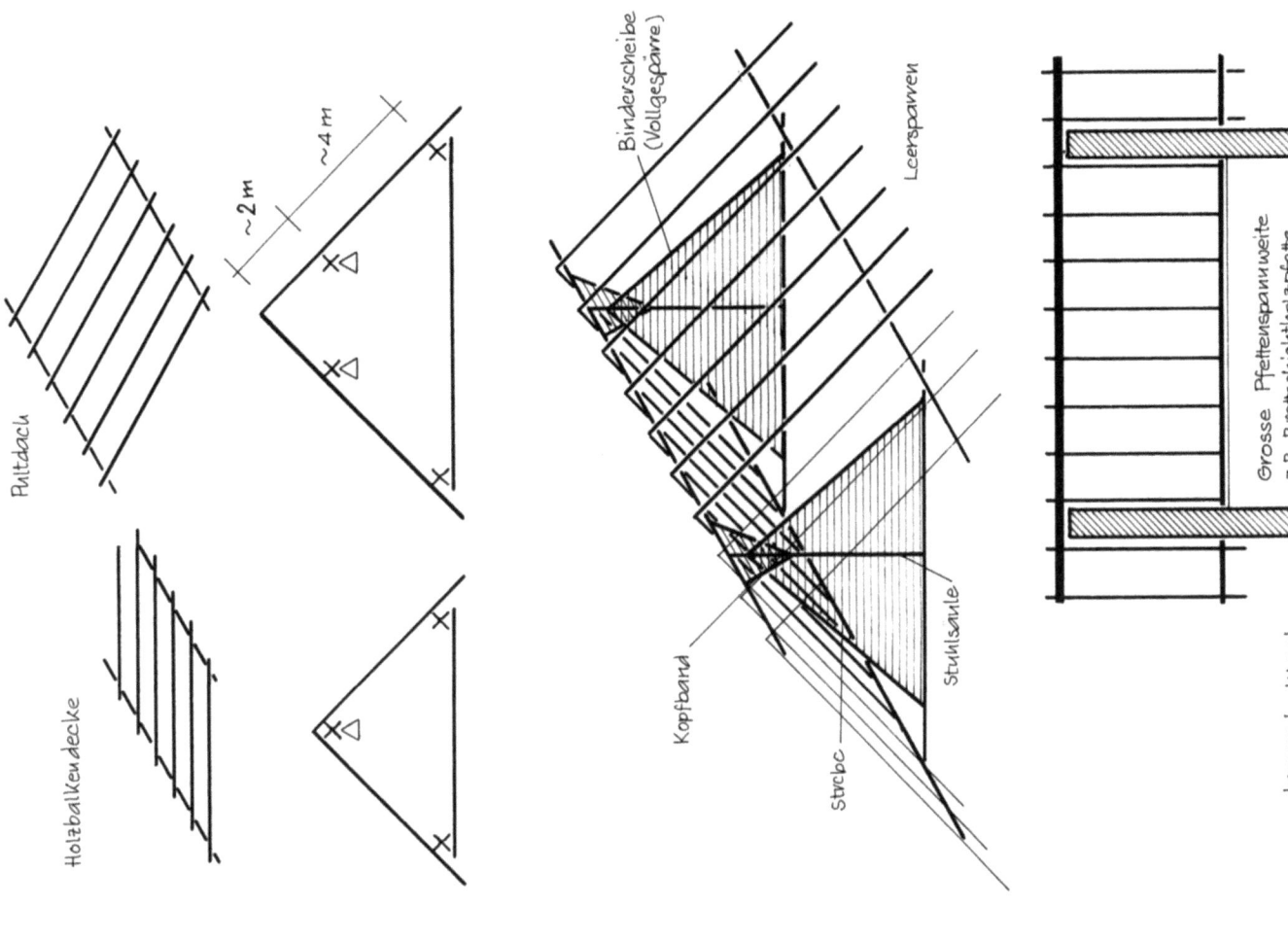

Die Sparren sind als schräg liegende Balkenlage aufzufassen (schräge Holzbalkendecke). Die Sparren liegen auf horizontalen Balken, den Pfetten (Fusspfette an der Traufe, Mittelpfette, Firstpfette) mit horizontalem Auflager auf.

Die Pfetten können als Balken ca. 4-5m frei tragen und müssen dann unterstützt werden (bei Vollholzquerschnitten). Die regelmässige Unterstützung der Pfetten, vor allem dort, wo eigentlich durch das Gebäude (tragende Mauern) keine Auflagermöglichkeit vorhanden ist, führte zu komplizierten Konstruktionen (Hängewerke, Liegende Stühle). Mit diesen Konstruktionen war ein grosser Holzverbrauch verbunden und komplizierte Holzverbindungen waren nötig.

Heute versucht man die Pfettenauflager in jedem Falle durch tragende Wände zu ermöglichen. Ein umständlicher Zimmermannsmässiger Aufbau des Dachstuhles kann somit weitestgehend entfallen. Die Verwendung von zusammengesetzten Holzträgern (vor allem Brettschichtholzträger, aber auch Doppel-T-Profile und Fachwerke, bei grossen Dachtragwerken) ermöglicht die Überbrückung von grösseren Spannweiten. Bei einfachen kleineren Bauwerken können Pfettenspannweiten bis zu 10 m mit Brettschichtholzträgern ausgeführt werden. Dabei ist der Mehraufwand für die Pfette immer noch kleiner als der Aufwand, der notwendig wäre ein zimmermannsmässiges Pfettenauflager zu bauen.

Die Sparren tragen wie Balken; um ein Abgleiten zu vermeiden, sollte die Dachneigung ca 46° nicht überschreiten.

Bindersscheiben (starre Dreiecke) ca alle 4-5m. Quer dazu werden die Pfetten und die Stuhlsäulen mit Kopfbändern verbunden — Längsaussteifung

Pfettendächer: Flachdach (Neigung 0°-45°) Dachüberstand ist allseitig möglich (formale Kontrolle!)

O.5231 Geneigte Flächen — Würfel und Dach

Dächer

Kaltdach — Warmdach

Bei der konstruktiven Ausbildung unterscheidet man zwischen einem Kaltdach und einem Warmdach.

Kaltdach: die Dachhaut liegt in der kalten Aussenluft — innen und aussen.

Warmdach: die Dachhaut liegt auf der Wärmedämmung unmittelbar auf, also mit einer Seite im Warmen.

In der Vergangenheit war das Kaltdach der Regelfall. Diese Konstruktion ist mit der nebenstehenden Dame mit Schirm vergleichbar. Das Dach selbst hat nur die Funktion eines Schirmes. Dieser hält die Niederschläge von der wärmedämmenden Kleidung ab. Zwischen Schirm und Kleidung befindet sich die Aussenluft, oder nun auf den Bau bezogen: Die Dachdeckung auf dem Dachgerüst (Schirm) hält die Niederschläge von der Wärmedämmung den Aussenhaut (Wände und oberste Decke) ab, dazwischen befindet sich im Dachraum (belüftet) die Aussenluft. Wasserdampf durchdringt die dafür durchlässigen Bauteile (Kleidung) und wird durch die Aussenluft aufgenommen.

Veränderte Baugewohnheiten und die zunehmende Beliebtheit des Flachdaches führten zu dem Warmdach, bei dem unmittelbar über der Kleidung eine Regenhaut (Regenmantel) sitzt.

Jeder kennt den leidigen Effekt: die vom Körper abgegebene Feuchtigkeit kann durch die abdichtende (wasserdichte) Aussenhaut nicht verdunsten, sie schlägt sich an der Innenseite des Regenmantels nieder — man schwitzt — und führt zu einer Durchnässung der Kleidung.

In derselben Weise sind bei frühen Warmdächern schwere Bauschäden entstanden, bis man die Dampfsperre erfand, die die Wärmedämmung vor einem Eindringen feuchter Luft zu schützen hat.

Würfel und Dach

Dächer, Würfel und Dach — Geneigte Flächen — **O.5232**

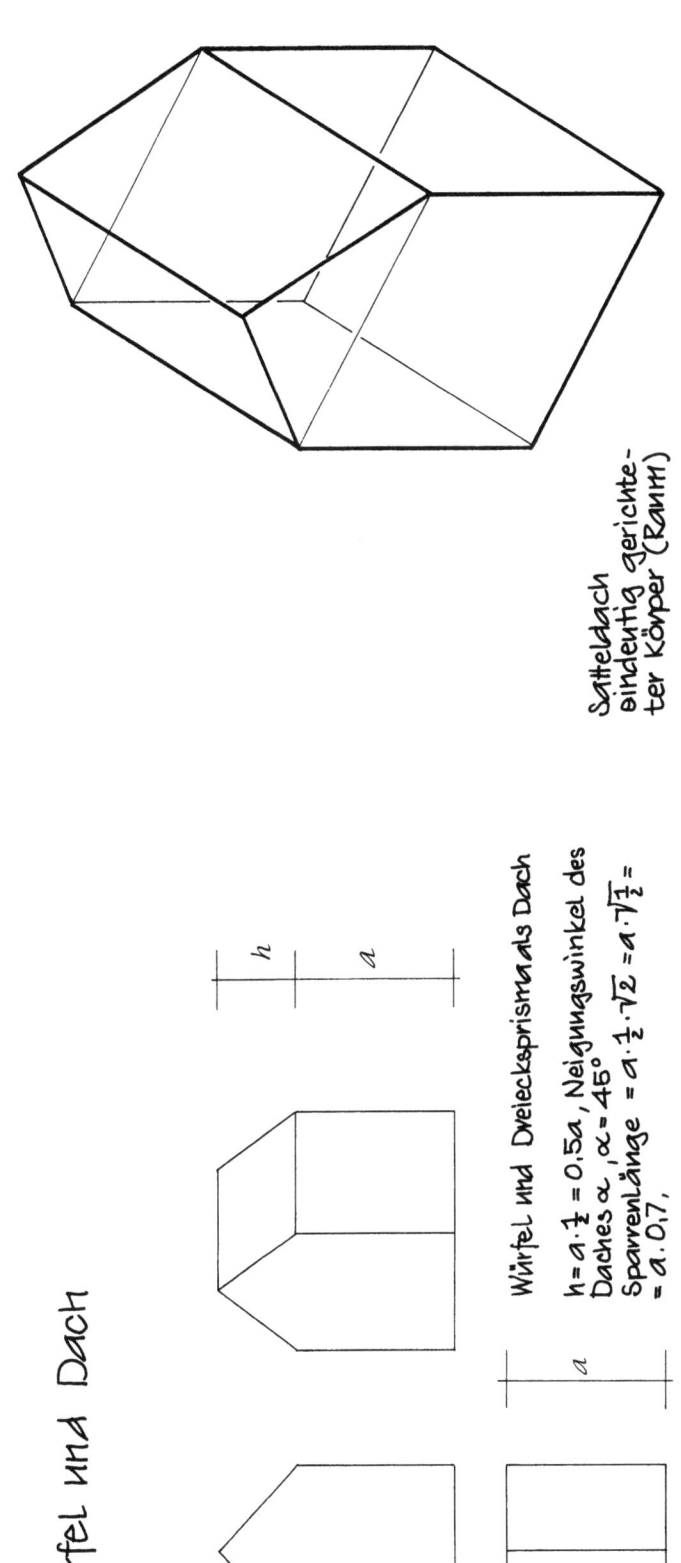

Würfel und Dreiecksprisma als Dach

$h = a \cdot \frac{1}{2} = 0.5a$, Neigungswinkel des Daches α, $\alpha = 45°$
Sparrenlänge $= a \cdot \frac{1}{2} \cdot \sqrt{2} = a \cdot \sqrt{\frac{1}{2}} = a \cdot 0{,}7$

Würfel und Siebenflächner als Dach

$h = a \cdot \sqrt{\frac{1}{2}} = 0{,}7a$, Neigungswinkel des Daches α, $\alpha = 45°$
Neigung der Traufe β, $tg\,\beta = \frac{1}{\sqrt{2}}$
$\beta = 35° 26' \approx 35°$
Länge der Traufe $= a \cdot 1{,}22$

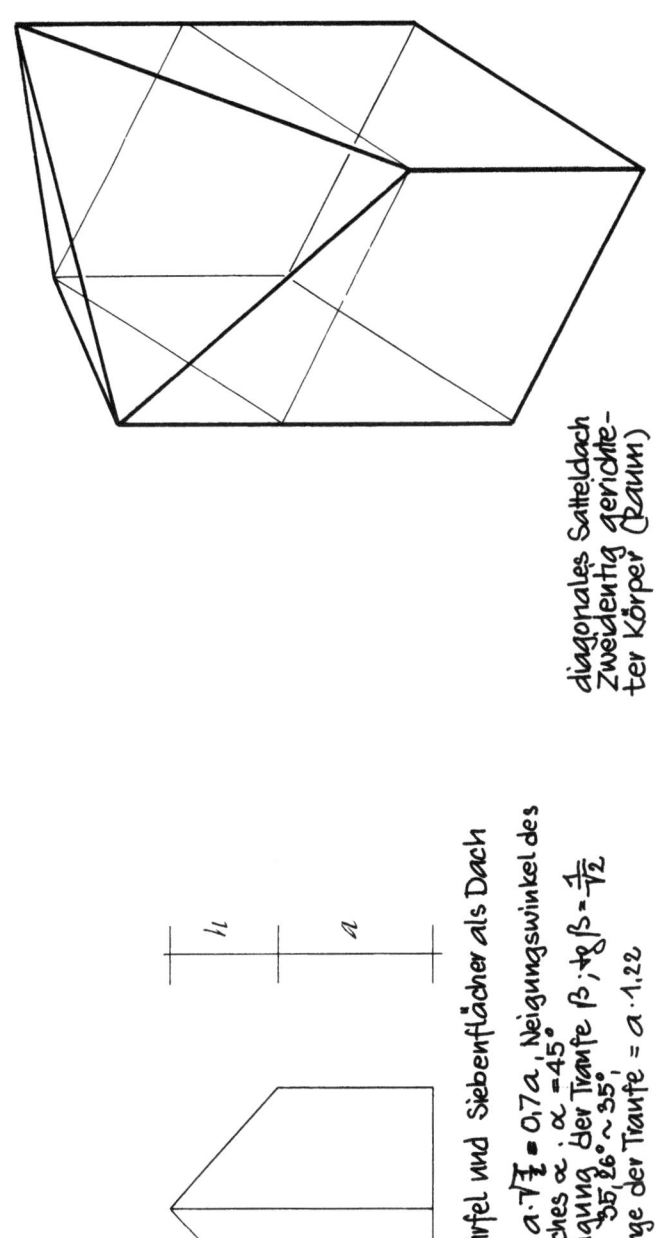

Satteldach eindeutig gerichteter Körper (Raum)

diagonales Satteldach zweideutig gerichteter Körper (Raum)

O.5233 Geneigte Flächen — Würfel und Dach

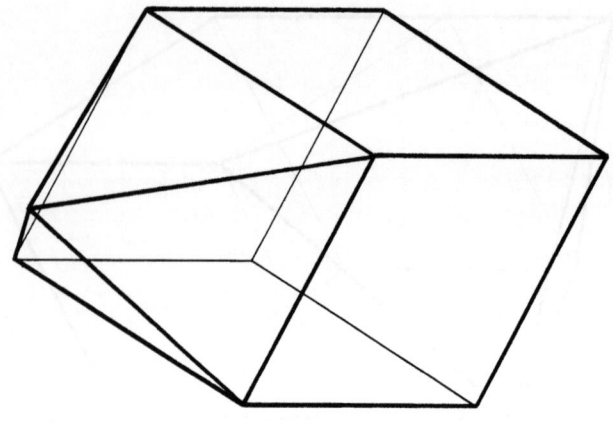
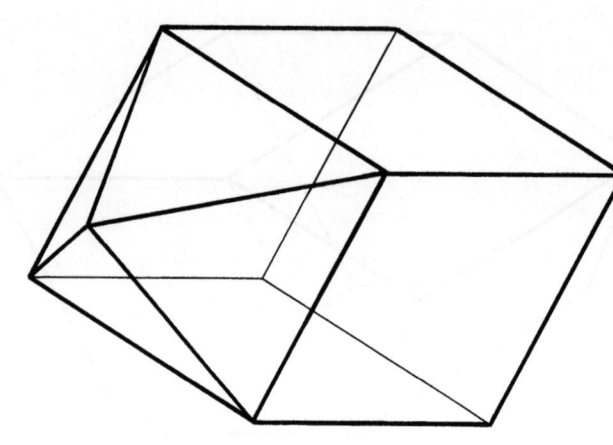

steiles Dach

flaches Dach

Würfel und Dach

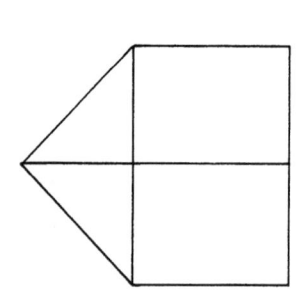
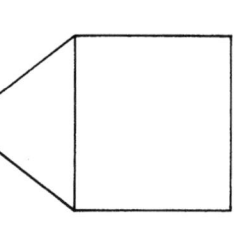

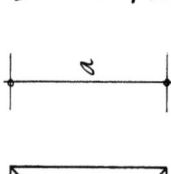

Würfel + ½ Oktaeder

$h = a \cdot \sqrt{2}/2 \approx 0{,}7\,a$
Neigungswinkel des Daches α
$\tan\alpha = \sqrt{2} \rightarrow \alpha \approx 54{,}74° \sim 55°$
Neigungswinkel des Grates β
$\beta = 45°$, Länge des Grates $= a$

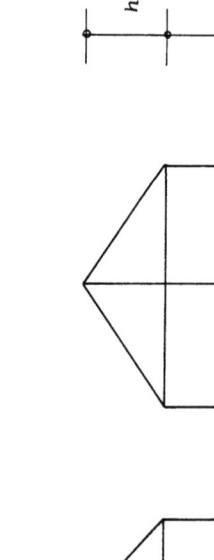
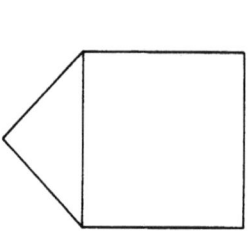
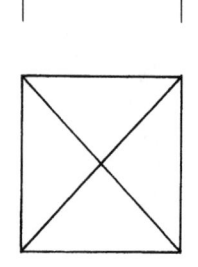

Würfel + ½ gedrückten Oktaeder

$h = a \cdot \tfrac{1}{2}$
Neigungswinkel des Daches $\alpha = 45°$
Neigungswinkel des Grates β: $\tan\beta = \tfrac{\sqrt{2}}{2}$
$\beta = 35{,}6° \sim 35°$, Länge des Grates g
$g = 0{,}87\,a$

Dächer, Würfel und Dach — Geneigte Flächen — O.5234

Würfel und Dach

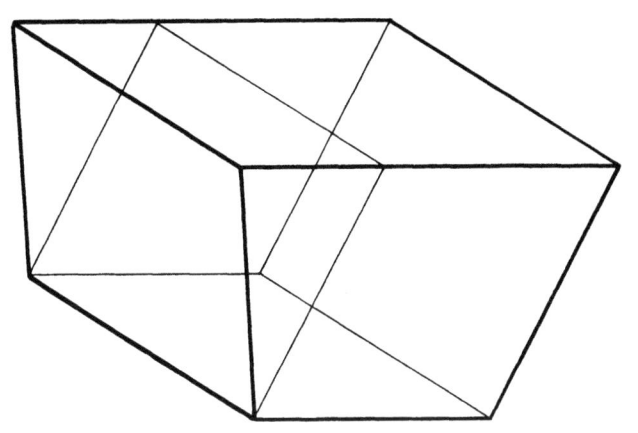

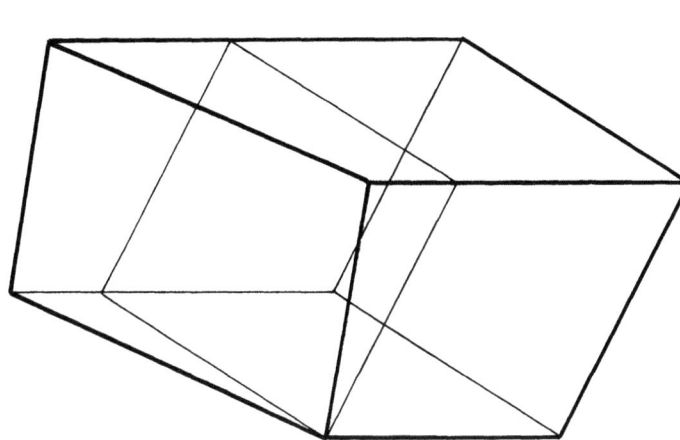

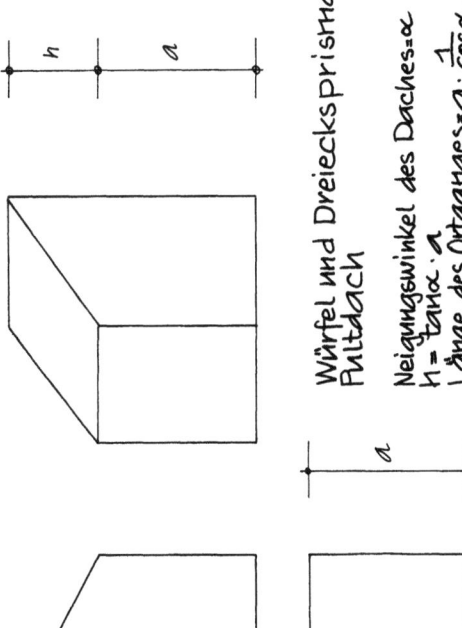

Würfel und Dreiecksprisma Pultdach

Neigungswinkel des Daches = α
$h = \tan\alpha \cdot a$
Länge des Ortganges = $a \cdot \dfrac{1}{\cos\alpha}$

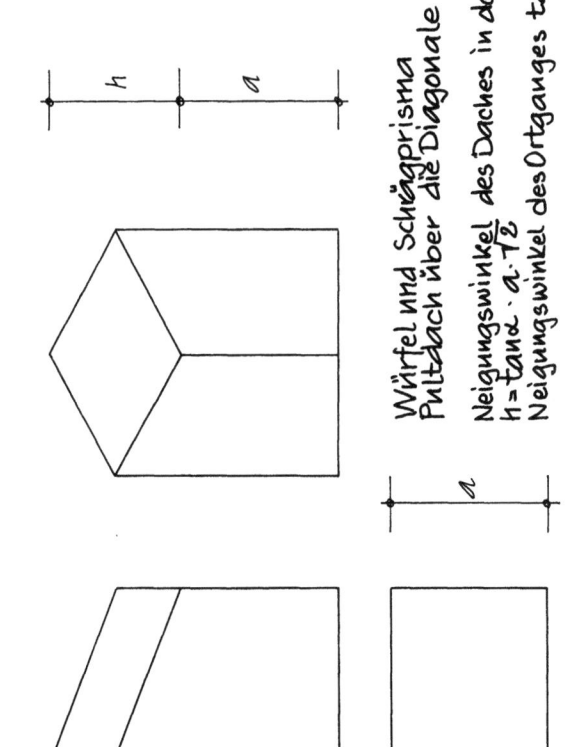

Würfel und Schrägprisma Pultdach über die Diagonale

Neigungswinkel des Daches in der Diagonale = α
$h = \tan\alpha \cdot a\sqrt{2}$
Neigungswinkel des Ortganges $\tan\beta = \dfrac{h}{2a}$

O.5235 Geneigte Flächen — Würfel und Dach

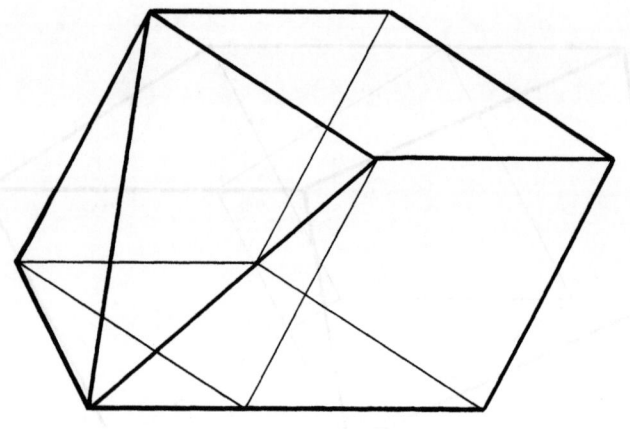
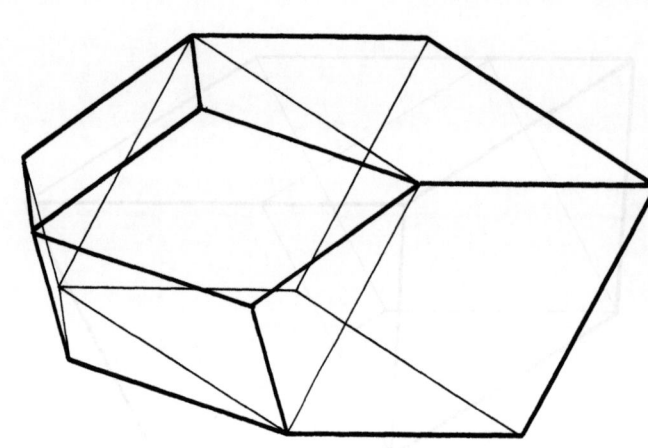

Würfel und Dach

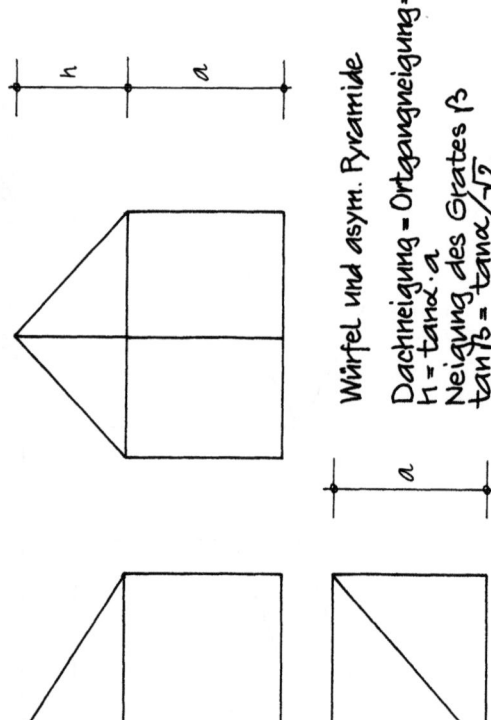

Würfel und asym. Pyramide
Dachneigung = Ortgangneigung = α
$h = \tan\alpha \cdot a$
Neigung des Grates β
$\tan\beta = \tan\alpha / \sqrt{2}$

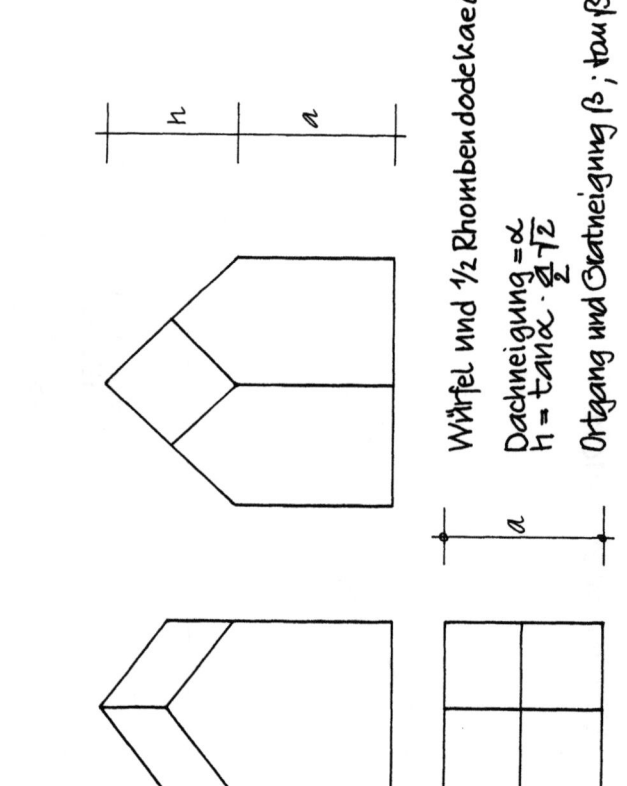

Würfel und ½ Rhombendodekaeder
Dachneigung = α
$h = \tan\alpha \cdot \frac{a}{2}\sqrt{2}$
Ortgang und Gratneigung β; $\tan\beta = \frac{h}{a}$

Dächer, Würfel und Dach Geneigte Flächen **O.5236**

Würfel und Dach

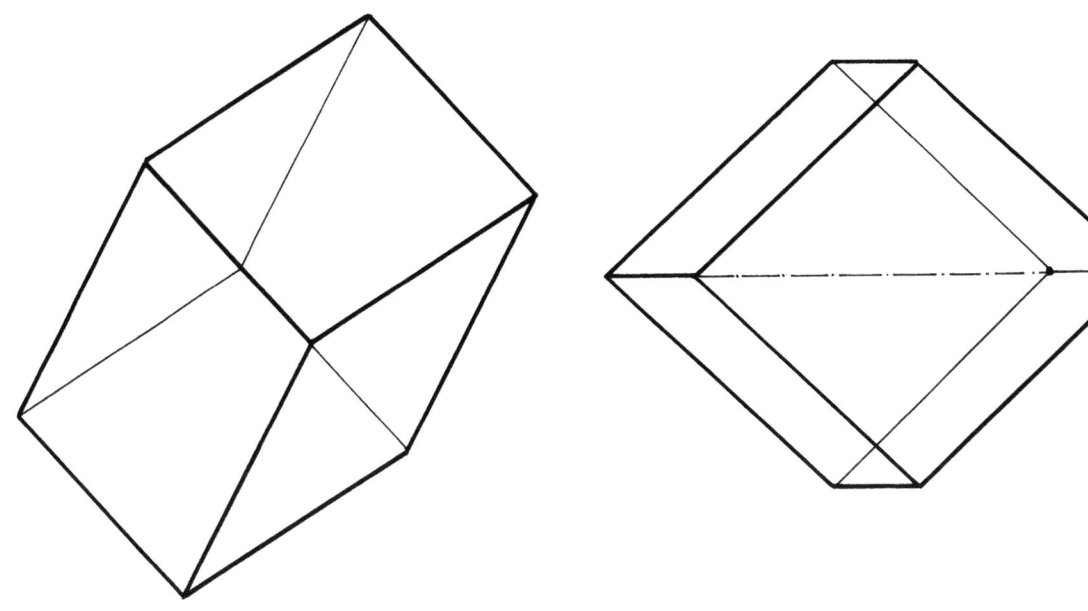

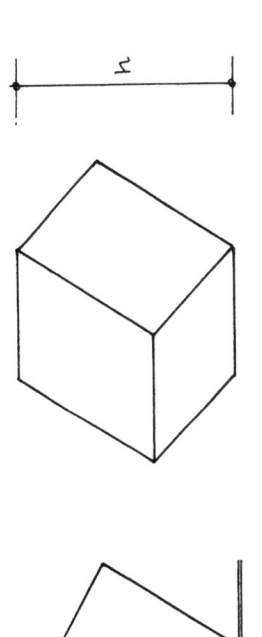

Würfel um eine Kante gekippt

Neigungswinkel zur Horizontalen α
$h = \sin(\alpha + 45°) \cdot a \cdot \sqrt{2}$

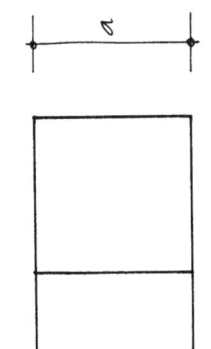

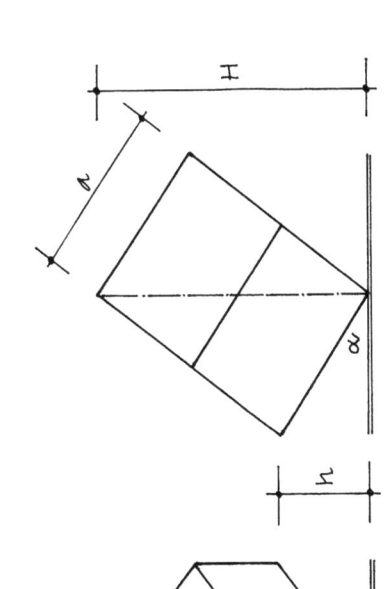

Würfel auf die Spitze gestellt

H = Raumdiagonale = $a \cdot \sqrt{3}$
α = Neigungswinkel der Würfelseite zur Horizontalen = 34,7°
$h = 0,57 \cdot a$

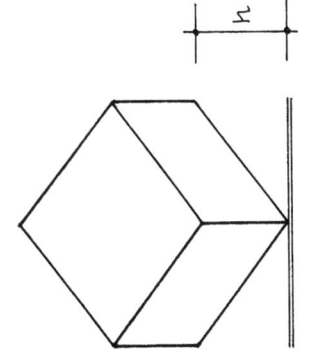

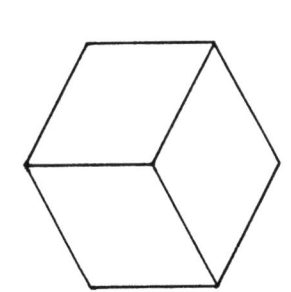

O.52 Geneigte Flächen — Würfel und Dach

Geneigte Flächen - Dächer

Geschichtlich betrachtet war das Dach das erste Element aus dem das Haus entstand; auf etwas vorbereitetem Untergrund wurden Schilf, Binsen, Blattwedel und ähnliche Materialien einfach gegeneinandergelehnt. Das Haus, oder vielmehr der entstandene, Raum hatte keine Wände, sondern nur einen Fussboden und das Dach - etwa 10 000 v.Chr.

Das Dach war Schutz und Schirm vor den Unbilden der Witterung und erfüllte diesen Zweck sicher mit mehr oder weniger gutem Erfolg. Die Urform war das Zelt- oder das Satteldach. Erst etwa 7000 Jahre danach, begann man das Dach auf senkrechte Aussenwände zu setzen - die auch heute noch übliche Hausform mit dem Flach- oder Steildach war entstanden.

In den Trockenregionen, die sich klimatisch von unseren Verhältnissen sehr stark unterscheiden, verkümmerte das ursprüngliche Dach nach der Erfindung der Aussenmauern sehr schnell zu einem fast waagerechten oberen Abschluss der Räume. Entsprechend unterschiedlich war auch das weiter verwendete Deckungsmaterial. Bei dem Steildach entwickelt sich die Schuppendeckung aus dem kleinteiligen Grundmaterial; das sehr flache Dach stellt andere Anforderungen. Regen tritt nur selten auf, das kostbare Wasser muss in einem geschützten Innenhof gesammelt werden und darf nicht nutzlos versickern. Das Dach und seine Form tritt zumindest nach aussen nicht in Erscheinung; der Abschluss der senkrechten Wände ist waagerecht und verbirgt die horizontale oder schwach geneigte Ebene des Daches. Die vordergründige Funktion dieser Dächer ist nicht mehr der Schutz vor Niederschlägen sondern der Sonnenschutz, der Schattenspender für eine kühlere Raumatmosphäre.

Die waagerechte Stützebene des "Erd"-Geschosses wird nicht nur in den darüberliegenden Geschossdecken wiederholt, sondern auch im obersten Abschluss des Hauses. Der entmythologisierte, mathematische Raumkubus war geschaffen und die Möglichkeit der Erweiterung durch Übereinanderschichten, denn Decke und Dach waren materiell nahezu gleich.

Decke und Dach bestanden - und bestehen in jenen Ländern auch heute noch - aus einem tragenden Gefüge aus Holzbalken und einer darüberliegenden Schicht aus einem Holzgeflecht, das mit Lehm verstrichen ist.

Eine formal vollkommen andere Entwicklung nahm das Steildach, auch wenn man gewisse Ähnlichkeiten, ja Übereinstimmungen mit der fremdartig wirkenden Flachdachentwicklung feststellen kann. Für beide Dachformen waren neben den klimatischen Bedingungen auch noch die Verfügbarkeit des geeigneten Materials bestimmend; immer aber stand die D a c h d e c k u n g im Vordergrund und das Dachgerüst, der Dachstuhl, war nur Mittel zum Zwecke der Befestigung des Deckungsmaterials.

Diese Erkenntnis hat sich heute vollkommen verschoben, ja umgekehrt. Die technischen Möglichkeiten der verschiedenen Dachdeckungen sind so vielfältig, dass innerhalb festgelegter konstruktiver Grenzen keine Einschränkungen bestehen. Die Frage nach dem Wie bei der konstruktiven Lösung des Dachtragwerkes gewinnt die Oberhand. Damit hat sich jedoch auch der formale Anspruch verändert.

Die Entwicklung des Deckungsmaterials in der Steildachregion führt in logischer Konsequenz zur Schuppendeckung, die sich aus der Verwendung von Rindenstücken und luftgetrockneten Lehmplatten ableiten lässt. Die heutigen Formen der Deckungen mit Dachziegeln, Holzschindeln und Natur- bzw Kunststeinplatten lassen sich alle darauf zurückführen. Die Gemeinsamkeit dieser Deckungen ist die einfache Grundabsicht das Niederschlagswasser auf schnellstem Wege von Deckungselement zu Deckungselement sicher abzuleiten.

Die Kleinteiligkeit des Deckungsmaterials bedingt ein enges Stützgebilde - meist Dachlatten - die selbst auf Dachträgern, den Sparren, befestigt sind. Die Sicherheit des schnellen Wasserablaufes wird in erster Linie durch die Dachneigung gewährleistet, die Form des Deckungsmaterials und das Fugenbild sind weniger massgebend. Ein steiles Dach bedingt bei geringer Raum- oder Hausbreite lange Dachträger, die meist mehrmals zu unterstützen sind. Die strukturelle Kompliziertheit des Gefüges eins Dachstuhles rührt meist daher, dass die rasterhaft angeordneten Unterstützungspunkte nicht deckungsgleich mit tragenden Elementen darunterliegender Geschosse sind. Entweder hat die Wahl des Deckungsmaterials über die sich ergebenden Konsequenzen des Dachtragwerkes zu einschneidenden Einengungen der räumlichen Bildung darunterliegender Geschosse geführt oder es mussten wegen räumlicher Gegebenheiten Hilfs- und Stützkonstruktionen im Dachtragwerk eingefügt werden.

In diesem Dilemma befinden wir uns auch noch heute, trotz weitaus verbesserter konstruktiver Massnahmen. Dies ist der erste Zusammenhang, der deutlich macht, dass das Dach nicht nur der "Hut auf dem Hause" ist, sondern gegenseitige Einflüsse berücksichtigt werden müssen.

Der Hut auf dem Hause setzt auch einer weiteren Vorstellung enge Grenzen. War es beim Flachdach ohne weiteres denkbar noch ein Geschoss hinzuzufügen, wenn wir von der Veränderung der Proportionen einmal absehen wollen, so stösst dieser Gedanke bei dem Steildach sofort auf Widerspruch. Das Steildach scheint in seinem Kontext zu dem Baukörper darunter irgendwie eine endgültige Lösung darzustellen, die nicht zerstört werden soll. Und tatsächlich, wenn man sich heutige Baukörper mit einem Flachdach ansieht - der Eindruck verstärkt sich vor allem bei Hochhäusern und grossen Baukomplexen - so wünscht man sich sehr häufig den formalen Hinweis, dass die jetzige Höhe die endgültige, ja die richtige ist.

Dem Steildache haftet immer noch der Eindruck einer gewissen Leichtigkeit an; möglicherweise wirkt die ursprüngliche Steildachform als Zelt noch über Jahrtausende hinweg. Dieses Gefühl bleibt auch dann erhalten, wenn das Dach mit schwerem Steinmaterial eingedeckt ist. Dieser Gefühlseindruck stimmt mit der Tatsache überein, da wir nur die äussere Form gewahrend, zu dieser nur noch das Dachgerüst eventuell hinzurechnen und das wiegt weniger, als ein Flachdach. Gleichzeitig unterliegen wir einer Täuschung, denn in den meisten Fällen liegt in der Höhe der Traufe eine Decke, die die Räume gegen den Dachraum abschliesst, die wir aber nicht zum Dach mitrechnen.

Die scheinbare Nutzlosigkeit des Dachraumes wird bei der Betrachtung des Hauses von aussen nicht wahrgenommen. Das Haus ist ein Hohlkörper und seine Aussenhaut umschliesst Räume ohne eine Wertigkeit festzulegen. Die Aussage ist bei dem Flachdach eindeutiger und klarer, als bei dem Steildach. Der Dachraum ist bei dem Steildach. Der Dachraum als Zwischenraum zwischen der Decke über dem obersten Geschoss einerseits und der Dachhaut andererseits ist ein Niemandsland. Von den Innenräumen her wird dieser Interimsraum "Speicher" nicht wahrgenommen, die äussere Form zeigt ihn aber unmissverständlich. Vom Innenraum ist die eigentliche Dachform nicht zu erfassen - über der Decke kann sich ein Flach- oder ein Steildach befinden.

Der Dachraum ist von seiner Gestalt und seiner strukturellen Erscheinung her viel zu interessant, um ihn zu verschweigen. Hat er doch als Speicher just jene Form, die wir als Urhaus erkannt haben.

Die Erscheinung des Raumes unter dem Dach, eben mit dem schrägen oberen Abschluss, ist ein formaler Gewinn, da eine zusätzliche Raumzonung durch eine unterschiedliche Raumhöhe entsteht. Die Struktur des Dachgerüstes braucht nicht versteckt zu werden, da die konstruktive Logik eine visuelle Sicherheit erzeugt.

Der schlüssige Zusammenhang zwischen Innenraum und Aussenform ist nun erst erreicht. Dieses Plädoyer für Innenräume bis unter die Dachfläche darf nicht falsch verstanden werden. Es ist keine Forderung nach dem absoluten Muss, sondern nur ein Hinweis darauf die Möglichkeiten nicht aus dem Auge zu verlieren.

Noch ein Wort zur Dachdeckung selbst; alle Schuppendeckungen haben gemeinsam einen Vorteil, die Dachhaut ist wegen der Kleinteiligkeit sehr lebendig und das sowohl in formaler Hinsicht als auch in technischer. Keine Deckung ist so gut wie die Dachtragwerk aufzunehmen und Verschiebungen im Dachtragwerk aufzunehmen und keine schmiegt sich so gut gegebenen Formen an. Die Anpassung an vielflächige Formen, ja auch an runde, ist zwar auch durch Blech- und Foliendeckungen gegeben, aber gegen Bewegungen und Verschiebungen sind sie empfindlich.

Formal unbefriedigend sind grossflächige, ebene Dächer, die mit Kies abgedeckt sind. Liegen sie in grösserer Höhe, so wird einem wenigstens der Blick auf sie erspart und es bleibt nur die Frage nach dem oberen Abschluss des Baukörpers. Liegen sie jedoch in geringer Höhe, so muss man sich mit ihrem Anblick auseinandersetzen.

Es sei gleich vorweggenommen, die Erfindung des begrünten Daches stammt nicht von einem wiener Maler unseres Jahrhunderts; sie ist wahrscheinlich schon einige Jahrtausende alt, denn die Hängenden Gärten der Semiramis waren wohl nichts anderes, als bepflanzte Dachterrassen.

Das flache, ebene Dach, als Form in unseren Breiten unbekannt, war erst durch neue Deckunsmaterialien möglich. (Holzzementdach seit 1840). Die Gefährlichkeit eines Pflanzenwuchses auf einem ebenen Dach war von Anfang an bekannt und man versuchte mit vegetationsfeindlichen Schichten jeglichen Bewuchs zu vermeiden. Erst die neuesten Möglichkeiten die Dachdichtungsbahnen vor einer mechanischen Beschädigung und Durchwurzelung zu schützen, lassen begrünte Dächer in grossem Umfang zu.

Schon früher hat man durch Pflanzkübel versucht Terrassendächer zu beleben und damit gute Erfolge erzielt. Manch eine sonst öde Plattenwüste eines Terrassendaches hat durch solch eine Massnahme sehr gewonnen. Der Anfang war gemacht, aber das grossflächige Grün, der Garten im x-ten Geschosse, war noch nicht möglich. Heute sind die technischen Möglichkeiten soweit gediehen, dass ein begrüntes Dach kein erhöhtes Risiko darstellt, wenn man sich genau an die technischen Regeln hält. (Siehe dazu auch BAUKONSTRUKTIONEN Band III, Dachdeckungen.)

Auf alten Steildächern kann man auch hin und wieder extensives Grün beobachten, das sich von selbst angesiedelt hat. Noch deutlicher zeigen alte Ried-, Rindenund Schindeldächer in Skandinavien einen zum Teil intensiven Grasbewuchs. Sicher, solch eine Begrünung trägt zu einem rascheren Verfall der Dachdeckung bei, aber der Reiz, der davon ausgeht bleibt unbestritten.

Es verwundert also kaum, dass nun auch die positiven Ergebnisse, die man bei ebenen, begrünten Dächern erzielt hat, zu Versuchen geführt haben, die Erkenntnisse auf Steildächer zu übertragen. Das Wort Steildach ist hier trügerisch, da extensives Grün bis zu einer Dachneigung von ca 40 Grad möglich ist; an jedem steileren Dach scheitern die Bemühungen.

In der Wahrnehmung der äusseren Erscheinung des Daches ist erneut eine Änderung eingetreten. Die äussere Gestalt des Daches hat über die Jahrtausende hinweg, die es unser tägliches Leben begleitet, einen symbolhaften Charakter angenommen; es ist oberer Abschluss des Raumes oder Hauses, Schutz und Hut. Bisher konnten wir mit Recht behaupten, dass die Dachfläche, mehr noch bei geneigten als bei waagerechten Dächern, mit der uns gemeinhin bekannten Erscheinung der Stützebene keine Ähnlichkeiten aufwies. Die Einschränkung mit den ebenen Dächern muss gemacht werden. Zwar haben sich die bekiesten Flachdächer, wegen der Gleichförmigkeit und der unnatürlichen Flächigkeit und die plattenbelegten Terrassen, die eher an Balkone oder Altane erinnern, kaum Ähnlichkeiten mit der Erscheinung der Stützebene; das Material Stein ist es jedoch, dass zu der Überlegung veranlasst.

Nun befindet sich ein wesentliches Merkmal der Stützebene auf dem Dach - Begrünung mit Gras, niedrigem Buschwerk bis hin zu Bäumen; das allerdings nur dann, wenn es sich um ebene Dachflächen handelt. Aber selbst auf flach geneigten Dächern ist ein intensiver Bewuchs möglich, der auch für jene schrägen Flächen - Erdgebundenheit signalisiert.

Zwei Erwartungen überschneiden sich bei dieser Wahrnehmung : erstens, die bisher gewonnene Erkenntnis, dass ein Dach l e i c h t ist und zweitens, dass man sich u n t e r d e r E r d e befindet. Zwei Erfahrungen, die miteinander unvereinbar erscheinen. Der Gedanke, dass man sich in einer Höhle befindet, wird wieder wachgerufen (siehe dazu das Kapitel Raum in diesem Buche), aber in einer komfortablen. Die Stützebene ruht nicht nur zu Füssen des Bauwerkes und dieses ruht auf ihr, sondern sie deckt es auch an der Oberseite ab.

Wandöffnungen **O.60**

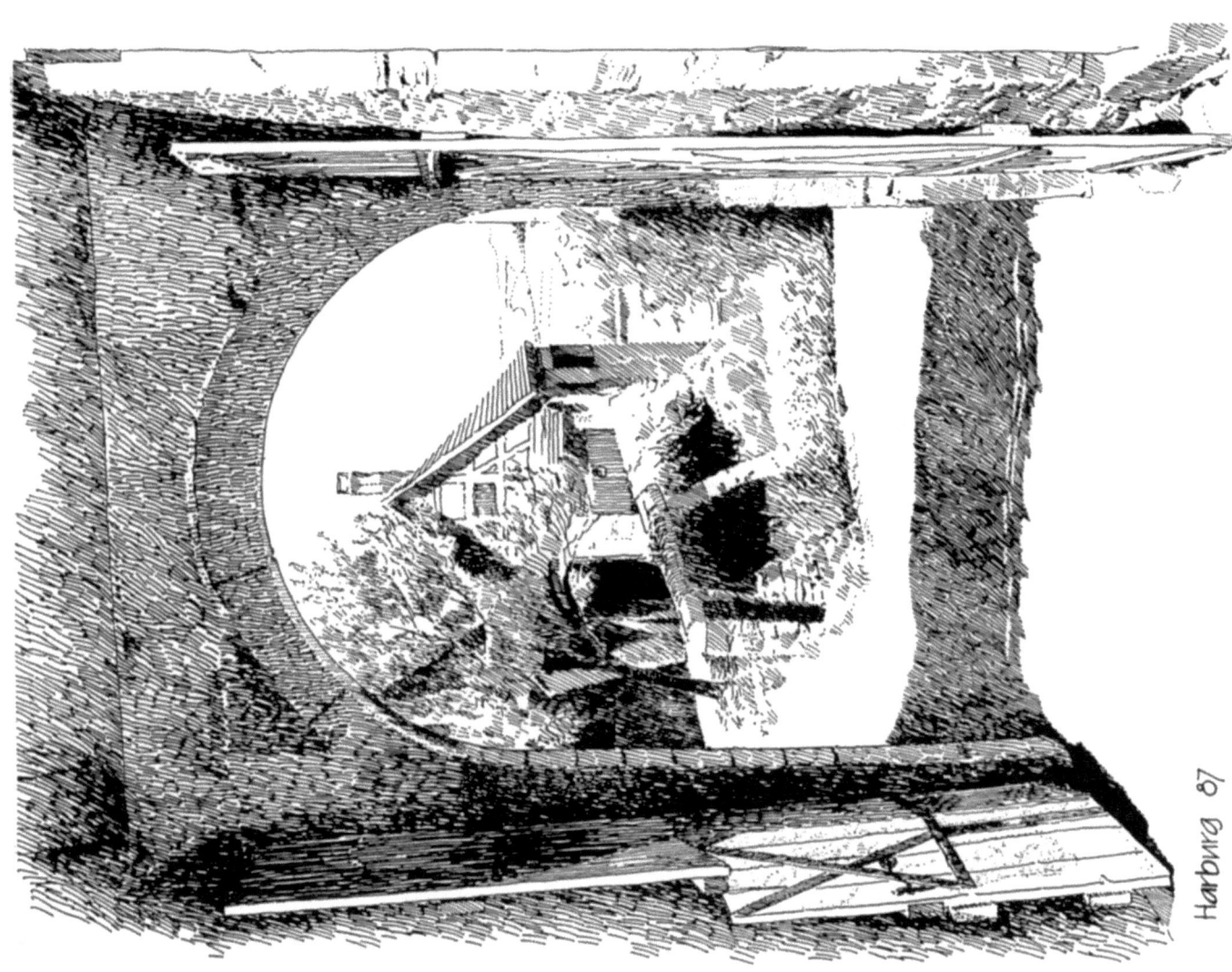

Harburg 87

Wandöffnungen

O.61 Wandöffnungen — Fenster, Tür

Die Öffnung

Fenster

Ausblick – Einblick – Anblick

Lichtöffnung, Luftöffnung, visuelle Verbindung mit der Aussenwelt; gewollte oder ungewollte akustische Verbindung mit der Aussenwelt.
Tag-Nacht-Umkehrung! Tags dringt das Licht ein, hellste Stelle des Raumes – nachts schwarzes Loch (Unbehagen.) Trotz allem ist das Fenster Bestandteil der Wand.

Tür

Ausgang – Eingang – Schwelle

Begehbare Raumtransformation – wechselweise Aussenraum – Innenraum. Verbindung zur Aussenwelt wie bei dem Fenster.
Tür ist die Gefahrenquelle aber auch Fluchtmöglichkeit („Der Bau" Franz Kafka.)
Deutlicher, als bei dem Fenster, Bestandteil der Wand (vor allem bei geschlossener Bauweise). Dafür umso überraschender der Lichteinfall durch eine geöffnete Tür.
Fenstertür ist eine Kombination aus der Erlebniswelt Fenster und Tür.

Fenster Wandöffnungen **O.6101**

Die Öffnung

Öffnungen in den "Oberflächen" der Innenräume, Öffnungen in den "Massen", die Zwischenräume einschliessen, sind Angebote zu räumlicher Kommunikation.

Aus klimatischen Gründen und wegen der Sicherheit werden die Öffnungen verschlossen – Fenster und Tür. Es war ein langer Weg von der Lüftungs- und Rauchabzugsöffnung bis zum wärmegedämmten Glasfenster. Erst dieses macht die visuelle Kommunikation möglich.

Wahrnehmung durch das Fenster:
Licht, visuelle Eindrücke und Orientierung; Ausblick und Einblick (z.B. Schaufenster)
"Dunkelheit" bedeutet keine Wahrnehmung, das Fenster wird zum "schwarzen Loch", der Raum schliesst sich trotzdem nicht – keine Wahrnehmung durch das Fenster im Gegensatz zur Wahrnehmung der strukturierten Oberfläche. Auch bei geschlossenem Fenster. Bei geöffneten Fenster:
Luft, Temperaturwahrnehmung auf der Haut,
Luftbewegung - Zug
Geruchswahrnehmung
Lärm bzw Geräusche, zwar treten diese auch durch die Schwachstelle Fenster, wenn dieses geschlossen ist, aber in gedämpfter und eventuell verfremdeter Weise.

Wärmestrahlung – diese geht auch nahezu ungehindert durch das geschlossene Glasfenster. Durch physikalische Vorgänge ist eine Rückstrahlung der Wärme aus dem Innenraum durch das Fenster sehr eingeschränkt. Das Glasfenster wird zur "Wärmestrahlenfalle", diesen Vorgang bezeichnet man Glashauseffekt.

Darauf baut die passive Nutzung der Solarenergie. Will man dies wirkungs voll betreiben, so müssen die Fenster vor allem in der kalten Nacht, gegen Wärmeübertragung gedämmt werden

O.6102 Wandöffnungen   Tür

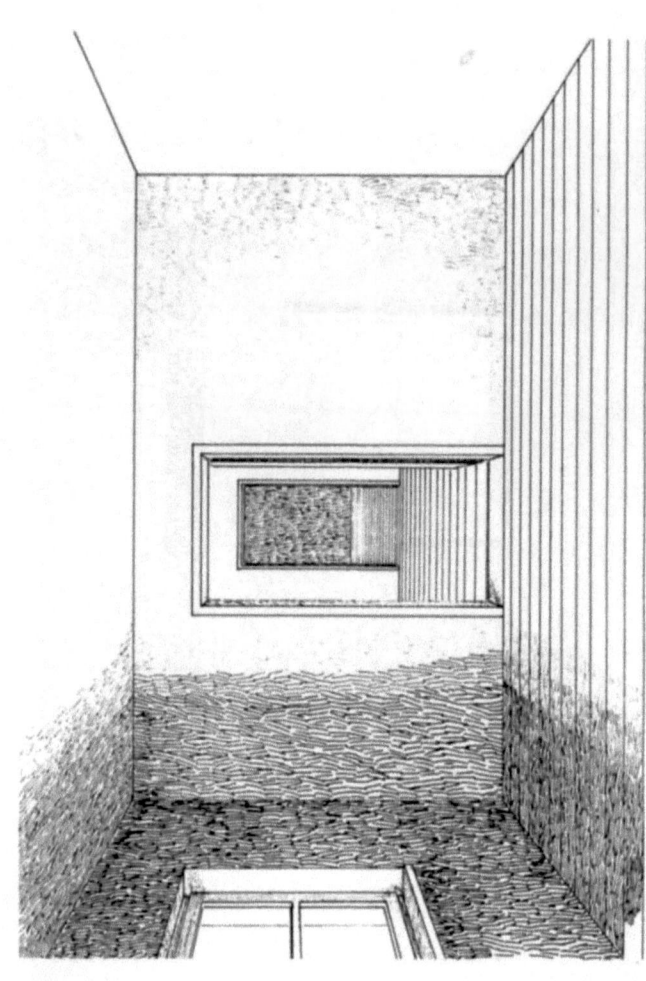

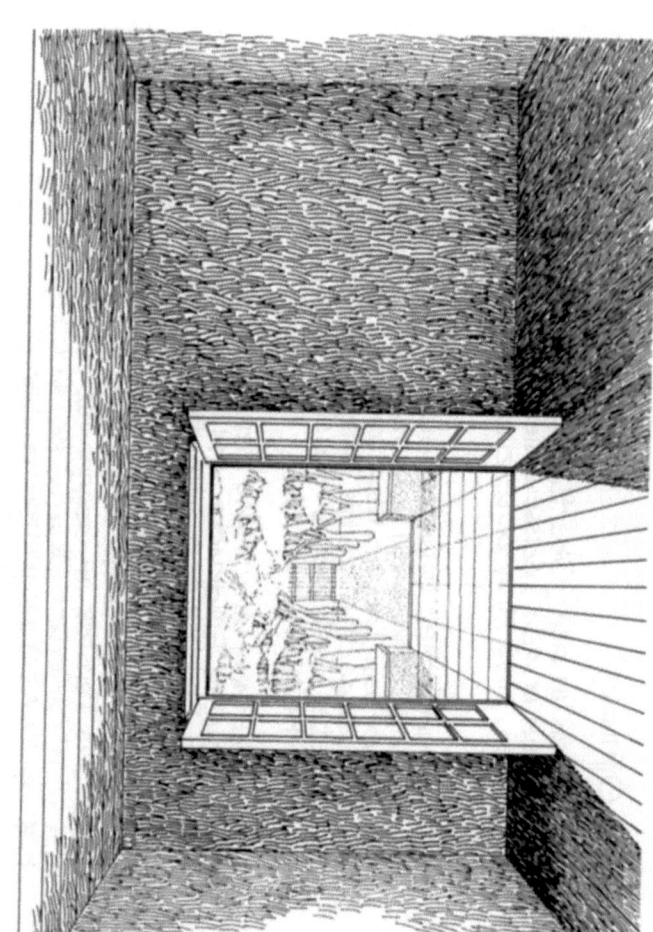

Die Öffnung

Für die Wandöffnung Tür gilt all das für das Fenster Gesagte – nur mit der Erweiterung, dass die Tür auch durchschritten werden kann.

Lässt das Fenster schon eine Fülle von Wahrnehmungen eines Raumes zu, der eigentlich nicht derjenige ist, in dem man sich aufhält, so bietet die Tür die Möglichkeit der Bewegung von einem Raum in den anderen.

Türen bezeichnen ähnlich wie Treppen vorgegebene Bewegungsabläufe – Angebote zu einer Bewegung.

Die geschlossene Tür bedeutet Privatheit, Verborgenes und für den, der sie durchschreiten darf, Heraushebung der Person (manchmal auch Gefahr). In den Märchen nahezu aller Nationen spielt das Durchschreiten und Öffnen von Türen Läuterung. Die Tür ist das Tor zum Verständnis der Raumtransformation und des Hintersichlassens eines Raumes.

Tür – Eingang   Wandöffnungen   **O.6103**

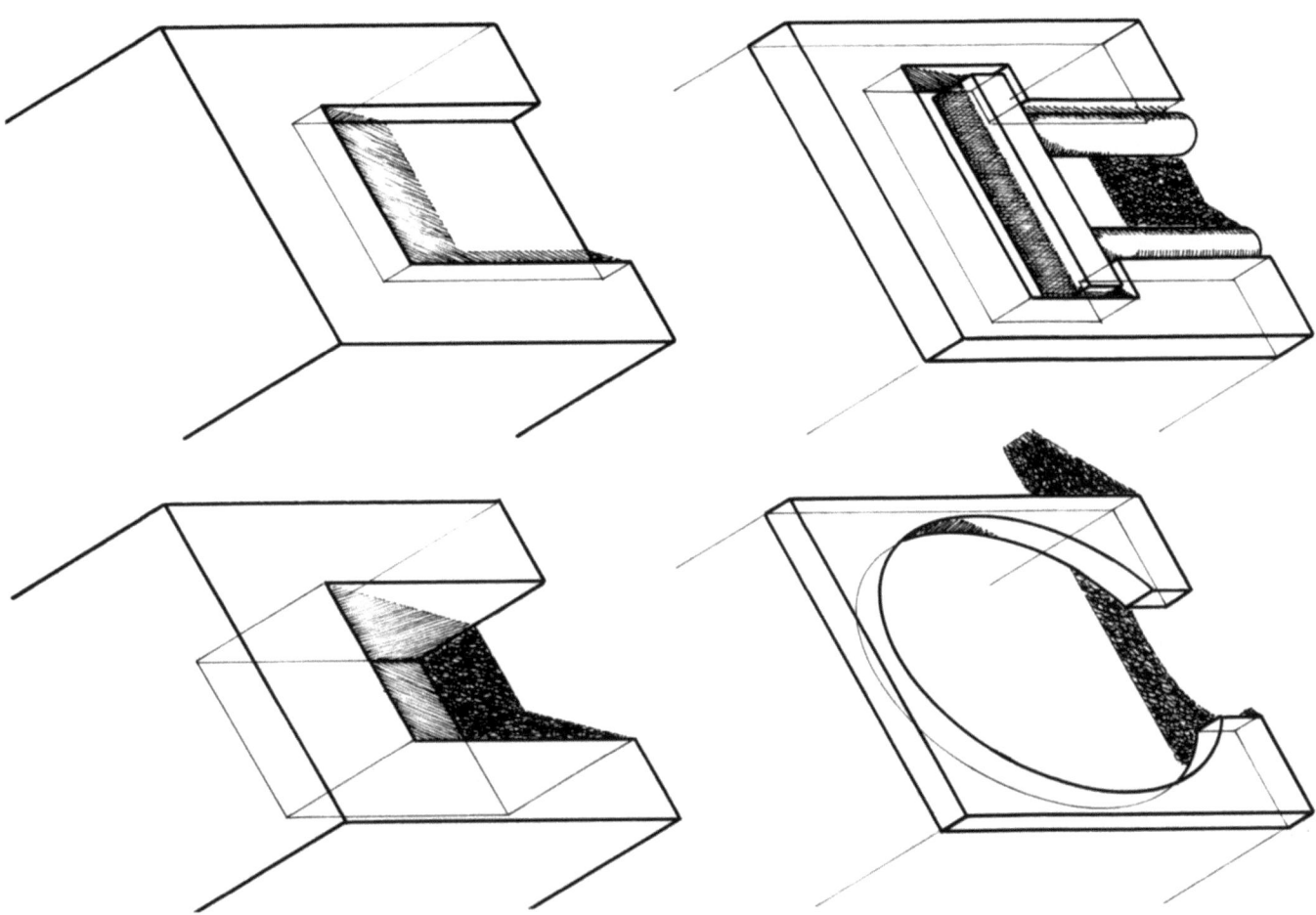

Die Öffnung

Von dem einfachen Höhleneingang bis zu dem formal verfeinerten Eingang ist ein weiter Weg.

Ausser der Form ist die Lage in der Wand und in der Tiefe für die Erscheinung wichtig. Schattenwirkung – Hell-Dunkelkontraste.

Die geometrische Form der Öffnung hat im Laufe der Zeit symbolhaften Charakter bekommen. Aufwendige Formen ziehen den Blick auf sich und lassen andere einfachere Formen zur Bedeutungslosigkeit sinken. Markierung der Öffnungen.

O.6104 Wandöffnungen Tür – Eingang

Der sehr noble Hinweis wo, aber auch wie man das Haus betritt. Einladung und sichtbarer Eingang. Hier „öffnet" sich das Haus, ist die Sicherheit der Wand unterbrochen (Siegfried-Stelle), aber durch die verwendete Architektursprache wird auch die Schwelle, die Hemmung verdeutlicht.

Heute ein eher vernachlässigter oder auch vergessener Akzent, der auch hier deutlich den „Verlust der Mitte" aufzeigt.

Das Verstecken, die Nebensächlichkeit des Eingangs führt zu Orientierungslosigkeit. (Verstecken des Einganges – Franz Kafka „Der Bau".)

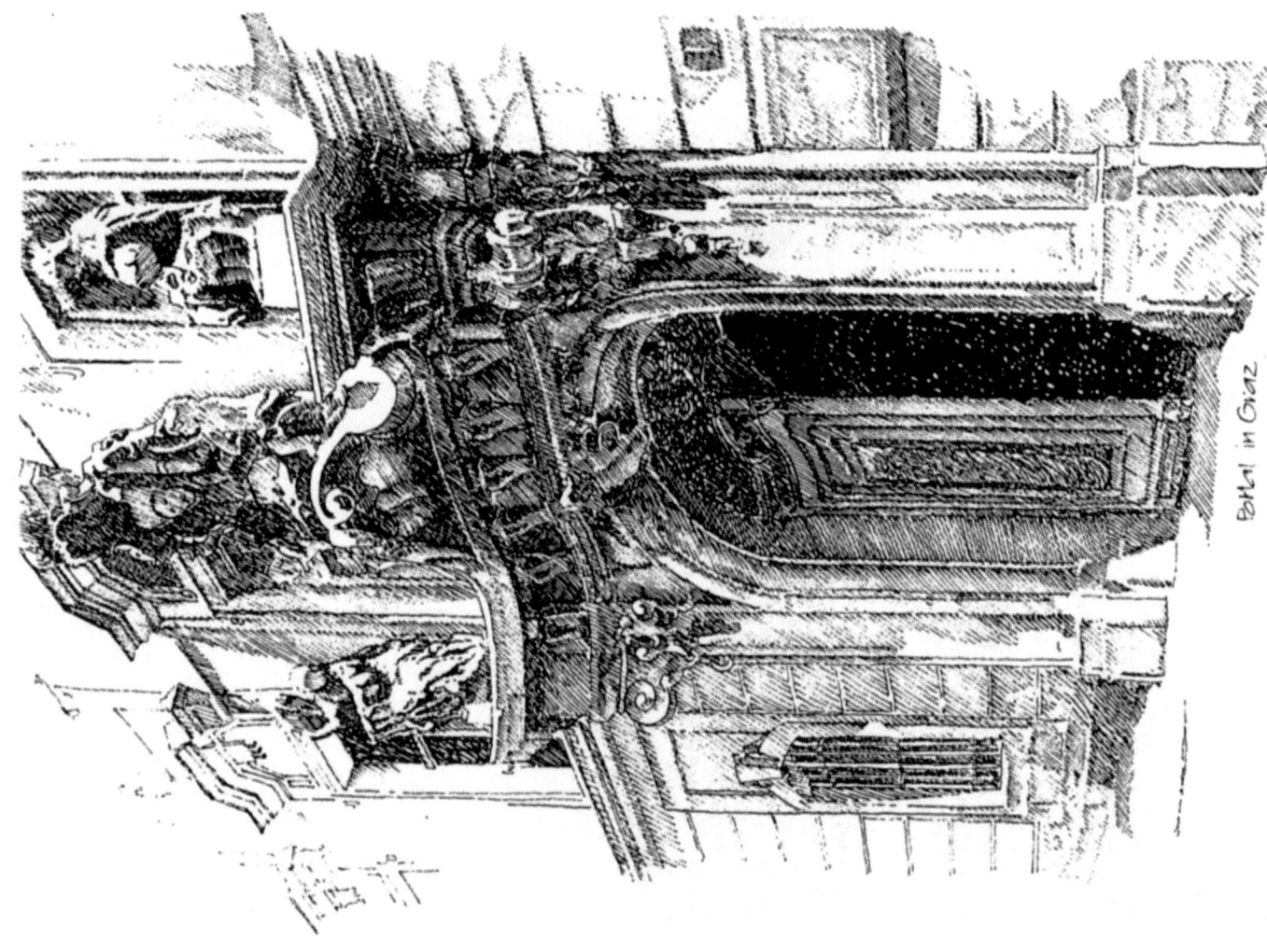

Portal in Graz

Fenster — Wandöffnungen — **O.6105**

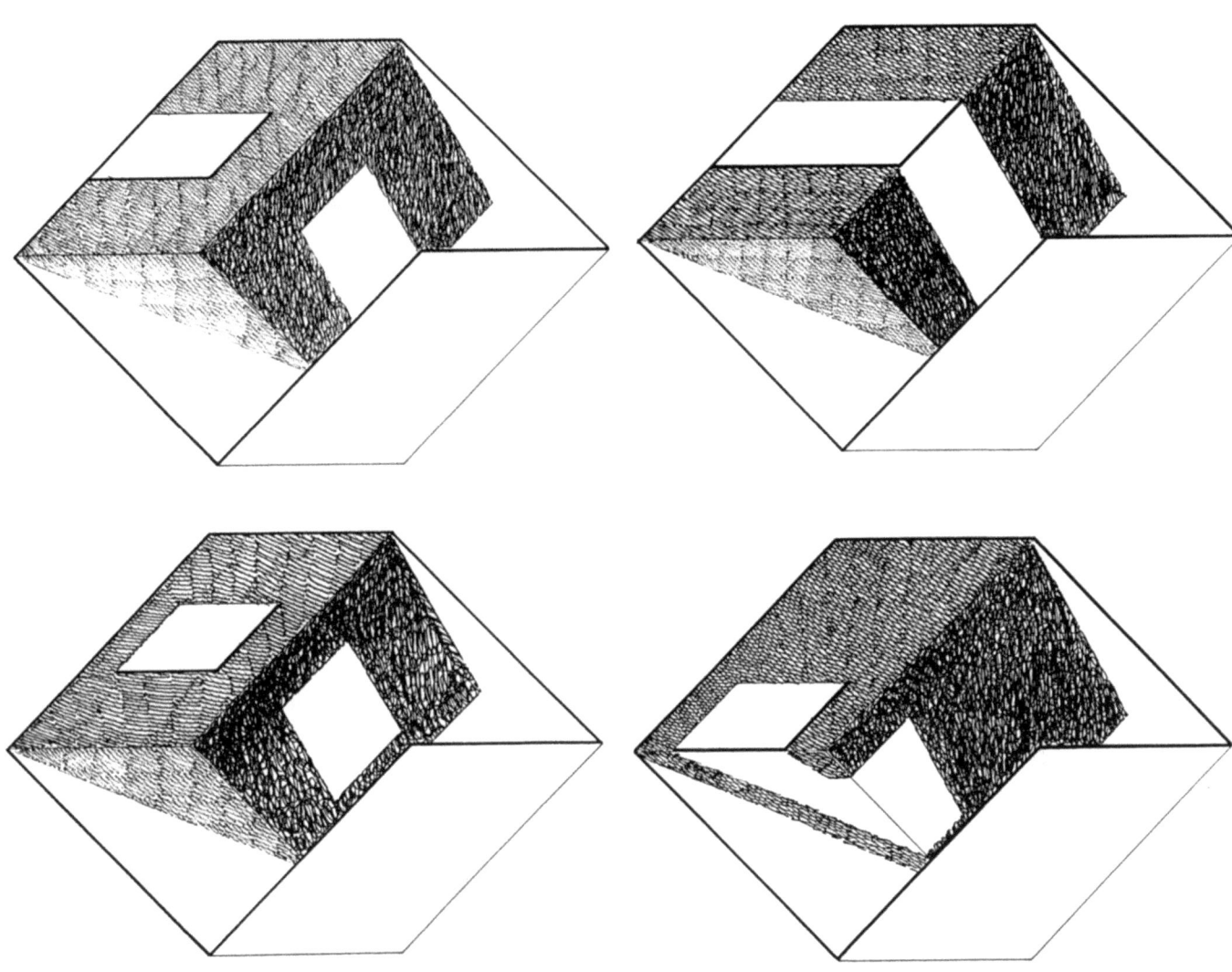

Die Öffnung

Die Lage in der Wand und die Grösse der Öffnung sind für die formale und konstruktive Orientierung des Raumes bestimmend.
Lichteinfall und Reflexion, Hell-Dunkelwerte und Raumzonung durch unterschiedliche Helligkeitswerte beeinflussen massgeblich das Erscheinungsbild eines Raumes.

Das erwünschte Raumerscheinungsbild – die Lage der Wandöffnung – erfordert vorallem bei dem Massivbau mit tragenden Wänden gewisse Einschränkungen.
Offene Kanten sollen nach Möglichkeit vermieden werden, da gerade über diese Ecken die Aussteifungsmechanismen des Massivbaues hergestellt werden.

O.6106

Wandöffnungen   Fenster

Die Öffnung

Anordnung von Öffnungen in Räumen (Wänden) die für den Skelettbau typisch sind. An den Ecken können tragende Stäbe (Stützen) angeordnet sein, die durch horizontale Balken miteinander verbunden sind. Das erwünschte "Hinausfliessen" des Raumes wird so ermöglicht.

Fenster Wandöffnungen **O.6107**

Die Öffnung
Fenster in Dachschrägen

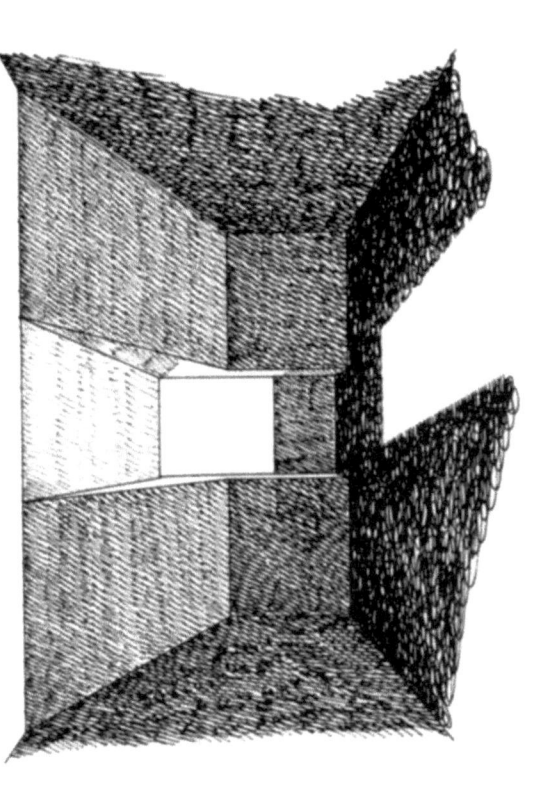
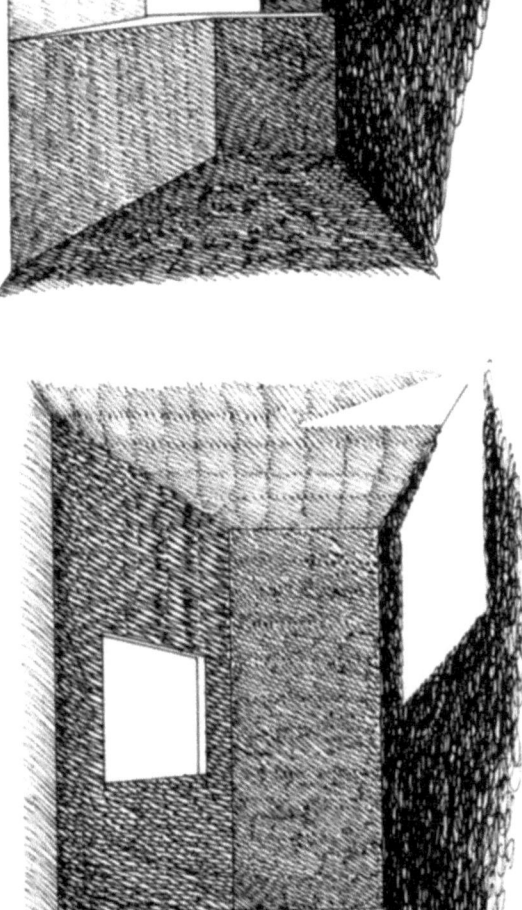

Aus konstruktiven Gründen eher kleine Fensteröffnungen, da sonst grössere Eingriffe in das Dachtragwerk notwendig sind.

Dachhäuschen (Gauben) ermöglichen Fenster in natürlicher Höhe (Brüstungshöhe), sodass auch im Sitzen die Augenhöhe (Horizont) durch die Fensterfläche (Glasfläche) verläuft. Die gewohnte Sichtbeziehung zur Umgebung - vor allem zum Terrain - ist gegeben und damit die aussenräumliche Orientierung. Mit dem Bau einer Gaube ist jedoch ein räumlicher Einschnitt in die Dachfläche verbunden, der zu einer extremen Schattenkantenbildung führt (Lichttunnel) - typisch für Räume in der Dachschräge, sehr grosse Helligkeitskontraste.

Dachschrägenfenster belichten den Raum sehr gut, haben aber den Nachteil, dass der Blickkontakt zur Umwelt eingeschränkt wird oder ganz verloren geht. Keine ausserräumliche Orientierung - Bindung zum Terrain ist nicht vorhanden (Flugzeuggefühl). Sonnenschutz ist problematisch.

Voll- oder teilverglaste Dachschrägen - Lichtflut. Sonnenschutz und Schutz vor Wärmeeinstrahlung nur schwer zu erreichen (Atelierwirkung).

O.6108   Wandöffnungen   Fenster

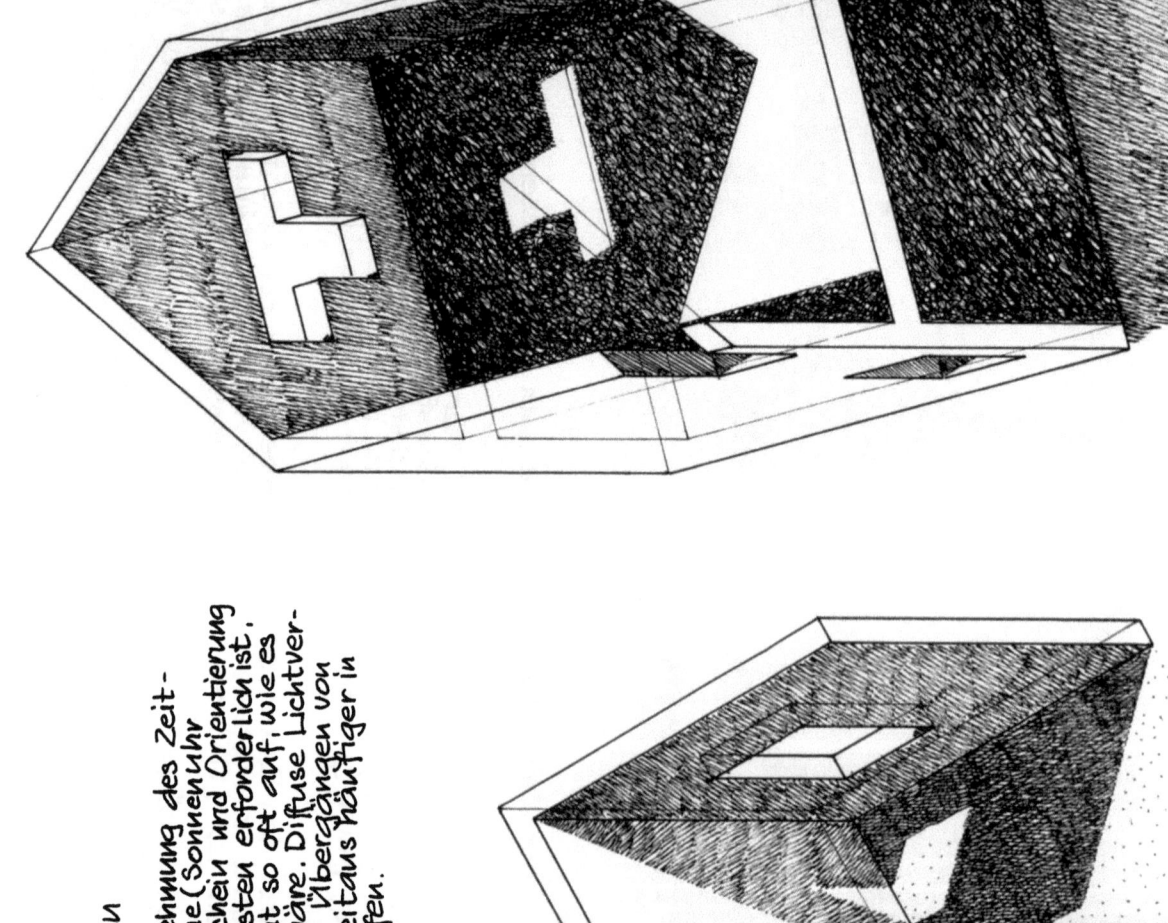

Die Öffnung
Fenster – Licht – Schatten

Sehr unbewusste Wahrnehmung des Zeitablaufes - Gang der Sonne (Sonnenuhr des Fensters). Da Sonnenschein und Orientierung nach Osten, Süden oder Westen erforderlich ist, tritt diese Erscheinung nicht so oft auf, wie es an sich wünschenswert wäre. Diffuse Lichtverhältnisse mit fliessenden Übergängen von hell nach dunkel sind weitaus häufiger in unseren Breiten anzutreffen.

Konstruktive Überlegungen

Eine Wandöffnung bedeutet in jeder Form eine Änderung des Wandgefüges. Bei massiven Mauern (Ziegel u.ä) heisst dies, dass auf die gesamte Breite der Öffnung das Prinzip der Mauer unterbrochen wird.

Das Prinzip der Mauer im ungestörten Fall besteht darin, dass immer der darüberliegende Masseteil sein Gewicht auf den darunterliegenden abstützt. Eine Unterbrechung dieses Prinzips ist nur dann möglich, wenn ein trägerartiges Bauteil - der Sturz genannt wird - dafür sorgt, dass die Lasten nach der Seite abgetragen werden.

Aus diesen Gründen werden die Öffnungen in Mauerwerksbauten keine Grössen annehmen dürfen, die das Prinzip fraglich erscheinen lassen. 2m bis 2.5m sind grosse Öffnungsbreiten, die im allgemeinen nicht überschritten werden sollen. Aus denselben Überlegungen wird man die verbleibenden Wandteile zwischen den Fenstern, die Fensterpfeiler - möglichst breit lassen - mind. gleich der Mauerdicke; = Lochfassade.

Völlig anders verhält es sich bei Gerippebauten, bei denen die Wand von vorne herein aufgelöst ist - die Wand besteht grösstenteils aus Öffnungen, zwischen denen dünne Elemente der konstruktiven Struktur, die Stützen (Säulen) stehen.

Hie tritt eher das Schliessen der Wand als Problem auf.

Liegt das Abschlusselement Wand nicht in der konstruktiven Ebene, ist letztlich jede nur vorstellbare Wandöffnung möglich.

Durchlaufende Bänder von Fenstern ohne Unterbrechung in der Fassade = Bandfassade und Türen beliebiger Breite sind möglich.

Die einzige Einschränkung bildet die Geschosshöhe; aber auch diese wird bei heutigen vorgehängten Fassaden überspielt.

Bei der Ausbildung der Stürze, die in der Regel aus einem Kern aus Stahlbeton bestehen, ist besonders auf eine ausreichende Wärmedämmung zu achten. (Ziegelstürze oder ähnliche Bauteile haben gegenüber Stahlbeton einen verbesserten Wärmeschutz, aber gegenüber einem umgebenden Ziegelmauerwerk haben sie immer noch einen erhöhten Wärmedurchgang.)

Für die überschlägige Abschätzung der Sturzhöhen sei auf den Band I Tragwerke verwiesen. Allerdings müssen die Trägerhöhen der Zeichnungen T-3.18 und T-3.19 ermitteln mit dem Faktor ×3 multipliziert werden, um realistische Werte zu erhalten.
z.B. Stahlbetonsturz über 1.5m Spannweite: aus T-3.18 h := 1.5/20 = 7.5 cm → × 3 = 22 cm, oder
h := 1.5/15 = 10 cm → × 3 = 30 cm

Die Sturzhöhe wird demnach zwischen 25 und 30 cm betragen.

Literaturverzeichnis

Ähnlichkeiten, Museumskatalog zu einer Ausstellung in Krefeld, 1986
Arnheim, R. Kunst und Sehen, Berlin 1965
Besset, M. Wer war Corbusier ? Genf 1968
Bühlmann, M. Vorräume, Treppen, Terrassen, äussere Rampen, Hof- und Saalanlagen, Leipzig 1926
Buschar, E. Technisches Sehen, München 1979
Campenhausen, von, Chr. Die Sinne des Menschen, Band I und II, Stuttgart, New York 1981
Ching, F.D.K. Die Kunst der Architekturgestaltung, Wiesbaden, Berlin 1983
Chitham, R. The classical orders of the architecture, London 1985
Debus, G. Über Wirkungen akustischer Reize mit unterschiedlicher emotionaler Valenz, Meisenheim am Glan 1978
Döllgast, H. Heitere Baukunst, München 1951
- Journal Retour, Band 1, 2 und 3, München
Ehmer, M.K. Visuelle Kommunikation, Köln 1971
Fonatti, Fr. Elementare Gestaltungsprinzipien in der Architektur, Wiener Akademiereihe, Wien 1982
Fridell, E. Kulturgeschichte der Neuzeit, München 1927 - 1931
Geisler, E. Psychologie für Architekten, Stuttgart 1978
Gibson J.J. Die Sinne und der Prozess der Wahrnehmung, Bern 1973
- Wahrnehmung und Umwelt, München, Wien und Baltimore 1982
Gombrich, E.H. Art and Illusion, New York 1960
- mit J.Hochberg und M.Black, Kunst, Wahrnehmung, Wirklichkeit, Frankfurt 1977
Gosztonyi, A. Der Raum, Freiburg 1977
Hess, F. Konstruktion und Form im Bauen, Stuttgart 1949
Hoffmann - Axthelm, D. Sinnesarbeit, Frankfurt, New York 1984
Jammer, M. Das Problem des Raumes. Die Entwicklung der Raumtheorien, Darmstadt 1960
Joedicke, J. Geschichte der modernen Architektur, Stuttgart 1958
- Vorbemerkungen zu einer Theorie des architektonischen Raumes, Bauen+Wohnen, 9/1968
- Gestalt und Gestalterleben, Bauen+Wohnen, 7/1973
Kafka, Fr. Sämtliche Erzählungen, Fischer Taschenbuch
Katz, D. Gestaltpsychologie, Basel 1948
Krämer, B. Der Raumbegriff in der Architektur, TAP - Texte, Hannover 1983
Kruse, L. Räumliche Umwelt, Berlin 1974
Kühn, Fr. Stufen, München 1964
Leder, G. Hochbaukonstruktionen Band 1 Tragwerke, Berlin,Heidelberg,New York, Tokyo 1985
- Hochbaukonstruktionen Band 3 Dachdeckungen, und Band 4 Treppen, Berlin,Heidelberg, New York,Tokyo 1987

Mielke, Fr. Die Geschichte der deutschen Treppen, Berlin,München 1966
Möbel aus Italien, Ausstellungskatalog, Stuttgart 1982
Moore, Ch. mit G.Allen und D.Lyndon, The place of houses, New York 1974
Norberg-Schulz, Chr. Logik der Baukunst, Berlin,Frankfurt,Wien 1965
Mc Nulty, Th. Bewegungsräume, deutsche bauzeitung db 1/1970
Ogden, C.K. und I.A.Richards, Die Bedeutung der Bedeutung, Frankfurt 1974
Pehnt, W. Der Anfang der Bescheidenheit, München 1983
Sedlmayr, H. Verlust der Mitte, Frankfurt 1959
Shinohara, K. in IAUS 17 und Techniques + Architecture 1986
Soeder, H. Urformen abendländischer Baukunst, Köln 1964
Tessenow, H. Geschriebenes, Gedanken eines Baumeisters, Braunschweig,Wiesbaden 1982
Wangerin, G. und G.Weiss, Heinrich Tessenow, Essen 1979
Wendehorst / Muth, Bautechnische Zahlentafeln, Stuttgart 1983
Worringer, W. Abstraktion und Einfühlung. Ein Beitrag zur Stilpsychologie, München 1959
Zwicker, E. Psychoakustik, Berlin,Heidelberg,New York

Sachverzeichnis

Absturzkante	106
Achse	81 ff
Achse, horizontal	81
Achse, vertikal	81
Achsen im Raum	82 ff
Akkommodation	17
Anblick	136
Architekturraum	18, 21
Aufgabe	4, 5
Auflösungsabstand	20
Ausbau	Vorwort
Ausgang	136
Auskragen	44 ff, 47, 78
Aussenfläche	21
Aussentreppe	111, 116
Aussteifende Decken	53
-"- Wände	40
Aussteifung	92
Aussteifungsmechanismen	79
Axialebene	81
Balken	57, 58, 65 ff
Balkon	47
Baum	26
Baum, umgestürzter	27
Begrenztheit des Raumes	10, 17
Begrenzungsflächen	19, 21
Begrüntes Dach	122, 134
Bekleidungen	21
Beton	32, 38
Betonstützen	66
Bildgrösse	17
Bildschärfe	17
Bogen	35, 57, 58
Breite (-Länge - Höhe)	77
Dach	52, 99, 117 ff, 132
Dachdeckung	132
Dachform	120
Dachraum	121, 133
Dachstuhl	124 ff, 133
Darstellung des Würfels	93 ff
Decken	25, 53
Decken, aussteifende Wirkung der	53
Deckungsmaterial	132
Dominanz des Sehens	20
Dreidimensionalität des Sehens	16
Dreidimensionalität der Umwelt	16
Druck	79
Druckstab	56
Ebenes Dach	134
Einblick	136
Eingang	136
Entwerfen	2
Erfahrung	2
Erkenntnistheorie	16
Erker	48
Euler	59, 79
Extrakte	77
Felsgebilde (Masse)	7
Fenster	136 ff
Flachdach	120, 132
Flächenanordnung im Grossen	20
Form	4, 5
Freitreppe	113, 116
Fremdbewusstseinspostulat	16
Funktion	4
Gehirnfunktionspostulat	16
Geneigtes Dach	120
Geneigte Flächen	104 ff, 132
Geschlossenheit, topologische	6
Getragene Masse	63
Gewölbe	34, 57
Gravitation der Masse	44
Grenzfläche	9
Grösser- und Kleinerwerden	17
Helligkeit	17
Höhe (- Länge - Breite)	77
Höhle	19, 29 ff
Holzbalken (Holzträger)	66
Holzdecken	53
Holzstützen	66
Horizontal (Waagerecht)	114
Horizontalachse	81
Horizontale Distanz	82
-"- Fläche	50
-"- Scheibe - Decken	25
Hut (Dach als Hut)	119
Hypothetischer Realismus	16
Idealentwurf	3
Kaltdach	126
Kapitell	61
Kappengewölbe	36
Klangverhalten	22
Kombinationen erster Ordnung	80
-"- zweiter Ordnung	80
-"- dritter Ordnung	75, 80
Konsole	44
Konstruktion	2, 4, 5
Konstruktionsfreies Entwerfen	3
Konstruktive Elemente	77, 93
Kontinuitätspostulat	16
Konvergenz	17
Krafteinleitung bei Stützen	60
Kragarm	44
Kuppel	33, 102
Latente Raumwahrnehmung	18
Länge (- Breite - Höhe)	77
Lehm als Massebaustoff	32, 38
Licht	144
Marokko - Lehmbauten	8
Masse	6, 23, 24, 28 ff, 41 ff, 78
Massen- Grenze	9
Massen- Mauer	79
Masse - Raum	77
Massen- Zwischenraum	29

Material	4, 5
Materie	20
Mauer	37
Medium	19
Nichttragende Wände	40
Oberfläche	15, 21
Oberflächigkeit	17, 19
Objektivitätspostulat	16
Öffnungen in Begrenzungsflächen	19
Ordnung (Fassade)	85
Parallaxe	17
Perspektive	17
Pfettendach	125
Postulate	16
Projektstudium	Vorwort
Pyramide	8, 78
Quadrat	91
Querdisparation	17
Raum	6
Räumlichkeit	19
Räumliche Wahrnehmung	19
Raumerscheinung	13
Raumgefühl	18
Raumgrenze	9, 13
Raum im Raum	14
Rauminhalt	9
Realismus, hypothetischer	16
Realitätspostulat	16
Reflexion	20
Ringanker	40
Rohbau	Vorwort
Rundbogen	35
Rundumsensibilität	22
Säulenform	61
Schatten	144
Schattenbildung	17
Scheibe	23, 24, 25, 26, 37, 49 ff, 79
Schwelle	136
Schwerkraft	78
Segmentbogen	35
Seil	80
Skelettbauweise	65
Sparrendach	124
Stab	23, 24, 26, 56 ff, 67 ff, 79
Stabilität	28, 40
Stabilisierungseffekt der Masse	78
Stahlbalken (Stahlträger)	66
Stahlbetondecken	53
Stahlbetonstützen	66
Stahldecken	53
Stahlstützen	66
Steildach	120, 132
Stein	32, 38
Strukturierte Helligkeit	17
Strukturpostulat	16
Stütze	59 ff, 80
Stütze - Balken	90
Stützebene	17
Temperatur	22
Textur	20
Tiefenformen	18
Tiefenmerkmale	17
Tiefenwahrnehmung	106
Ton - Massebaustoff	33, 38
Topologische Geschlossenheit	6
Träger	57, 80
Tragende Flächen	103
Tragende Balken (Träger)	60
-"- Stützen	66
-"- Wände	40
Treppen	105 ff, 114
Treppen - Eingang	111 ff
Treppen - Raum	108 ff
Tür	136 ff
Umgestürzter Baum	27
Ungeformt	7
Unmessbare, das ... im Raum	1
Unsichtbare Kante	107
Verbandsregel	39
Verblendungen	21
Verbundsystem	90
Verdeckte Kante	107
Vertikal	114
Vertikale Achse	84
Vertikale Scheibe - Wand / Mauer	25
Visuelle Wahrnehmung	22
Volumen	9
Waagerecht	24, 77
Wand	25, 37, 38
Wandöffnungen	135 ff
Wandscheibe	79
Warmdach	126
Wölbung	33, 101
Würfel	Vorwort, 90 ff
Würfel und Dach	135 ff
Zelt	10
Ziegel	38, 39
Ziegeldecken	53
Ziegelstützen	66
Ziegelverband	39
Zikkurat	78
Zug	79
Zugstab	56
Zusammenhänge	1
Zweidimensionales Bild	16
Zwischenraum	11 ff, 19

F. Leonhardt
Vorlesungen über Massivbau

Teil 1
F. Leonhardt, E. Mönnig
Grundlagen zur Bemessung im Stahlbetonbau
3., völlig neubearbeitete und erweiterte Auflage. 1984. 317 Abbildungen.
XXVIII, 361 Seiten. Broschiert DM 52,-. ISBN 3-540-12786-0

„... Das Werk sollte besonders unter dem Ingenieurnachwuchs breiteste Benutzung finden, zumal es dem Verlag zu danken ist, den Preis ungewöhnlich niedrig gehalten zu haben."
VDI-Zeitschrift

Teil 2
F. Leonhardt, E. Mönnig
Sonderfälle der Bemessung im Stahlbetonbau
3., völlig neubearbeitete und erweiterte Auflage. 1986. IX, 174 Seiten. Broschiert
DM 42,-. ISBN 3-540-16746-3

„... Die Ergebnisse der Theorie werden stets so aufbereitet, daß der mechanische Inhalt klar hervortritt und unter Berücksichtigung der Eigenarten der Kombination von Stahl und Beton unmittelbar Grundlagen für die Konstruktion liefert...."
VDI-Zeitschrift

Teil 3
F. Leonhardt, E. Mönnig
Grundlagen zum Bewehren im Stahlbetonbau
3. Auflage. 1977. 327 Abbildungen. X, 246 Seiten. Broschiert DM 46,-.
ISBN 3-540-08121-6

Teil 4
F. Leonhardt
Nachweis der Gebrauchsfähigkeit
Rissebeschränkung, Formänderungen, Momentumlagerung und Bruchlinientheorie im Stahlbetonbau

2. Auflage. 1978. 172 Abbildungen. XVI, 194 Seiten. Broschiert DM 44,-.
ISBN 3-540-08625-0

Teil 5
F. Leonhardt
Spannbeton
Mit Beiträgen über Nachweise der Schwind- und Kriecheinflüsse von D. Schade
Grenznachweise mit der Plastizitätstheorie von R. Walther

1980. 219 Abbildungen, 5 Tafeln, 9 Tabellen. XI, 296 Seiten. Broschiert DM 52,-.
ISBN 3-540-10070-9

Teil 6
F. Leonhardt
Grundlagen des Massivbrückenbaues
Berichtigter Nachdruck 1979. 344 Abbildungen. IX, 227 Seiten. Broschiert DM 48,-.
ISBN 3-540-09035-5

Springer-Verlag
Berlin Heidelberg New York
London Paris Tokyo

Bauingenieur

mit Bauinformatik

Zeitschrift für das gesamte Bauwesen
Organ der VDI-Gesellschaft Bautechnik

Herausgeber: J. Scheer, Braunschweig

Mitherausgeber: H. Kupfer, München;
H.-G. Olshausen, Hannover; E. Stein, Hannover

Der **Bauingenieur** berichtet in sorgfältig ausgewählten und wissenschaftlich fundierten Beiträgen über das gesamte Gebiet des Bauingenieurwesens.
Er bringt Aufsätze über Theorie und Praxis der Ingenieurkonstruktionen, zur Ingenieurmathematik und technischen Mechanik, berichtet über Baustoff-Fragen, neue Maschinen und Geräte sowie deren Einsatz auf der Baustelle. Interessante, bemerkenswerte Bauausführungen im In- und Ausland sowie die Entwicklung neuer Bauelemente werden beschrieben. Breiten Raum nehmen Beiträge zur **Bauinformatik** ein.
In kurzen technischen Berichten wird auf bemerkenswerte Entwicklungen und Ereignisse z. B. in der Forschung oder bei Bauausführungen, hingewiesen. Ausgenommen von der Berichterstattung sind lediglich das Vermessungswesen und die Verkehrstechnik.
In den Rubriken Baustoffe-Ausbau-Baugeräte sowie in der neuen Rubrik EDV-Hardware-Software werden neue Produkte und Problemlösungen vorgestellt.
Buchbesprechungen und Tagungsberichte geben Hinweise und Anregungen. Die VDI-Gesellschaft Bautechnik berichtet in ihrem Organ, dem **Bauingenieur,** über das Geschehen in der Gesellschaft wie in der Branche.

Springer-Verlag
Berlin Heidelberg New York
London Paris Tokyo

Bezugsbedingungen
1987, Band 62, 12 Hefte: DM 278,-
zuzüglich Versandkosten
ISSN 0005-6650

Titel Nr. 102